"十三五"职业教育规划教材

21世纪全国高职高专机电系列技能型规划教材

电机与控制

主　编　马志敏

副主编　朱爱梅　刘　欢　张伟方

北京大学出版社
PEKING UNIVERSITY PRESS

内 容 简 介

本书在保证知识的系统性和完整性的前提下，通过精炼和融合，形成了电动机的认识、低压电器的认识、三相异步电动机基本控制电路、单相电动机基本控制电路、电动机的调速控制、伺服电动机及伺服系统、步进电动机及步进控制系统和课程设计 8 个项目，共 18 个任务及 1 个课程设计。本书试图利用有限的篇目，涵盖目前工农业生产和人们日常生活中所涉及的几乎全部的电动机及其控制方法，使学生通过课堂学习就能真正做到“一体化”“与就业无缝对接”，实现学习与工作的一致性，有效地解决学用脱节的问题。与同类教材相比，本书增加了课程设计环节，教会学生利用网络搜索技术资料的方法，使学生具备应用技术资料解决现场问题的能力。教师在授课过程中，应注重培养学生认真的工作作风和科学严谨的工作态度，帮助学生树立岗位责任意识；可培养学生科学的思维方法和综合的职业能力，既适应了现代职业教育发展的需要，又满足了学生就业的需求。

本书采用项目教学、任务驱动的方式编写，专供高职高专及中等职业院校机电专业用书。

图书在版编目(CIP)数据

电机与控制 / 马志敏主编. —北京：北京大学出版社，2017.9

（21 世纪全国高职高专机电系列技能型规划教材）

ISBN 978-7-301-28710-1

Ⅰ. ①电… Ⅱ. ①马… Ⅲ. ①电机—控制系统—高等职业教育—教材 Ⅳ. ①TM301.2

中国版本图书馆 CIP 数据核字(2017)第 215329 号

书　　名　电机与控制
　　　　　　DIANJI YU KONGZHI
著作责任者　马志敏　主编
策 划 编 辑　刘晓东
责 任 编 辑　李婷婷
标 准 书 号　ISBN 978-7-301-28710-1
出 版 发 行　北京大学出版社
地　　址　北京市海淀区成府路 205 号　100871
网　　址　http://www.pup.cn　新浪微博：@北京大学出版社
电 子 信 箱　pup_6@163.com
电　　话　邮购部 62752015　发行部 62750672　编辑部 62750667
印 刷 者　北京富生印刷厂
经 销 者　新华书店
　　　　　　787 毫米×1092 毫米　16 开本　12.75 印张　293 千字
　　　　　　2017 年 9 月第 1 版　2017 年 9 月第 1 次印刷
定　　价　31.00 元

前　　言

本书根据《教育部关于开展现代学徒制试点工作的意见》(教职成〔2014〕9号)、《教育部关于深入推进职业教育集团化办学的意见》(教职成〔2015〕4号)、《教育部关于深化职业教育教学改革全面提高人才培养质量的若干意见》(教职成〔2015〕6号)、《国务院关于加快发展现代职业教育的决定》(国发〔2014〕19号)等文件精神以及就业学生反馈的信息和企业用人情况编写。本书的主编是拥有近30年一线教学经验的副教授，是市级机电专业学科带头人、国家级电工与电子技术专业学科带头人、教育部中国教育学会学术研究员、国家职业技能鉴定考评员、教育部中国职教学会信息化工作委员会全国微课专家遴选人、吉林市政府采购评审专家、吉林省工业技师学院机电技术应用专业建设委员会委员、中国修辞学会理事、中国青少年获奖作品选刊杂志社编辑记者、中国青少年获奖作品选刊杂志社评委、中国文章研究会副主任。编者深知现行教材中存在的不足和与实际脱节的问题，为了能及时出版与新教学大纲配套、实用的教材，在不间断教学活动的同时编写了本书。

本书在内容的选择和处理上，贯彻浅显易懂、少而精、知识体系结构完整、理论联系实际和学以致用的原则，在较全面地阐述机电专业学生应知应会的专业知识基础上，力求多介绍一些反映我国工业生产一线的实际应用知识，做到学以致用。

本书在编写中力图体现以下特色。

(1) 紧扣职业教育目标、全民创新的国策和生产一线的真实需求，对课程体系进行整体优化、精选内容，选取最基本的概念、原理、元器件和典型控制及大量应用实例作为教学内容，以教学大纲要求为基础，编写内容以“必需、实用、够用”为度，同时还兼顾了知识的系统性和完整性，保证了学生的后续发展，编写语言通俗易懂。

(2) 以能力培养为主线，通过8个项目(18个任务及1个课程设计)将传统的基础课、专业课内容进行重新整合，进而达到有机联系、渗透和互相贯通；在课程结构上打破原有课程体系，以实训取代验证性的试验，提高学生理论联系实际的能力和工作作风，突出学生对所学知识的应用能力。

(3) 加强感性认识，保证学生对基础知识、基本技能的掌握，通过强调设计、安装和调试等较实用的基本知识和基本技能，引入最新国家标准、行业标准以及当今行业对本专业人才的要求，体现教材的实用性、先进性及广泛适用性。

(4) 增加新技术、新知识介绍的选修内容，开拓学生视野，满足不同经济发展地区和优秀学生的需要。

(5) 强调项目教学、一体化教学等方法，加强教学的直观性和互动性，弥补学生基础较差的不足。

本书由吉林省工程技师学院马志敏副教授担任主编，昆山登云科技职业学院朱爱梅、刘欢、张伟方担任副主编。

由于编者学识和水平有限，书中疏漏之处在所难免，敬请广大读者批评指正。

编　者

2017年3月

目　录

项目1

电动机的认识

电动机(Motor)是把电能转换成机械能的一种设备。电动机主要由定子与转子组成，通电导线在磁场中受力运动的方向跟电流方向和磁感线(磁场方向)方向有关。电动机的工作原理是磁场对电流受力的作用，使电动机转动。

电动机的分类比较复杂，基本有如下几种分类方式。

1. 按工作电源分类

根据电动机工作电源的不同，可分为直流电动机和交流电动机。交流电动机分为单相电动机和三相电动机。

2. 按结构及工作原理分类

电动机按结构及工作原理可分为直流电动机、异步电动机和同步电动机。同步电动机还可分为永磁同步电动机、磁阻同步电动机和磁滞同步电动机。异步电动机可分为感应电动机和交流换向器电动机。感应电动机又分为三相异步电动机、单相异步电动机和罩极异步电动机等。交流换向器电动机又分为单相串励电动机、交直流两用电动机和推斥电动机。

3. 按起动与运行方式分类

电动机按起动与运行方式可分为电容起动式单相异步电动机、电容运转式单相异步电动机、电容起动运转式单相异步电动机和分相式单相异步电动机。

4. 按用途分类

电动机按用途可分为驱动用电动机和控制用电动机。驱动用电动机又分为：电动工具(包括钻孔、抛光、磨光、开槽、切割、扩孔等工具)用电动机，家电(包括洗衣机、电风扇、电冰箱、空调器、录音机、录像机、影碟机、吸尘器、照相机、电吹风、电动剃须刀等)用电动机，以及其他通用小型机械设备(包括各种小型机床、小型机械、医疗器械、电子仪器等)用电动机。控制用电动机又分为步进电动机和伺服电动机等。

5. 按转子的结构分类

电动机按转子的结构可分为笼型感应电动机(旧标准称为鼠笼型异步电动机)和绕线转子感应电动机(旧标准称为绕线型异步电动机)。

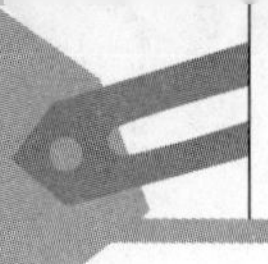

6. 按运转速度分类

电动机按运转速度可分为高速电动机、低速电动机、恒速电动机、调速电动机。

7. 按防护形式分类

电动机按防护形式可分为以下几类。

(1) 开启式(如 IP11、IP22)：电动机除必要的支撑结构外，对于转动及带电部分没有专门的保护。

(2) 防护式(如 IP44、IP54)：电动机机壳内部的转动部分及带电部分有必要的机械保护，以防止意外的接触，但妨碍通风并不明显。防护式电动机按其通风防护结构不同，又分为以下几类。

① 网罩式：电动机的通风口用穿孔的遮盖物遮盖起来，使电动机的转动部分及带电部分不能与外物相接触。

② 防滴式：电动机通风口的结构能够防止垂直下落的液体或固体直接进入电动机内部。

③ 防溅式：电动机通风口的结构可以防止与垂直面成 100° 角范围内任何方向的液体或固体进入电动机内部。

④ 封闭式：电动机机壳的结构能够阻止机壳内外空气的自由交换，但并不要求完全密封。

⑤ 防水式：电动机机壳的结构能够阻止具有一定压力的水进入电动机内部。

⑥ 水密式：当电动机浸在水中时，电动机机壳的结构能阻止水进入电动机内部。

⑦ 潜水式：电动机在额定的水压下，能长期在水中运行。

⑧ 隔爆式：电动机机壳的结构足以阻止电动机内部的气体爆炸传递到电动机外部，而引起电动机外部的燃烧性气体的爆炸。

8. 按通风冷却方式分类

电动机按通风冷却方式可分为以下几类。

(1) 自冷式：电动机仅依靠表面的辐射和空气的自然流动获得冷却。

(2) 自扇冷式：电动机由本身驱动的风扇，供给冷却空气以冷却电动机表面或其内部。

(3) 他扇冷式：供给冷却空气的风扇不是由电动机本身驱动，而是独立驱动的。

(4) 管道通风式：冷却空气不是直接由电动机外部进入电动机或直接由电动机内部排出，而是经过管道引入或排出电动机，管道通风的风机可以是自扇冷式或他扇冷式。

(5) 液体冷却：电动机用液体冷却。

(6) 闭路循环气体冷却：冷却电动机的介质循环在包括电动机和冷却器的封闭回路里，冷却介质经过电动机时吸收热量，经过冷却器时放出热量。

(7) 表面冷却和内部冷却：冷却介质不经过电动机导体内部称为表面冷却，冷却介质经过电动机导体内部称为内部冷却。

9. 按安装结构形式分类

电动机安装形式通常用代号表示。代号采用国际安装的缩写字母 IM 与字母和数字组成的代号表示，在 IM 后的字母表示安装类型代号，如：B 表示卧式安装、V 表示立式安装；在 IM 最后面的数字表示特征代号，用阿拉伯数字表示。

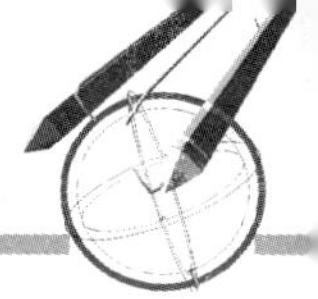

10. 按绝缘等级分类

电动机按绝缘等级分为 Y 级、A 级、E 级、B 级、F 级、H 级、C 级。

11. 按额定工作制分类

电动机按额定工作制分为连续、断续、短时工作制电动机。

连续工作制(S1)：电动机在铭牌规定的额定值条件下，保证长期运行。

短时工作制(S2)：电动机在铭牌规定的额定值条件下，只能在限定的时间内短时运行。短时运行的持续时间标准有四种：10min、30min、60min 及 90min。

断续工作制(S3)：电动机在铭牌规定的额定值条件下只能断续周期性使用，用每周期 10min 的百分比表示。如：FC=25%；其中 S4～S10 都属于几种不同条件的断续运行工作制。

各种电动机中应用最广的是交流异步电动机(又称感应电动机)，所以本书以三相异步电动机和单相交流电动机为主，同时适量介绍近几年迅速“走红”的步进电动机和伺服电动机。

任务 1.1　三相异步电动机的认识

学习目标

(1) 熟悉三相异步电动机的结构；
(2) 掌握三相异步电动机的旋转原理；
(3) 熟悉三相异步电动机的铭牌数据；
(4) 了解三相异步电动机的型号及主要系列；
(5) 掌握中小型三相异步电动机的拆装。

工作任务

学习三相异步电动机的结构；掌握三相异步电动机的旋转原理；熟悉三相异步电动机的铭牌数据；了解三相异步电动机的型号及主要系列；掌握中小型三相异步电动机的拆装。

任务实施

【一】准备

1. 三相异步电动机的结构

三相异步电动机主要由两大部分组成：一部分是固定不动的定子；另一部分是旋转的转子。由于两者有相对运动，所以定、转子之间必须有气隙存在。转子铁心固定在转轴上，为了保证转子旋转，所以转轴两端固定在滚动轴承上，滚动轴承固定在端盖上，如图 1-1 所示。

2. 三相异步电动机的旋转原理

1) 旋转磁场的产生

图 1-2 所示为三相异步电动机的旋转原理图，其中 U1U2、V1V2、W1W2 为定子三相绕组，三个完全相同的绕组在空间彼此互差，分布在定子铁心的内圆周上，构成了三相对称绕组。当异步电动机定子三相对称绕组中通入三相对称电流时，在气隙中会产生一个旋转磁场。

该旋转磁场的转速称为同步转速，用 n_1 表示，n_1 的大小与电动机的磁极对数 p 和交流电的频率 f 有关，即 $n_1=\dfrac{60f}{p}$；该旋转磁场的转向取决于定子三相电流的相序，即从电流超前相转向电流滞后相，若要改变旋转磁场的方向，只需将三相电源进线中的任意两相对调即可。

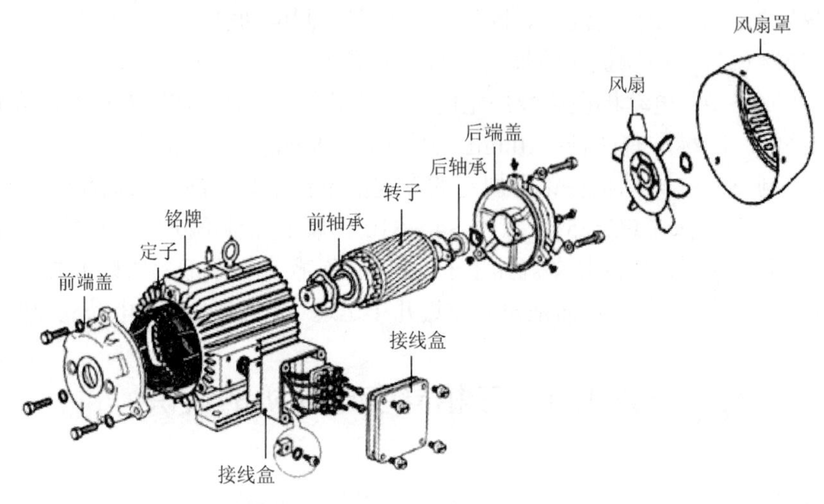

图 1-1　三相异步电动机的结构

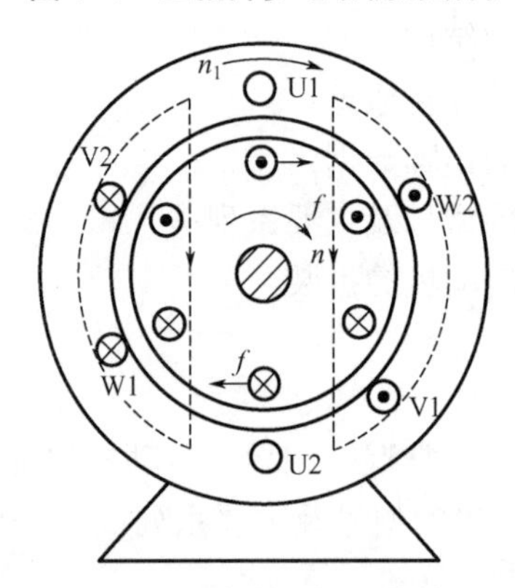

图 1-2　三相异步电动机的旋转原理图

目前广泛使用的各类异步电动机的额定转速 n_N 与同步转速 n_1 密切相关，但额定转速均略小于同步转速。例如：

Y132S-2：　$p=1$，　$n_1=3000$ r/min；　$n_N=2900$r/min；
Y132S-4：　$p=2$，　$n_1=1500$r/min；　$n_N=1440$r/min；
Y132S-6：　$p=3$，　$n_1=1000$ r/min；　$n_N=960$r/min；
Y132S-8：　$p=4$，　$n_1=750$ r/min；　$n_N=710$r/min。

2）三相异步电动机的旋转原理

根据图 1-2 所示的三相异步电动机的旋转原理图，可知旋转磁场 n_1 的方向为图 1-2 所示的顺时针方向，转子上的六个小圆圈表示自成闭合回路的转子导体。该旋转磁场将切割转子导体，在转子导体中产生感应电动势，由于转子导体是闭合的，将在转子导体中形成电流，由右手定则判定电流方向，如图 1-2 所示，即电流从转子上半部的导体中流出，流入转子下

半部导体中。有电流流过的转子导体将在旋转磁场中受到电磁力 f 的作用，由左手定则判定电磁力 f 的方向。图 1-2 中箭头所示为电磁力 f 方向。电磁力 f 在转轴上形成电磁转矩 T，使电动机转子以转速 n 的速度旋转。由此可归纳三相异步电动机的旋转原理如下。

(1) 当异步电动机定子三相绕组中通入三相交流电时，在气隙中形成旋转磁场。

(2) 旋转磁场切割转子绕组，在转子绕组中产生感应电动势和电流。

(3) 载流转子绕组在磁场中受到电磁力的作用，形成电磁转矩，驱动电动机转子转动。

异步电动机转子的旋转方向始终与旋转磁场的旋转方向一致，而旋转磁场的转向取决于定子三相电流的相序，要改变三相异步电动机的旋转方向，只要改变定子三相电流的相序，即将三相电源进线中的任意两相对调，即可实现电动机反转。由于异步电动机的转子电流是通过电磁感应作用产生的，所以异步电动机又称为感应电动机。

3) 三相异步电动机定子绕组接线

三相异步电动机定子绕组接线形式分星形连接(Y)和三角形连接(△)，如图 1-3 所示。

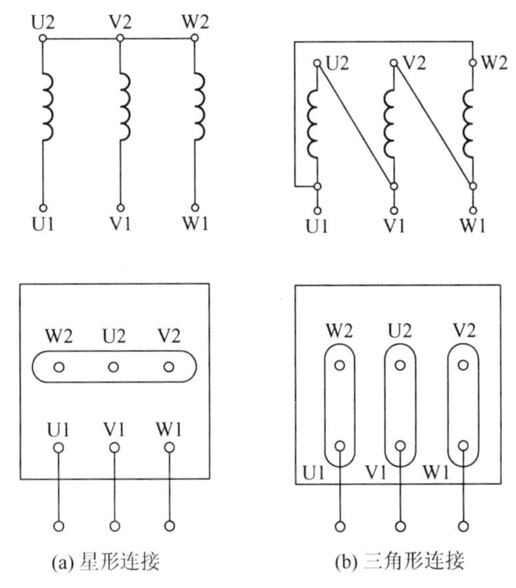

图 1-3　三相异步电动机定子绕组接线

3. 三相异步电动机的铭牌数据

1) 额定值

(1) 额定功率 P_N：电动机在额定运行时，转轴上输出的机械功率，单位是 kW。

(2) 额定电压 U_N：额定运行时，电网加在定子绕组上的线电压，单位是 V 或 kV。

(3) 额定电流 I_N：电动机在额定电压下，输出额定功率时，定子绕组中的线电流，单位是 A。

(4) 额定转 n_N：额定运行时电动机的转速，单位是 r/min。

(5) 额定频率 f_N：电动机所接电源的频率，单位是 Hz。中国的电网频率为 50Hz。

(6) 额定功率因数 $\cos\varphi_N$：额定运行时，定子电路的功率因数。一般中小型异步电动机 $\cos\varphi_N$ 为 0.8 左右。

(7) 接法：用Y或△表示。表示在额定运行时，定子绕组应采用的连接方式。

此外，铭牌上还标有定子绕组的相数 m_1、绝缘等级、温升以及电动机的额定效率 η_N、工作方式等，绕线型异步电动机还标有转子绕组的线电压和线电流。

2）三相异步电动机定额

电动机定额分连续、短时和断续三种。连续是指电动机连续不断地输出额定功率而温升不超过铭牌允许值。短时表示电动机不能连续使用，只能在规定的较短时间内输出额定功率。断续表示电动机只能短时输出额定功率，但可以断续重复起动和运行。

3）温升

电动机运行中，部分电能转换成热能，使电动机温度升高。经过一定时间，电能转换的热能与机身散发的热能平衡，机身温度达到稳定。在稳定状态下，电动机温度与环境温度之差，称为电动机温升。而环境温度规定为 40℃，如果温升为 60℃，表明电动机温度不能超过 100℃。

4）绝缘等级

绝缘等级指电动机绕组所用绝缘材料按其允许耐热程度规定的等级，这些级别为：A 级，105℃；E 级，120℃；F 级，155℃。

5）功率因数

功率因素指电动机从电网所吸收的有功功率与视在功率的比值。视在功率一定时，功率因数越高，有功功率越大，电动机对电能的利用率也越高。

4. 三相异步电动机型号

铭牌上除了上述的额定数据外，还标明了电动机的型号。型号是电动机名称、规格、类型等的一种产品代号，表明电动机的种类和特点。异步电动机的型号由汉语拼音大写字母、国际通用符号和阿拉伯数字三部分组成。现以 Y 系列异步电动机的铭牌为例说明如下。

1）中小型异步电动机型号（图 1-4）

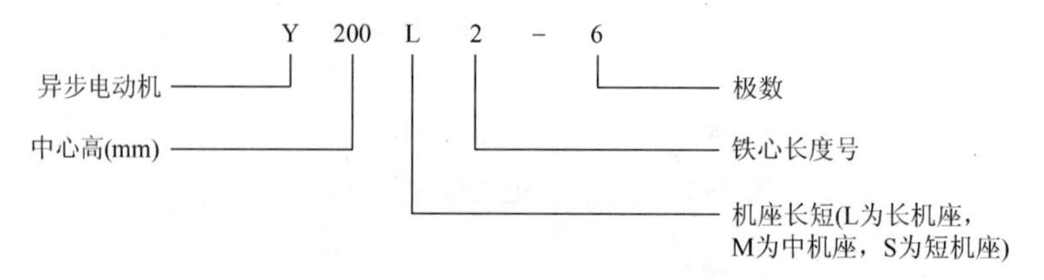

图 1-4 中小型异步电动机型号

2）大型异步电动机型号（图 1-5）

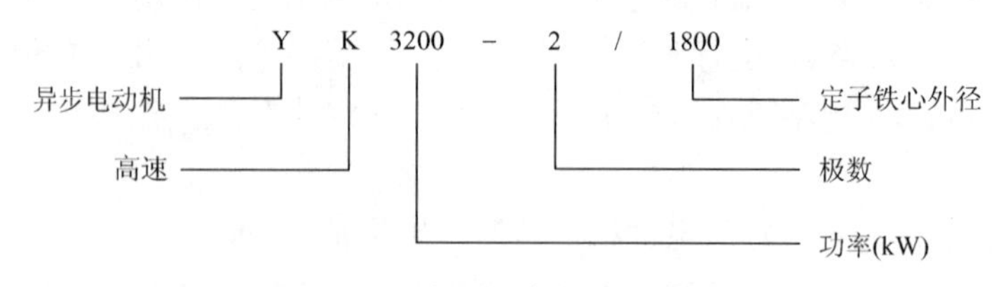

图 1-5 大型异步电动机型号

5. 三相异步电动机的主要系列简介

1) Y 系列

Y 系列电动机是一般用途的小型笼型电动机系列，取代了原先的 JO2 系列。额定电压

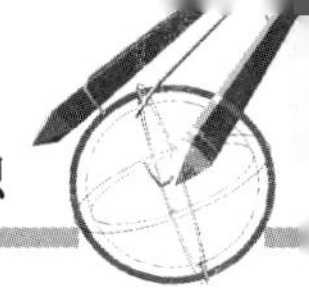

为 380V，额定频率为 50Hz，功率范围为 0.55～90kW，同步转速为 750～3000r/min，外壳防护形式为 IP44 和 IP23 两种，B 级绝缘。Y 系列电动机的技术条件已符合国际电工委员会(IEC)的有关标准。

2) JDO2 系列

JDO2 系列是小型三相多速异步电动机系列，主要用于各式机床以及起重传动设备等需要多种速度的传动装置。

3) JR 系列

JR 系列是中型防护式三相绕线转子异步电动机系列，容量为 45～410kW。

4) YR 系列

YR 系列是一种大型三相绕线转子异步电动机系列，容量为 250～2500kW，主要用于冶金工业和矿山中。

5) YCT 系列

YCT 系列是电磁调速异步电动机，主要用于纺织、印染、化工、造纸及要求变速的机械上。

6. 中小型三相异步电动机的拆装

1) 电动机的拆卸(图 1-6)

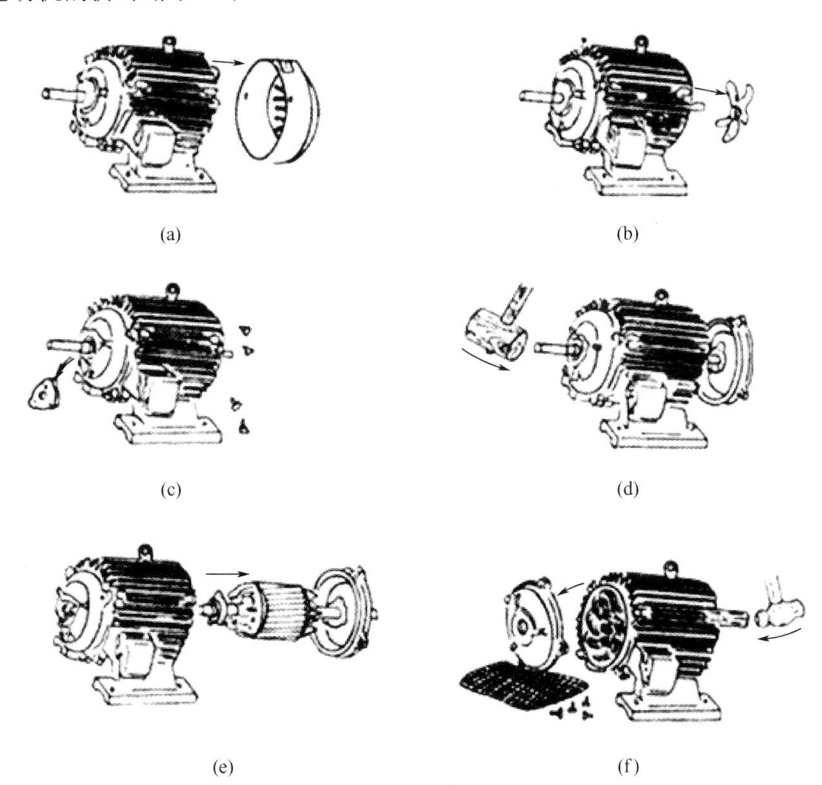

图 1-6　中小型异步电动机的拆卸步骤

(1) 对轮的拆卸。

对轮(联轴器)常采用专用工具——拉马来拆卸。拆卸前，标出对轮正、反面，记下在

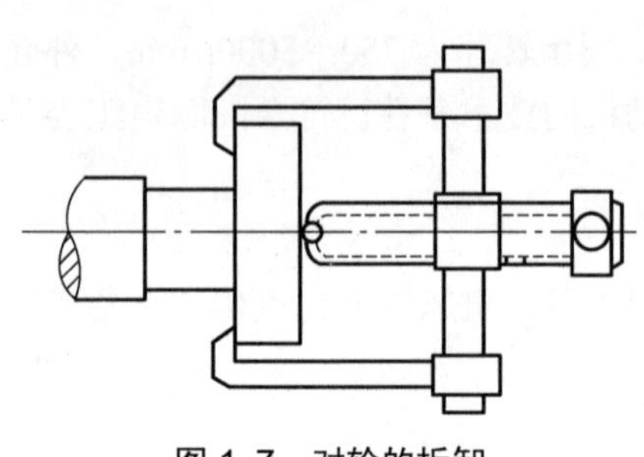
图 1-7 对轮的拆卸

轴上的位置，作为安装时的依据。拆掉对轮上止动螺钉和销子后，用拉马钩住对轮边缘，扳动丝杠，把它慢慢拉下，如图 1-7 所示。操作时，拉钩要钩得对称，钩子受力一致，使主螺杆与转轴中心重合。旋动螺杆时，注意保持两臂平衡，均匀用力。若拆卸困难，可用木槌敲击对轮外圆和丝杠顶端。如果仍然拉不出来，可将对轮外表快速加热(温度控制在 200℃以下)，在对轮受热膨胀而轴承尚未热透时，将对轮拉出来。加热时可用喷灯或气焊，但温度不能过高，时间不能过长，以免造成对轮过火，或轴头弯曲。

注意：切忌硬拉或用铁锤敲打。

(2) 端盖的拆卸。

拆卸端盖前应先检查紧固件是否齐全，端盖是否有损伤，并在端盖与机座接合处做好对正记号，接着拧下前、后轴承盖螺钉，取下轴承外盖。如果是大、中型电动机，可用端盖上的顶丝均匀加力，将端盖从机座止口中顶出。没有顶丝孔的端盖，可用撬棍或螺钉旋具在周围接缝中均匀加力，将端盖撬出止口，如图 1-8 所示。

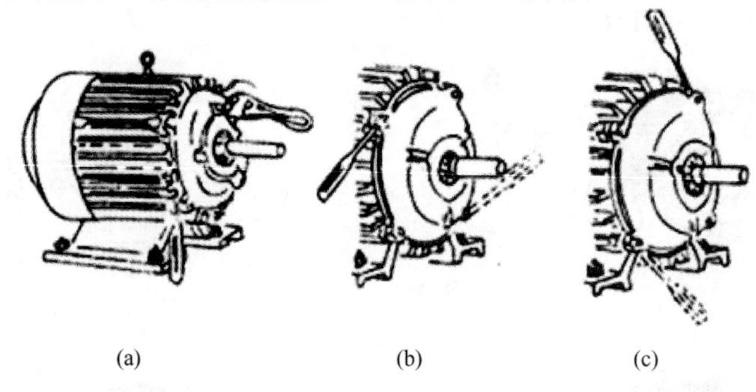
(a) (b) (c)

图 1-8 端盖的拆卸

(3) 抽出转子。

在抽出转子前，应在转子下面气隙和绕组端部垫上厚纸板，以免抽出转子时碰伤铁心和绕组，对于 30kg 以内的转子，可以直接用手抽出，如图 1-9 所示。较大的电动机，可在一端安装假轴，另一端使用吊车起吊的方法，应注意保护轴颈、定子绕组和转子铁心风道。

(a) (b)

图 1-9 抽出转子

(4) 轴承卸。

轴承卸常用三种方法。第一种方法是用拉具(拉马)按拆卸带轮的方法进行拆卸。拆卸时，钩爪要抓牢轴承内圈，以免损坏轴承。第二种方法是在没有拉具的情况下，用端部呈

楔形的铜棒，在倾斜方向顶住轴承内圈，用手锤敲打，边敲打铜棒，边把楔形端沿轴承内圈均匀移动，直到敲下轴承，如图 1-10(a)所示。第三种方法是用两块厚铁板在轴承内圈下夹住转轴，铁板用能容纳转子的圆筒支住，在转轴上端面垫上厚木板(或铜板)，敲打取下轴承，如图 1-10(b)所示。

注意：有时电动机端盖内孔与轴承外圈的配合比轴承内圈与转轴的配合更紧，在拆卸端盖时，轴承留在端盖内孔中。这时可采用图 1-11 所示的方法，将端盖止口面向上平稳地放置，在轴承外圈的下面垫上木板，但不能抵住轴承，然后用一根直径略小于轴承外沿的铜棒或其他金属棒，抵住轴承外圈，从上边用锤子敲打，使轴承从下方脱出。

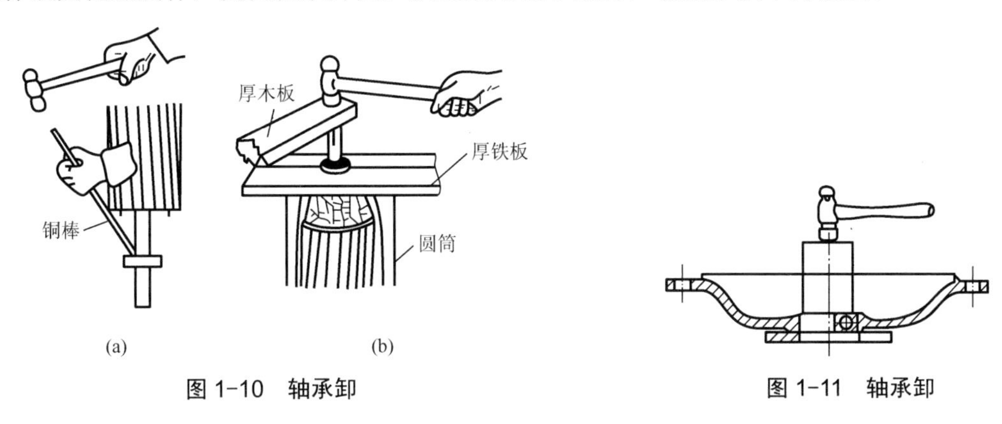

图 1-10　轴承卸　　图 1-11　轴承卸

2）测量

(1) 轴承室内径测量，参考标准 Q/GHSZ•GZ(SB•DQ)-003-2008。

(2) 轴承室外径测量，参考标准 Q/GHSZ•GZ(SB•DQ)-003-2008。

3）电动机的装配

(1) 装配前的准备。

认真检查装配工具是否齐全、合用；检查装配环境场地是否清洁合适；彻底清除定子、转子内表面的尘垢、漆瘤；检查槽楔，绑扎带、绝缘材料等是否到位，有无高出定子铁心表面的地方，如有，应清除掉；检查各相定子绕组的冷态直流电阻是否相同，各相绕组对地绝缘和相间绝缘是否符合要求。

注意：装配顺序与拆卸方法相反。

(2) 轴承安装前工作。

装配前应检查轴承滚动件是否转动灵活而又不松旷，再检查轴承内圈与轴、外圈与端盖轴承孔之间的公差和光洁度是否符合要求。在轴承中按其总容量的 1/3～2/3 的容积加足润滑油。

注意：润滑油加得过多，会导致运转中轴承发热，应先将内轴承盖加足润滑油先套入轴内，再装轴承。

(3) 轴承的安装(图 1-12)。

① 轴颈在 50mm 以下的轴承可以使用直接安装方法，如使用纯铜棒敲击轴承内套将轴承砸入，或使用专用的安装工具。

② 轴颈在 50mm 以上可以使用加热法，包括专业的轴承加热器或电烤箱等，但温度必须控制在 120℃以下，防止轴承过火。

③ 轴承安装完毕后必须检查是否安装到位，且不能立即转动轴承，防止将滚珠磨坏。

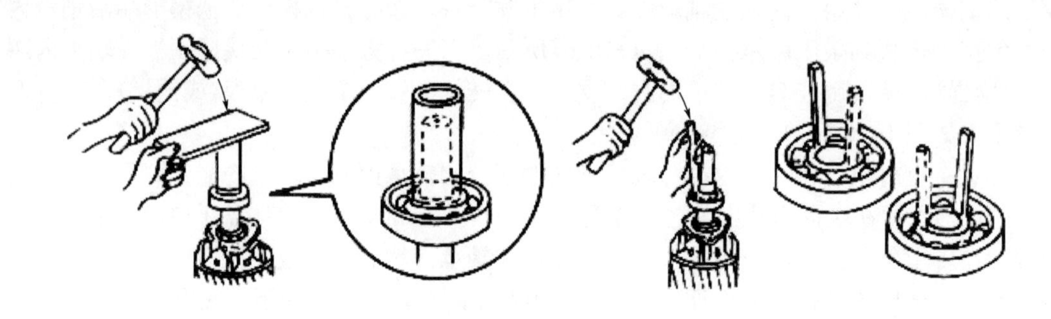
(a) (b)

图 1-12　轴承的安装

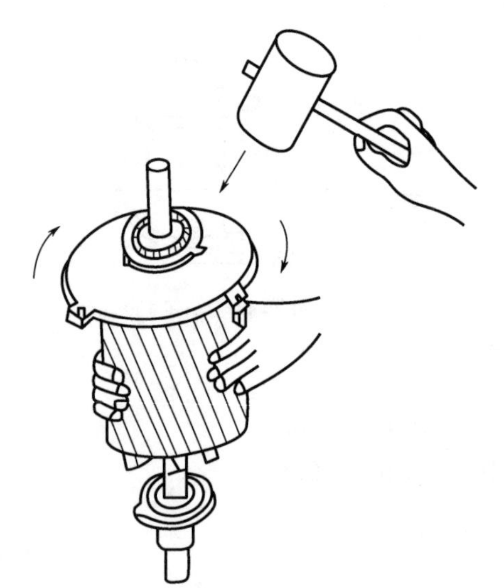
图 1-13　后端盖的装配

(4) 后端盖的装配。

① 按拆卸前所做的记号，转轴短的一端是后端。后端盖的突耳外沿有固定风叶外罩的螺钉孔。装配时将转子竖直放置，将后端盖轴承座孔对准轴承外圈套上，然后一边使端盖沿轴转动，一边用木槌敲打端盖的中央部分，如图 1-13 所示。如果用铁锤，被敲打面必须垫上木板，直到端盖到位为止，然后套上后轴承外盖，旋紧轴承盖紧固螺钉。

② 按拆卸所做的标记，将转子放入定子内腔中，合上后端盖。按对角交替的顺序拧紧后端盖的紧固螺钉。

注意：边拧螺钉，边用木榔头在端盖靠近中央部分均匀敲打，直至到位。

(5) 前端盖的装配。

将前轴内盖与前轴承按规定加好润滑油，参照后端盖的装配方法将前端盖装配到位。装配时先用螺钉旋具清除机座和端盖止口上的杂物，然后装入端盖，按对角顺序上紧螺栓，具体步骤如图 1-14 所示。

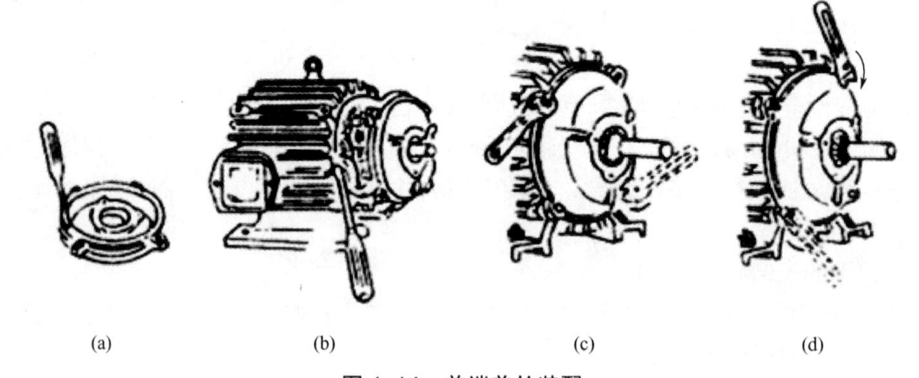
(a) (b) (c) (d)

图 1-14　前端盖的装配

4) 装配完工后的检验

(1) 检查机械部分的装配质量。

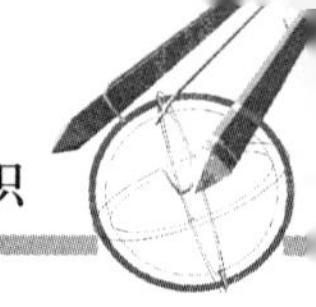

检查所有紧固螺栓是否拧紧，转子转动是否灵活，无扫膛、松旷，轴承内是否有杂声，机座在基础上是否复位准确，与生产机械的配合是否良好。

（2）测量绕组绝缘电阻。

检测三相绕组对地绝缘电阻和相间绝缘电阻，其阻值不小于 0.5MΩ。

（3）测量空载电流。

按铭牌要求接好电源线，在机壳上接好保护地线，接通电源，用钳形电流表检测三相电流是否符合要求，操作时必须一人监护一人操作。

（4）检查电动机温升是否符合要求，运转中有无异常。如有异常，应及时停电，检查原因。

【二】学生实际操作——三相异步电动机的拆装

教师分别给一定数量的三相异步电动让学生辨认并进行拆装。

温馨提示

（1）注意文明生产和安全。

（2）课后通过网络、厂家、销售商和使用单位等多渠道了解关于三相异步电动机知识和资料，分门别类加以整理，作为资料备用。

【三】自评、教师评

温馨提示

完成【一】【二】后，进入总结评价阶段。总结评价分自评和教师评两种，主要是总结评价本次任务中做得好的地方及需要改进的地方等。根据评分的情况和本次任务的结果，填写表 1-1 和表 1-2 所列的表格。

表 1-1　学生自评表格

任务完成进度	做得好的方面	不足、需要改进的方面

表 1-2　教师评价表格

在本次任务中的表现	学生进步的方面	学生不足、需要改进的方面

【四】写总结报告

温馨提示

报告可涉及内容为本次任务的心得体会等。总之，要学会随时记录工作过程，总结经验教训，为今后的工作打下良好的基础。

任 务 小 结

本任务主要是熟悉三相异步电动机的结构；掌握三相异步电动机的旋转原理；熟悉三相异步电动机的铭牌数据；了解三相异步电动机的型号及主要系列；掌握中小型三相异步电动机的拆装。

问题探究

1. 三相异步电动机定子绕组首尾端的判别

三相定子绕组重绕以后或将三相定子绕组的连接片拆开以后，此时定子绕组的六个出线头往往不易分清。首先必须正确判定三相绕组的六个出线头的首末端，才能将电动机正确接线并投入运行。

对装配好的三相异步电动机定子绕组，一般用外加电源法和剩磁感应法判别出定子绕组的首尾端。

1）用外加电源法判别绕组首尾端

(1) 用万用表欧姆挡(R×10 或 R×1)分别找出电动机三相绕组的两个线头，做好标记。

(2) 先给三相绕组的线头做假设编号 U1、U2；V1、V2；W1、W2，将任意一相绕组接万用表毫安(或微安)挡，另选一相绕组，用该相绕组的两个引出线头分别碰触干电池的正、负极，若万用表指针正偏转，则接干电池的负极引出线头与万用表的红表棒为首（或尾)端，如图 1-15 所示。照此方法找出第三相绕组的首(或尾)端。

2）用剩磁感应法判别绕组首尾端

(1) 用万用表欧姆挡分别找出电动机三相绕组的两个线头，做好标记。

(2) 先给三相绕组的线头做假设编号 U1、U2；V1、V2；W1、W2。

(3) 按图 1-16 接线，用手转动电动机转子。由于电动机定子及转子铁心中通常均有少量的剩磁，当磁场变化时，在三相定子绕组中将有微弱的感应电动势产生。此时若并接在绕组两段的微安表(或万用表微安挡)指针不动，则说明假设的编号是正确的；若指针有偏转，说明其中有一相绕组的首尾端假设标号不对；应逐一相对调重测，直至正确为止。

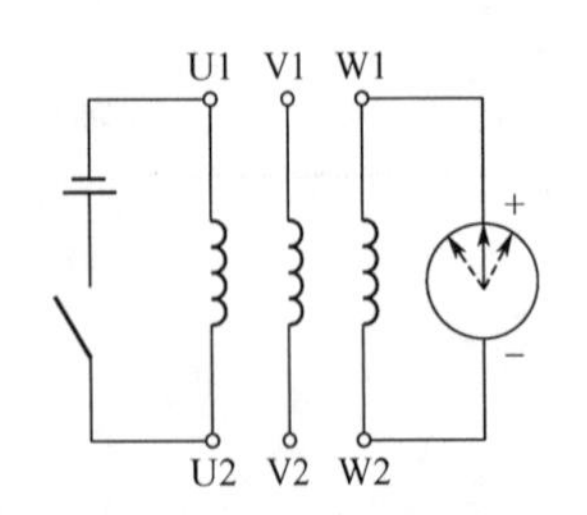

图 1-15 用外加电源法判别绕组首尾端

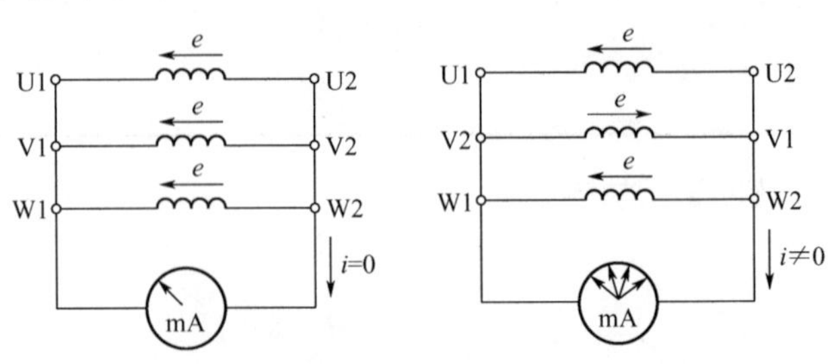

图 1-16 用剩磁感应法判别绕组首尾端

2. 电动机大修时的检查修理内容

(1) 检查电动机各部件有无机械损伤和丢失，若有，应修复或配齐。

(2) 对拆开的电动机和起动设备进行清理，清除所有油泥、污垢。注意检查绕组的绝缘情况，若已老化或变色、变脆，应注意保护，必要时进行绝缘处理。

(3) 拆下轴承，浸在柴油或汽油中彻底清洗，检查转动是否灵活，是否磨损和松旷。检查后对不能使用的进行更换，并按要求组装复位。

(4) 检查定子绕组是否存在故障，绕组有无绝缘性能下降，对地短路，相间短路、开路，接错等故障，针对发现的问题进行修理。

(5) 检查定、转子铁心有无磨损和变形，若有变形应做相应修复。

(6) 检查电动机与生产机械之间的传动装置及附属设备。

(7) 在进行以上各项修理、检查后，对电动机进行装配、安装，调整各部间隙，按规定进行检查和试车。

任务 1.2　单项异步电动机的认识

学习目标

(1) 学习掌握单相异步电动机结构、原理和分类；

(2) 了解单项异步电动机的适用场合；

(3) 熟练认识、选用单相异步电动。

工作任务

掌握单相异步电动机结构、原理和分类；了解单项异步电动机的适用场合；熟练认识、选用单相异步电动机。

任务实施

【一】准备

单相异步电动机是用单相交流电源供电的一类驱动用电动机，具有使用方便、结构简单、成本低廉、运行可靠、噪声小、对无线电系统干扰小、维修方便等一系列优点。特别是因为它可以直接使用普通民用电源，所以广泛运用于各行各业和日常生活，作为各类工农业生产工具、日用电器、仪器仪表、商业服务、办公用具和文教卫生设备中的动力源，与人们的工作、学习和生活有着极为密切的关系，是日常现代化设备必不可少的驱动源，如电钻、小型鼓风机、医疗器械、风扇、洗衣机、冰箱、冷冻机、空调机、抽油烟机、电影放映机、家用水泵、农用机械等，工业上也常用于通风与锅炉设备以及其他伺服机构上。

单相异步电动机与容量相同的三相异步电动机相比，具有体积较大，运行性能也较差的特点，所以单相异步电动机通常只做成小型的，其容量从几瓦到几千瓦。单相异步电动机占小功率异步电动机的大部分，到目前为止已经四次改型，也就是经过四次统一设计。不同场合对电动机的要求差别甚大，因此就需要采用各种不同类型的电动机产品，以满足使用要求。

1. 单相交流异步电动机的结构

1）定子部分

（1）机座。

机座通常采用铸铁、铸铝或钢板制成，其结构形式主要取决于电动机的使用场合及冷却方式。单相异步电动机的机座形式一般有开启式、防护式、封闭式等几种。开启式结构的定子铁心和绕组外露，由周围空气流动自然冷却，多用于一些与整机装成一体的使用场合，如洗衣机等；防护式结构是在电动机的通风路径上开有一些必要的通风孔道，而电动机的铁心和绕组则被机座遮盖着；封闭式结构是整个电动机采用密闭方式，电动机的内部和外部隔绝，防止外界的侵蚀与污染，电动机主要通过机座散热，当散热能力不足时，外部再加风扇冷却。

另外有些专用单相异步电动机，可以不用机座，直接把电动机与整机装成一体，如电钻、电锤等手提电动工具等。

（2）铁心部分。

定子(转子)铁心多用铁损小、导磁性能好，厚度一般为0.35～0.5mm的硅钢片冲槽叠压而成，且冲片上都均匀冲槽。单相异步电动机定、转子之间气隙比较小，一般在0.2～0.4mm。为减小开槽所引起的电磁噪声和齿谐波附加转矩等的影响，定子槽口多采用半闭口形状，转子槽为闭口或半闭口，并且常采用转子斜槽来降低定子齿谐波的影响。集中式绕组罩极单相电动机的定子铁心则采用凸极形状，也用硅钢片冲制叠压而成。

（3）绕组。

单相异步电动机的定子绕组，一般都采用两相绕组的形式，即主绕组(也称工作绕组)和辅助绕组(也称起动绕组)。主、辅绕组的轴线在空间相差90°电角度，两相绕组的槽数、槽形、匝数可以是相同的，也可以是不同的。一般主绕组占定子总槽数的2/3，辅助绕组占定子总槽数的1/3，具体应视各种电动机的要求而定。

单相异步电动机中常用的定子绕组形式有单层同心式绕组、单层链式绕组、双层叠绕组和正弦绕组。罩极式电动机的定子多为集中式绕组，罩极极面的一部分上嵌放有短路铜环式的罩极线圈。

2）转子部分

（1）转轴。

转轴用含碳轴承钢车制而成，两端安装用于转动的轴承。单相异步电动机常用的轴承有滚动和滑动两种，一般小容量的电动机都采用含油滑动轴承，其结构简单，噪声小。

（2）铁心。

转子铁心是采用与定子铁心相同的硅钢片冲制而成的，将冲有齿槽的转子铁心叠装后压入转轴。

（3）绕组。

单相异步电动机的转子绕组一般有两种形式，即笼型和电枢型。笼型转子绕组是用铝或者铝合金一次铸造而成，它广泛应用于各种单相异步电动机。电枢型转子绕组则采用与直流电动机相同的分布式绕组形式，按叠绕或波绕的接法将线圈的首、尾端经换相器连接成一个整体的电枢绕组，电枢式转子绕组主要用于单相异步串励电动机。

3）起动装置

除电容运转式电动机和罩极式电动机外，一般单相异步电动机在起动结束后辅助绕组都必须脱离电源，以免烧坏。因此，为保证单相异步电动机的正常起动和安全运行，就需配有相应的起动装置。

起动装置的类型有很多，主要可分为离心开关、起动继电器和 PTC 起动器三大类。图 1-17 所示为离心开关的结构示意图。离心开关包括旋转部分和固定部分，旋转部分装在转轴上，固定部分装在前端盖内。它利用一个随转轴一起转动的部件——离心块，当电动机转子达到额定转速的 70%～80%时，离心块的离心力大于弹簧对动触点的压力，使动触点与静触点脱开。从而切断辅助绕组的电源，让电动机的主绕组单独留在电源上正常运行。

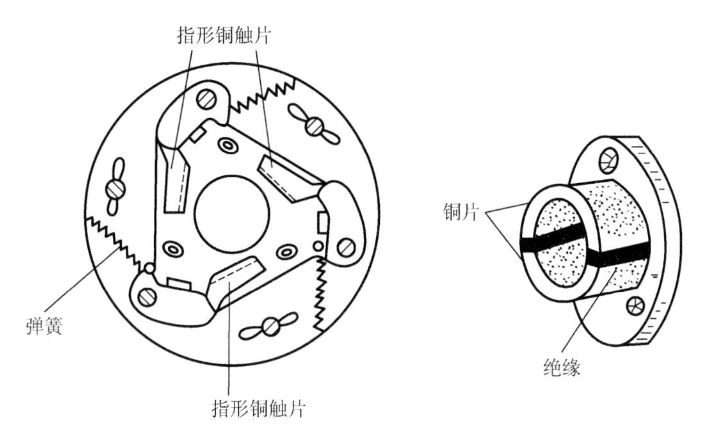

图 1-17　离心开关结构示意图

离心块结构较为复杂，容易发生故障，甚至烧毁辅助绕组。而且开关又整个安装在电动机内部，出了问题检修也不方便。故现在的单相异步电动机已较少使用离心开关作为起动装置，而采用多种多样的起动继电器。起动继电器一般装在电动机机壳上面，维修、检查都很方便。常用的继电器有电压型、电流型、差动型三种。

(1) 电压型起动继电器。

电压型起动继电器的电压线圈跨接在电动机的辅助绕组上，常闭触点串连接在辅助绕组的电路中，接线如图 1-18 所示。接通电源后，主、辅助绕组中都有电流流过，电动机开始起动。由于跨接在辅助绕组上的电压线圈，其阻抗比辅助绕组大，故在电动机低速时，流过电压线圈中的电流很小。随着转速的升高，辅助绕组中的反电动势逐渐增大，使得电压线圈中的电流也逐渐增大，当达到一定数值时，电压线圈产生的电磁力克服弹簧的拉力使常闭触点断开，切除了辅助绕组与电源的连接。由于起动用辅助绕组内的感应电动势，使电压线圈中仍有电流流过，故保持触点在断开位置，从而保证电动机在正常运行时辅助绕组不会接入电源。

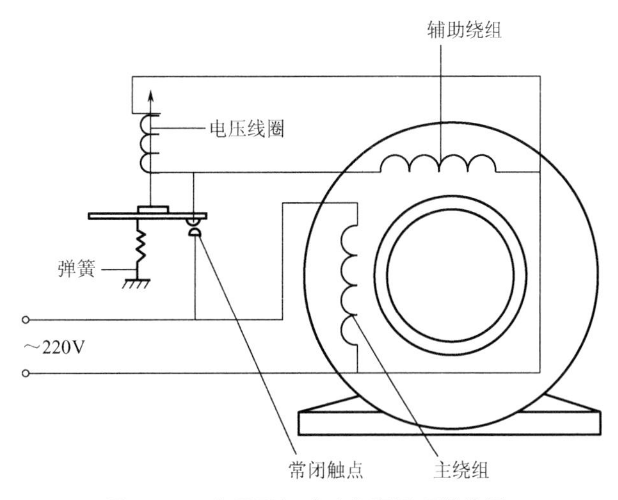

图 1-18　电压型起动继电器原理接线图

(2) 电流型起动继电器。

电流型起动继电器原理接线如图 1-19 所示。继电器的电流线圈与电动机主绕组串联，常开触点与电动机辅助绕组串联。电动机未接通电源时，常开触点在弹簧压力的作用下处于断开状态。当电动机起动时，比额定电流大几倍的起动电流流经继电器线圈，使继电器的铁心产生极大的电磁力，足以克服弹簧压力使常开触点闭合，使辅助绕组的电源接通，电动机起动，随着转速上升，电流减小。当转速达到额定值的 70%～80%时，主绕组内电流减小。这时继电器电流线圈产生的电磁力小于弹簧压力，常开触点又断开，辅助绕组的电源被切断，起动完毕。

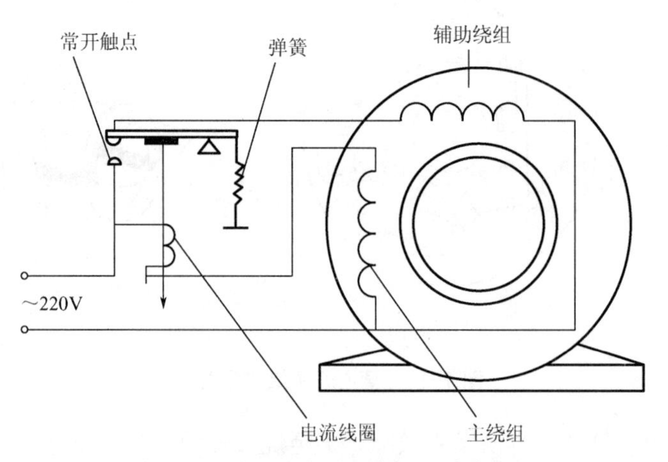

图 1-19　电流型起动继电器原理接线图

(3) 差动型起动继电器。

差动型起动继电器原理接线如图 1-20 所示。差动型继电器有电流和电压两个线圈，因而工作更可靠。电流线圈与电动机的主绕组串联，电压线圈经过常闭触点与电动机的辅助绕组并联。当电动机接通电源时，主绕组和电流线圈中的起动电流很大，使电流线圈产生的电磁力足以保证触点能可靠闭合。起动以后电流逐步减小，电流线圈产生的电磁力也随之减小。于是电压线圈的电磁力使触点断开，切断了辅助绕组的电源。

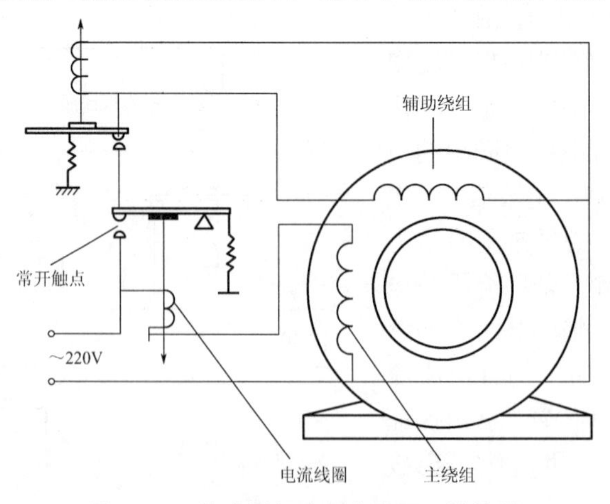

图 1-20　差动型起动继电器原理接线图

起动继电器虽然具有维修、检查都很方便的特点，但是由于它是有触点元件，所以故障率相对来说是比较高的，寿命也有限，所以近年来又有被 PTC 起动器（图 1-21）所取代的趋势。

PTC 起动器的主要元件是 PTC 元件，PTC 元件是掺入微量稀土元素，用陶瓷工艺加工的钛酸钡型半导体。在常温下呈低阻抗，串接在电路中呈通路状态，当通过电流使元件本身发热后，阻抗急剧上升，呈高阻态。

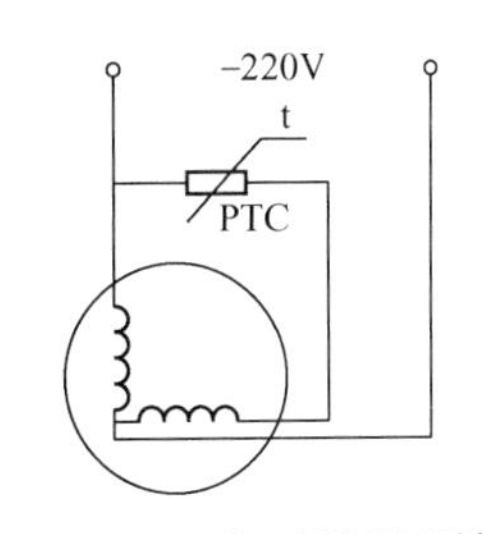

图 1-21　PTC 起动器原理接线图

PTC 起动器具有性能可靠、寿命长、无触点、无电火花及电磁波干扰，结构简单、安装方便，没有移动式零件，不会受潮生锈等优点；缺点是起动时间不宜过长（一般为 2s 左右），每起动一次后需间隔 4～5min，待元件降温后才能再次起动。

2. 单相交流异步电动机的原理

当单相正弦交流电通入定子单相绕组时，就会在绕组轴线方向上产生一个大小和方向交变的磁场，如图 1-22 所示。这种磁场的空间位置不变，其幅值在时间上随交变电流按正弦规律变化，具有脉动特性，因此称为脉动磁场，不同于三相异步电动机中的旋转磁场，因此单相异步电动机的起动转矩为零，不能自行起动，所以需要引入一个起动线圈并由起动线圈给一个初始方向转动。

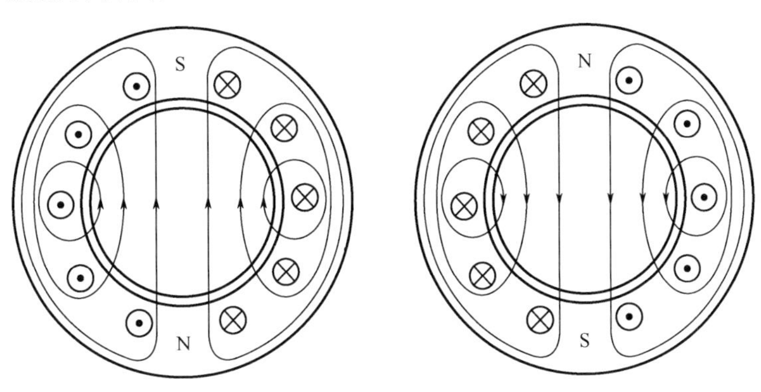

图 1-22　单相交变磁场

3. 单相异步电动机的分类及正反转时绕组的联结方法

通常根据电动机的起动和运行方式的特点，将单相异步电动机分为以下五种。

1）单相电阻起动异步电动机（图 1-23）

代号：JZ BO BO2。它的定子嵌有主绕组（也称工作绕组）和副绕组（也称起动绕组），这两个绕组的轴线在空间成 90° 电角度。副绕组一般是串入一个外加电阻经过离心开关（或继电器或 PTC），与主绕组并联，并一起接入电源。当电动机起动并达到同步转速的 75%～80% 时，离心器打开，离心开关触点断电，但也有不加外电阻的，此时副绕组导线较细，匝数较多，阻值较大（一般为几十欧姆），主绕组导线较粗，匝数较少，阻值较小（一般为几欧姆）。

（1）离心开关控制起动绕组的单相电阻起动异步电动机的正转和反转时绕组的联结方法。

正转：U1 和 V1 接在一起接火线，U2 和 Z2 接在一起接零线。

反转：U1 和 Z2 接在一起接火线，U2 和 V1 接在一起接零线，即把主绕组首尾互换；

(a) 实物

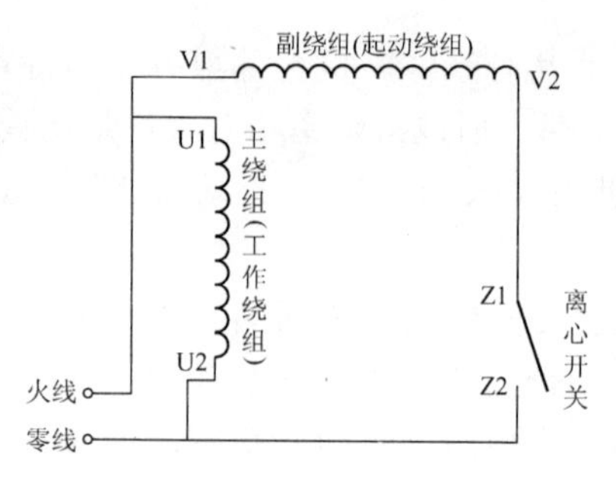

(b) 离心开关控制起动绕组

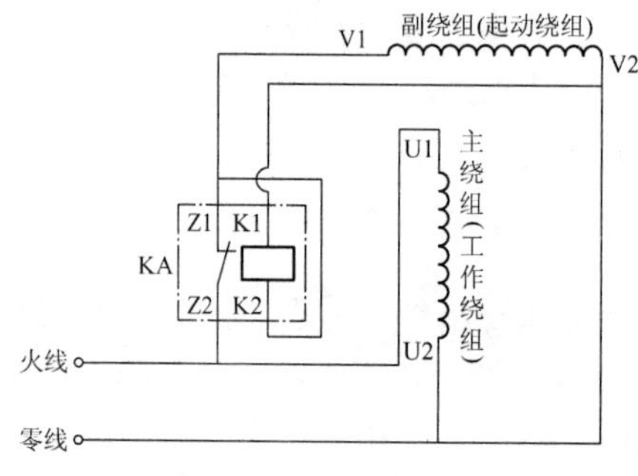

①电压型继电器控制起动绕组

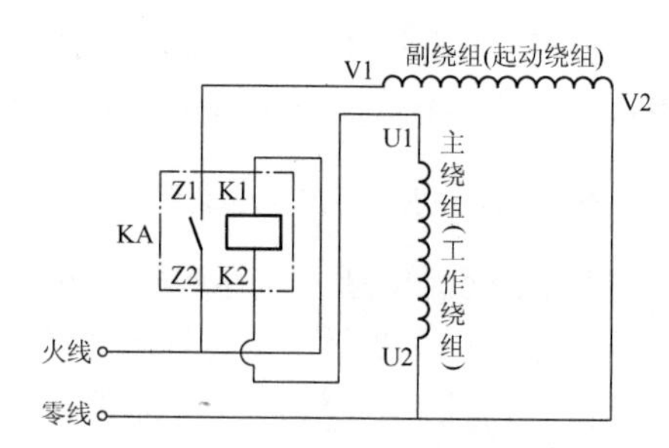

②电流型继电器控制起动绕组

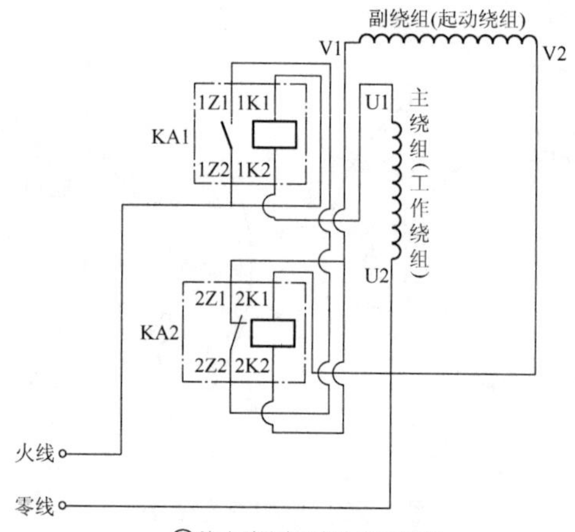

③差动型继电器控制起动绕组

(c) 继电器控制起动绕组

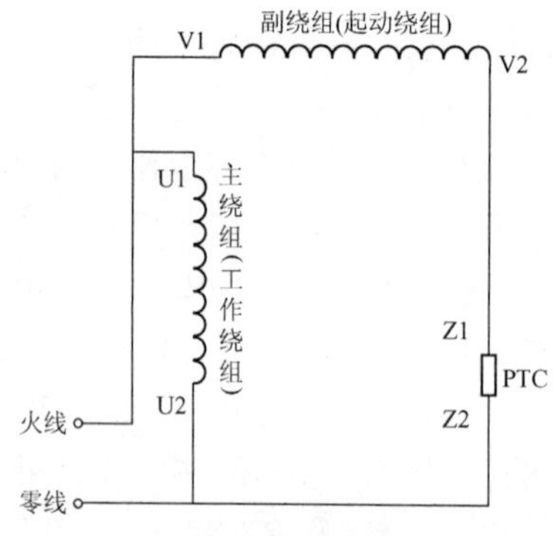

(d) PTC控制起动绕组

图 1-23　单相电阻起动异步电动机

或U1和V2接在一起接火线，U2和Z2接在一起接零线(此时V1和Z1接在一起)，即把副绕组首尾互换。

(2) 继电器控制起动绕组的单相电阻起动异步电动机的正转和反转时绕组的联结方法。

① 电压型继电器控制起动绕组。

正转：U1和Z2接在一起接火线，U2、V2和K1接在一起接零线(此时Z1、K2和V1接在一起)。

反转：U2和Z2接在一起接火线，U1、V2和K1接在一起接零线(此时Z1、K2和V1接在一起)，即把主绕组首尾互换；

或U1和Z2接在一起接火线，U2、V1和K1接在一起接零线(此时Z1、K2和V2接在一起)，即把副绕组首尾互换。

② 电流型继电器控制起动绕组。

正转：K1和Z2接一起接火线(此时K2和U1接一起)，U2和V2接一起接零线(此时V1和Z1接一起)。

反转：K1和Z2接一起接火线(此时K2和U2接一起)，U1和V2接一起接零线(此时V1和Z1接一起)，即把主绕组首尾互换；

或K1和Z2接一起接火线(此时K2和U1接一起)，U2和V1接一起接零线(此时V2和Z1接一起)，即把副绕组首尾互换。

③ 差动型继电器控制起动绕组。

正转：1K1和1Z2接一起接火线(此时1K2和U1接一起)，U2、V2和2K1接一起接零线(此时2K2、2Z1和V1接一起，2Z2、1Z1接一起)。

反转：1K1和1Z2接一起接火线(此时1K2和U2接一起)，U1、V2和2K1接一起接零线(此时2K2、2Z1和V1接一起，2Z2、1Z1接一起)即把主绕组首尾互换；

或1K1和1Z2接一起接火线(此时1K2和U1接一起)，U2、V1和2K1接一起接零线(此时2K2、2Z1和V2接一起，2Z2、1Z1接一起)即把副绕组首尾互换。

(3) PTC控制起动绕组的单相电阻起动异步电动机的正转和反转时绕组的联结方法。

正转：U1和V1接在一起，U2和Z2接在一起。

反转：U1和Z2接在一起，U2和V1接在一起(即把主绕组首尾互换)；

或U1和V2接在一起，U2和Z2接在一起，V1和Z1接在一起(即把副绕组首尾互换)。

2) 单相电容起动异步电动机(图1-24)

代号：JY CO CO2，新代号：YC。它与单相电阻起动电动机基本上是相同的，在定子上也有主绕组(也称工作绕组)和副绕组(也称起动绕组)，这两个绕组的轴线在空间成90°电角度。副绕组与外接电容器接入离心开关(或继电器或PTC)，与主绕组并连，并一起接入电源，同样在达到同步转速的75%～80%时，副绕组被切去，成为一台单相电动机。这种电动机的功率为120～750W。

(1) 离心开关控制起动绕组的单相电容起动异步电动机的正转和反转时绕组的联结方法。

正转：U1和V1接在一起，U2和Z2接在一起。

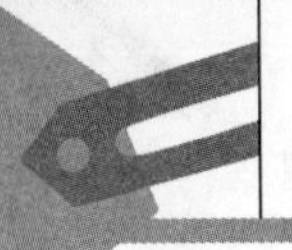

(a) 实物

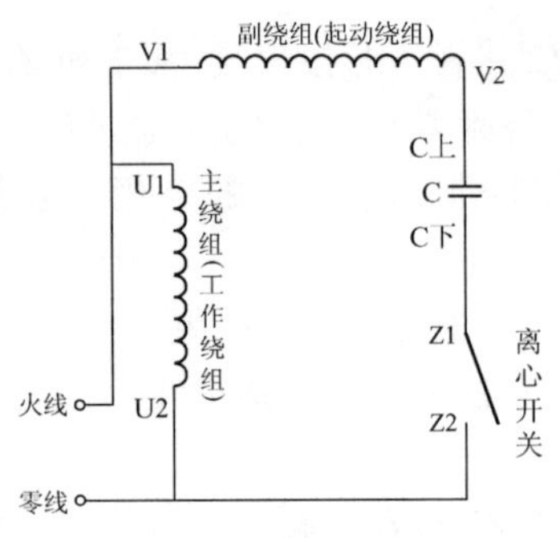

(b) 离心开关控制起动绕组

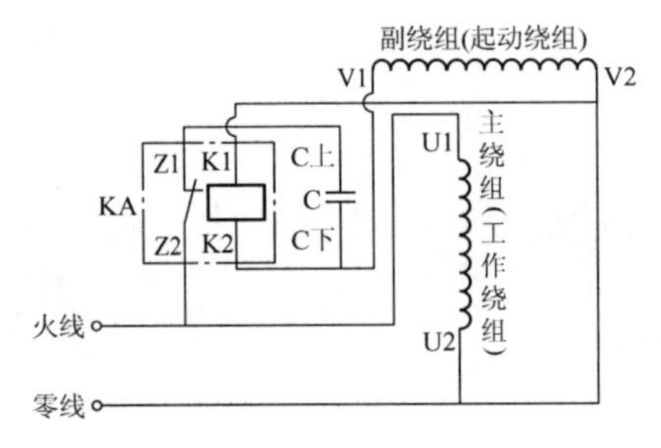

①电压型继电器控制起动绕组

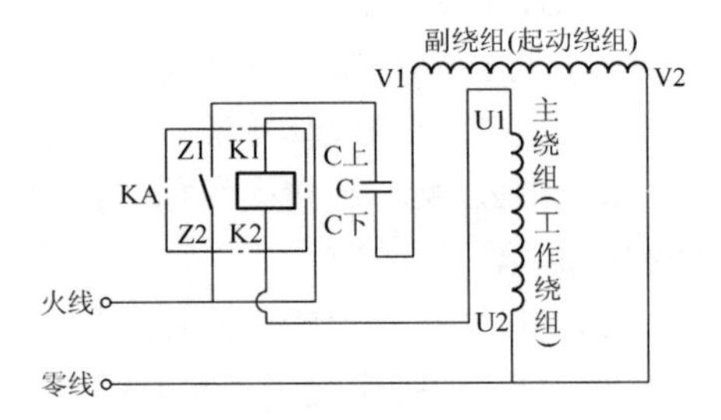

②电流型继电器控制起动绕组

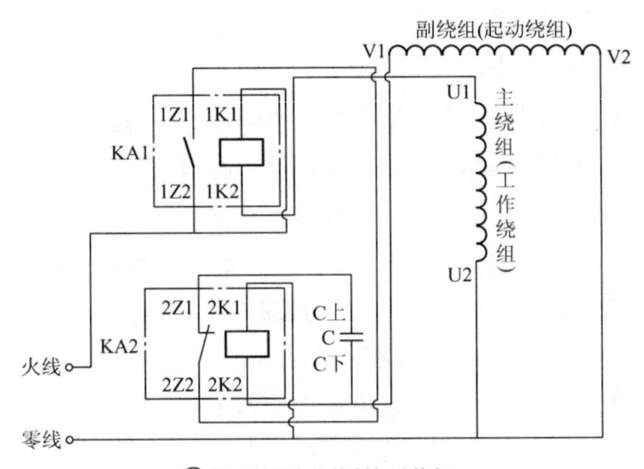

③差动型继电器控制起动绕组

(c) 继电器控制起动绕组

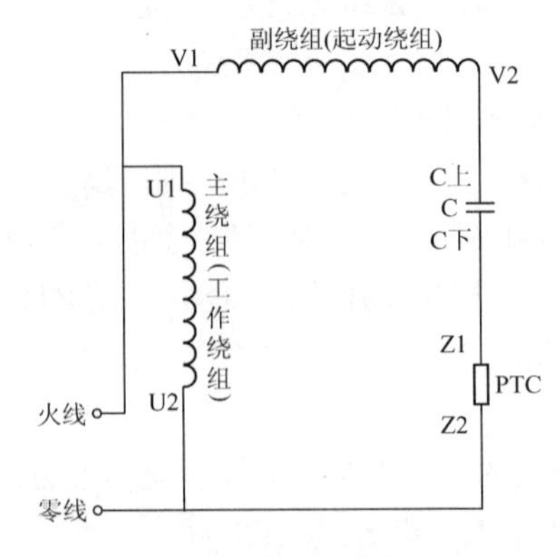

(d) PTC控制起动绕组

图 1-24 单相电容起动异步电动机

反转：U1 和 Z2 接在一起，U2 和 V1 接在一起，即把主绕组首尾互换；

或 U1 和 V2 接在一起，U2 和 Z2 接在一起，(此时 V1 和 C 上接在一起)，即把副绕组首尾互换。

(2) 继电器控制起动绕组的单相电容起动异步电动机的正转和反转时绕组的联结方法。

① 电压型继电器控制起动绕组。

正转：Z2 和 U1 接在一起接火线，U2、V2 和 K1 接在一起接零线(此时 Z1 和 C 上接一起，C 下、V1 和 K2 接一起)。

反转：Z2 和 U2 接在一起接火线，U1、V2 和 K1 接在一起接零线(此时 Z1 和 C 上接一起，C 下、V1 和 K2 接一起)，即把主绕组首尾互换；

或 Z2 和 U1 接在一起接火线，U2、V1 和 K1 接在一起接零线(此时 Z1 和 C 上接一起，C 下、V2 和 K2 接一起)，即把副绕组首尾互换。

② 电流型继电器控制起动绕组。

正转：Z2 和 K1 接一起接火线(此时 K2 和 U1 接一起)，U2 和 V2 接一起接零线(此时 Z1 和 C 上接一起，C 下和 V1 接在一起)。

反转：Z2 和 K1 接一起接火线(此时 K2 和 U2 接一起)，U1 和 V2 接一起接零线(此时 Z1 和 C 上接一起，C 下和 V1 接在一起)，即把主绕组首尾互换；

或 Z2 和 K1 接一起接火线(此时 K2 和 U1 接一起)，U2 和 V1 接一起接零线(此时 Z1 和 C 上接一起，C 下和 V2 接在一起)，即把副绕组首尾互换。

③ 差动型继电器控制起动绕组。

正转：1Z2 和 1K1 接一起接火线(此时 1K2 和 U1 接一起)，U2、V2 和 2K1 接一起接零线(此时 1Z1 和 2Z2 接一起，2Z1 和 C 上接一起，C 下、V1 和 2K2 接在一起)

反转：1Z2 和 1K1 接一起接火线(此时 1K2 和 U2 接一起)，U1、V2 和 2K1 接一起接零线(此时 1Z1 和 2Z2 接一起，2Z1 和 C 上接一起，C 下、V1 和 2K2 接在一起)，即把主绕组首尾互换。

或 1Z2 和 1K1 接一起接火线(此时 1K2 和 U1 接一起)，U2、V1 和 2K1 接一起接零线(此时 1Z1 和 2Z2 接一起，2Z1 和 C 上接一起，C 下、V2 和 2K2 接在一起)，即把副绕组首尾互换。

(3) PTC 控制起动绕组的单相电容起动异步电动机的正转和反转时绕组的联结方法。

正转：U1 和 V1 接在一起，U2 和 Z2 接在一起

反转：U1 和 Z2 接在一起，U2 和 V1 接在一起，即把主绕组首尾互换；

或 U1 和 V2 接在一起，U2 和 Z2 接在一起，(此时 V1 和 C 上接在一起)，即把副绕组首尾互换。

3) 单相电容运转异步电动机(图 1-25)

代号：JX DO DO2，新代号：YY。这种电动机的定子绕组也是两套绕组，而且结构基本上是相同的，电容运转电动机的运行技术指标较之前其他形式运转的电动机要好些。虽然电容运转电动机有较好的运转性能，但是起动性能比较差，即起动转矩较低，而且电动机的容量越大，起动转矩与额定转矩的比值越小。因此，电容运转电动机的容量做得都不大，一般都在小于 180W 的范围内。

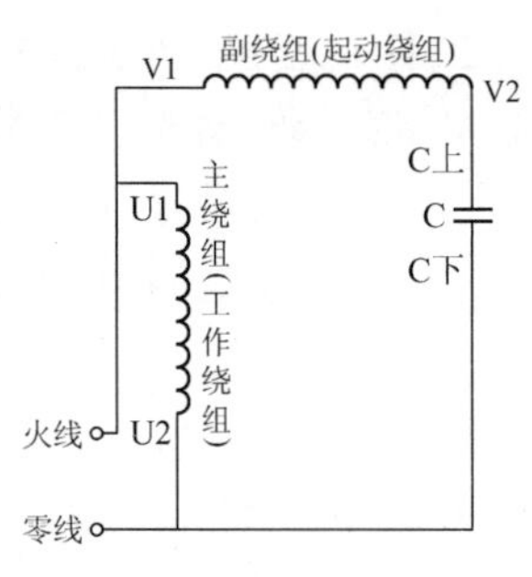

(a) 实物　　(b) 电容接法

图 1-25　单相电容运转异步电动机

单相电容运转异步电动机的正转和反转时绕组的联结方法。

正转：U1 和 V1 接在一起，U2 和 C 下接在一起。

反转：U1 和 C 下接在一起，U2 和 V1 接在一起，即把主绕组首尾互换；

或 U1 和 V2 接在一起，U2 和 C 下接在一起(此时 V1 和 C 上接在一起)，即把副绕组首尾互换。

该类单项异步电动机中还有一种叫等值单行异步电动机(即主、副绕组完全一样的单项异步电动机)，如图 1-26 所示，转换开关在下位是正转，在上位是反转，中位停止。

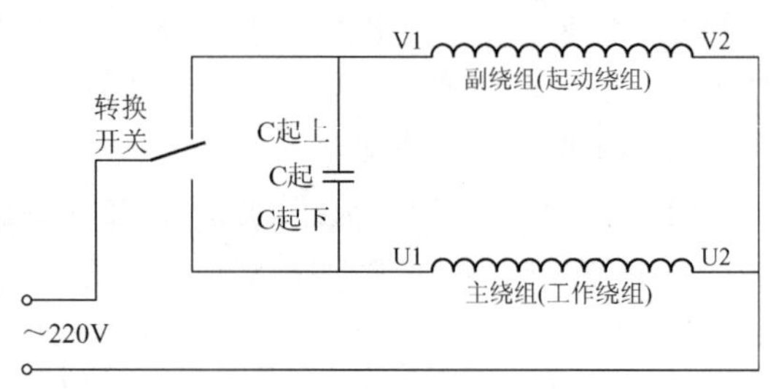

(a) 外形　　(b) 绕组联结

图 1-26　等值单行异步电动机

4）单相电容起动和运转异步电动机(图 1-27)

单相电容起动和运转异步电动机也称双值单项异步电动机，代号：YL。这种电动机在副绕组中接入两个电容，其中一个电容通过离心开关(或继电器或 PTC)，在起动之后就切断电源；另一个则始终参与副绕组的工作。这两个电容中，起动电容的容量大，而运转电容的容量小。这种单相电容起动和运转的电动机，综合了单相电容起动和电容运转电动机的优点，所以这种电动机具有比较好的起动性能和运转性能，在相同的机座号，功率可以提高 1～2 个容量等级，功率可以达到 1.5～2.2kW。

(1) 离心开关控制起动电容的单相电容起动和运转异步电动机的正转和反转时绕组的联结方法。

正转：U1 和 V1 接在一起接火线，U2、Z2 和 C 运下接在一起接零线。

反转：U1、Z2 和 C 运下接在一起接火线，U2 和 V1 接在一起，即把主绕组首尾互换；

或 U1 和 V2 接在一起接火线(此时 V1、C 起上和 C 运上接在一起)，U2、Z2 和 C 运下接在一起接零线，即把副绕组首尾互换。

(a) 实物

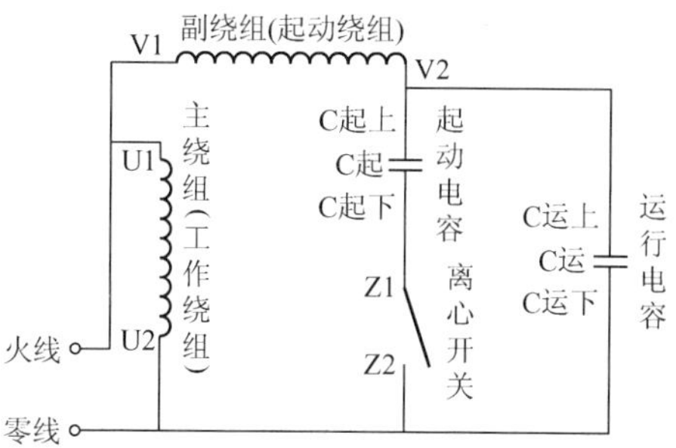

(b) 离心开关控制起动电容

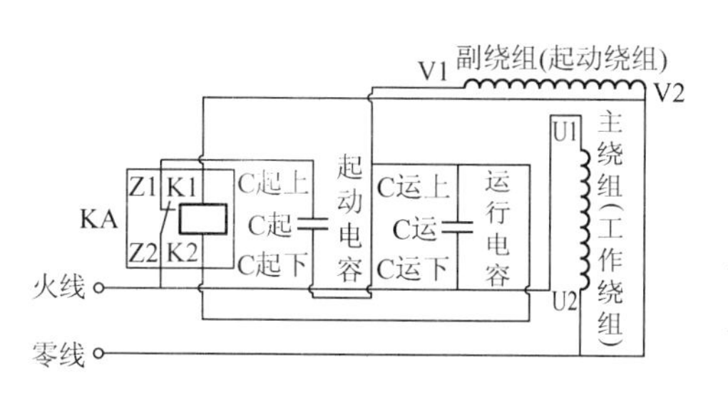

①电压型继电器控制起动绕组

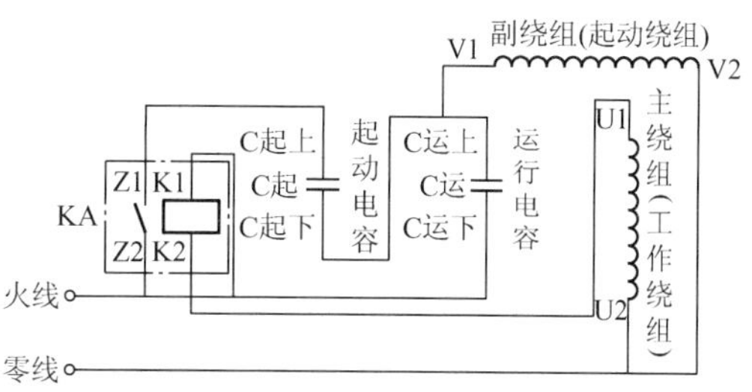

②电流型继电器控制起动绕组

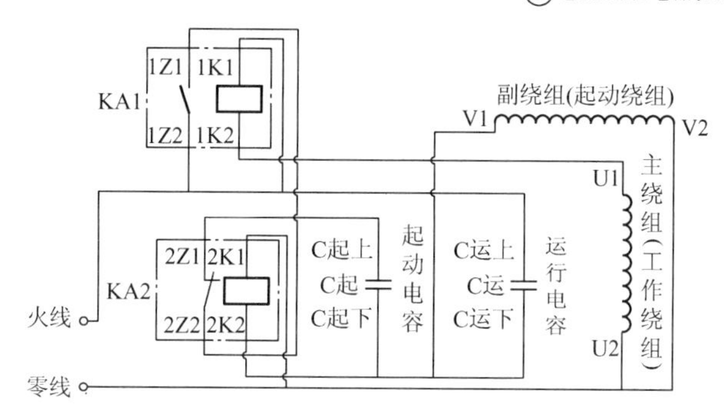

③差动型继电器控制起动绕组

(c) 继电器控制起动电容

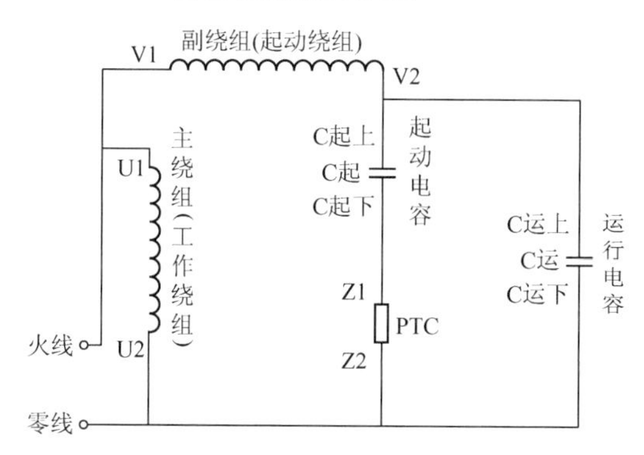

(d) PTC控制起动电容

图 1-27　单相电容起动和运转异步电动机

(2) 继电器控制起动电容的单相电容起动和运转异步电动机的正转和反转时绕组的联结方法。

① 电压型继电器控制起动绕组。

正转：Z2、C运下和U1接在一起接火线，U2、V2和K1接在一起接零线(此时Z1和C起上接在一起，C起下、C运上、K2和V1接在一起)。

反转：Z2、C运下和U2接在一起接火线，U1、V2和K1接在一起接零线(此时Z1和C起上接在一起，C起下、C运上、K2和V1接在一起)，即把主绕组首尾互换；

或Z2、C运下和U1接在一起接火线，U2、V1和K1接在一起接零线(此时Z1和C起上接在一起，C起下、C运上、K2和V2接在一起)，即把副绕组首尾互换。

② 电流型继电器控制起动绕组。

正转：Z2、K1和C运下接一起接火线(此时K2和U1接一起)，U2和V2接一起接零线(此时Z1和C起上接一起，C起下、C运上和V1接在一起)。

反转：Z2、K1和C运下接一起接火线(此时K2和U2接一起)，U1和V2接一起接零线(此时Z1和C起上接一起，C起下、C运上和V1接在一起)，即把主绕组首尾互换；

或Z2、K1和C运下接一起接火线(此时K2和U1接一起)，U2和V1接一起接零线(此时Z1和C起上接一起，C起下、C运上和V2接在一起)，即把副绕组首尾互换。

③ 差动型继电器控制起动绕组。

正转：1Z2、K1和C运上接一起接火线(此时1K2和U1接一起)，2K1、U2和V2接一起接零线(此时1Z1和2Z2接一起，2Z1和C起上接在一起，C起下、2K2、C运下和V1接在一起)。

反转：1Z2、K1和C运上接一起接火线(此时1K2和U2接一起)，2K1、U1和V2接一起接零线(此时1Z1和2Z2接一起，2Z1和C起上接在一起，C起下、2K2、C运下和V1接在一起)，即把主绕组首尾互换；

或1Z2、K1和C运上接一起接火线(此时1K2和U1接一起)，2K1、U2和V1接一起接零线(此时1Z1和2Z2接一起，2Z1和C起上接在一起，C起下、2K2、C运下和V2接在一起)，即把副绕组首尾互换。

(3) PTC控制起动电容的单相电容起动和运转异步电动机的正转和反转时绕组的联结方法。

正转：U1和V1接在一起接火线，U2、Z2和C运下接在一起接零线。

反转：U2和V1接在一起接火线，U1、Z2和C运下接在一起接零线，即把主绕组首尾互换；

或U1和V2接在一起接火线(此时V1、C起上和C运上接在一起)，U2、Z2和C运下接在一起接零线，即把副绕组首尾互换。

图 1-28 单相罩极式异步电动机

5) 单相罩极式异步电动机(图1-28)

单相罩极式异步电动机是一种结构简单的异步电动机，一般采用凸极定子，主绕组是一个集中绕组，而副绕组是一个单匝的短路环，称为罩极线圈。这种电动机的性能较差，但是由于结构牢固，价格便宜，所以这种电动机的生产量还是很大的，但是输出功率一般不超过20W。

单相罩极式异步电动机原则上不能实现正反转，只能单一方向运行，如果非要改变转向可参照如下方法：首先，使用呆扳手将四个螺栓的螺母取下来；其次，取下四个螺杆放在旁边，并将罩极电动机的外壳、转子、定子部位分开；第三，中间的定子位置与方向不动，使左侧的外壳、转子和右侧的外壳交换位置，同时把电源线由定子右侧移到定子左侧；第四，安装好转子与两侧的外壳，使其与定子连接基本吻合；第五，安装四个螺栓并用扳手紧固。这样，就可以更换罩极电动机的转动方向。综上所述单相罩极式异步电动机的反转是需要把电动机进行重新拆装的，所以一般情况下不考虑其反转问题，即单相罩极式异步电动机原则上不能实现正反转，只能单一方向运行。

【二】学生实际操作——单项异步电动机绕组接线

1. 工具、仪表及材料

(1) 工具：活扳手、螺钉旋具、尖嘴钳、斜口钳、剥线钳、电工刀等。

(2) 仪表：ZC35-3 型兆欧表(500V、0～500MΩ)、MF47 型万用表。

(3) 器材：单相电阻起动异步电动机、单相电容起动异步电动机、单相电容运转异步电动机、单相电容起动和运转异步电动机、单相罩极式异步电动机各一台。

2. 工具、仪表及器材的质检要求

(1) 根据电动机规格检验工具、仪表、器材等是否满足要求。

(2) 用万用表、兆欧表检测电动机的技术数据是否符合要求。

3. 绕组接线

根据教师指定的转向要求，进行绕组接线，自检后交教师验收。

温馨提示

注意不要损坏元件。

【三】自评、教师评

温馨提示

完成【一】【二】后，进入总结评价阶段。总结评价分自评、教师评两种，主要是总结评价本次任务过程中做得好的地方及需要改进的地方等。根据评分的情况和本次任务的结果，填写表 1-3、表 1-4。

表 1-3　学生自评表格

任务完成进度	做得好的方面	不足、需要改进的方面

表 1-4　教师评价表格

在本次任务中的表现	学生进步的方面	学生不足、需要改进的方面

【四】写总结报告

温馨提示

报告可涉及内容为本次任务，本次实训的心得体会等。总之，要学会随时记录工作过程，总结经验教训，为今后的工作打下良好的基础。

任务小结

本任务主要是学习掌握单相异步电动机的结构、原理和分类；了解单项异步电动机的适用场合；熟练认识、选用单相异步电动机。

问题探究

单相串励电动机

单相串励电动机(图 1-29)属于交、直两用电动机，它既可以用交流工作，也可以用直流，具有起动转矩大、转速高、体积小、质量轻、调速方便等优点，在家用电器和电动工具上得到了广泛应用，如用于吸尘器、食品加工机、搅拌器、榨汁机、豆浆机、电吹风机、电动缝纫机、地板打蜡机、电钻、电刨子等。

(a) 实物

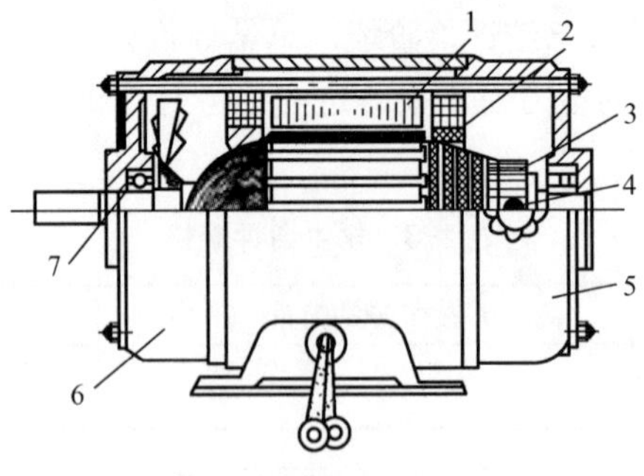

(b) 结构示意图

1—定子；2—转子(电枢)；3—换向器；4—电刷；5—端盖；6—机壳；7—轴承

图 1-29 单相串励电动机

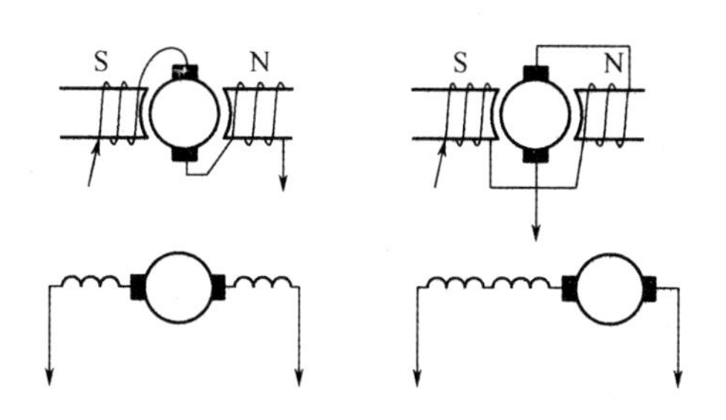

(c) 绕组串接方式

图 1-29　单相串励电动机（续）

单相串励电动机实现正反转的方法如图 1-30 所示，通过倒顺开关改变电刷上零、火位置即可。

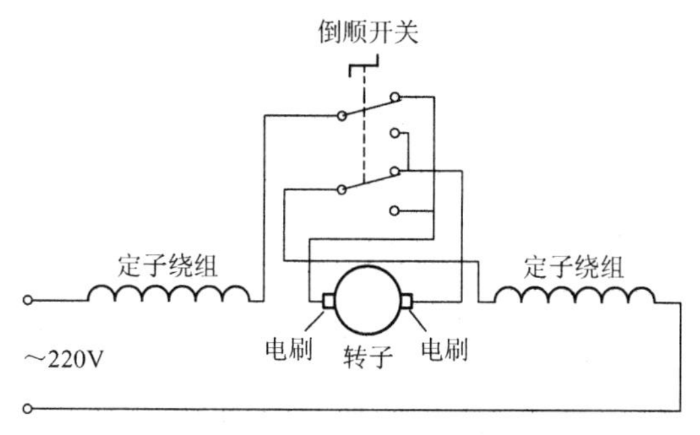

图 1-30　单相串励电动机实现正反转

项目 2

低压电器的认识

任务 2. 1　低压配电电器的认识

学习目标

(1) 熟悉低压配电电器的功能、基本结构、工作原理及型号含义；
(2) 熟记低压配电电器的图形符号和文字符号；
(3) 能够正确识别、选择、安装、使用低压配电电器。

工作任务

学习低压配电电器的功能、基本结构、工作原理及型号含义；熟记低压配电电器的图形符号和文字符号；识别、选择、安装、使用低压配电电器。

任务实施

【一】准备

1. 低压熔断器

低压熔断器的作用是在线路中做短路保护，通常简称为熔断器。短路是由于电气设备或导线的绝缘损坏而导致的电流不经负载从电源一端直接流回另一端的现象，是一种严重的电气事故。

使用时，熔断器应该串联在被保护的电路中。正常情况下，熔断器的熔体相当于一段导线；当电路发生短路故障时，熔体迅速熔断分开电路，从而起到保护线路和电气设备的作用。

1) 结构

熔断器一般由熔断体和底座组成。熔断体主要包括熔体、填料(有的没有填料)、熔管、触刀、盖板、熔断指示器等部件。熔断器结构图如图 2-1 所示。

2) 工作原理

熔断器使用时利用金属导体作为熔体串联在被保护的电路中，当电路发生短路或严重过载故障时，通过熔断器的电流超过某一规定值时，以其自身产生的热量使熔体熔断，从而自动分断电路，起到保护作用。

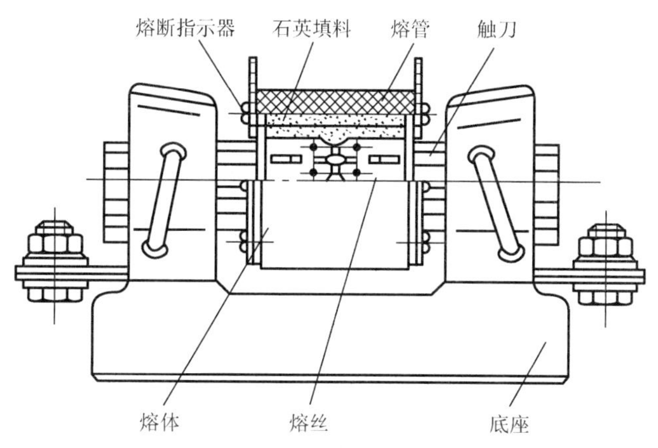

图 2-1　有填料密闭管式熔断器

3）常用的低压熔断器

(1) RC1A 系列插入式熔断器(瓷插式熔断器)。

① 型号(图 2-2)。

② 结构。

RC1A 系列插入式熔断器是将熔丝用螺钉固定在瓷盖上，然后插入底座，它由瓷座、瓷盖、动触点、静触点及熔丝五部分组成，其结构如图 2-3 所示。

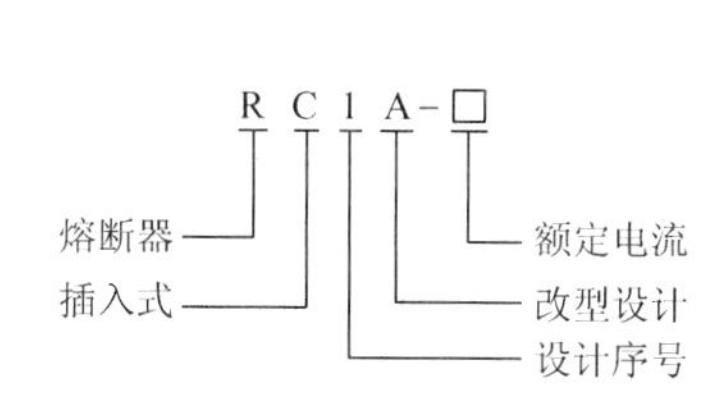

图 2-2　RC1A 系列插入式熔断器型号

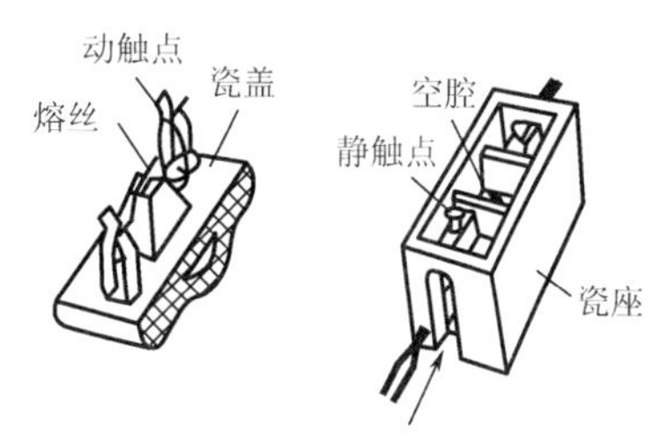

图 2-3　RC1A 系列插入式熔断器

③ 用途。

RC1A 系列插入式熔断器一般用在交流 50Hz、额定电压 380V(及以下)，额定电流 200A(及以下)的低压线路末端或分支电路中，作为电气设备的短路保护及一定程度的过载保护。

(2) RL1 系列螺旋式熔断器。

① 型号(图 2-4)。

② 结构。

RL1 系列螺旋式熔断器属于有填料封闭管式，其外形和结构如图 2-5 所示。它主要由瓷帽、熔断管、瓷套、上接线座、下接线座及瓷座等部分组成。

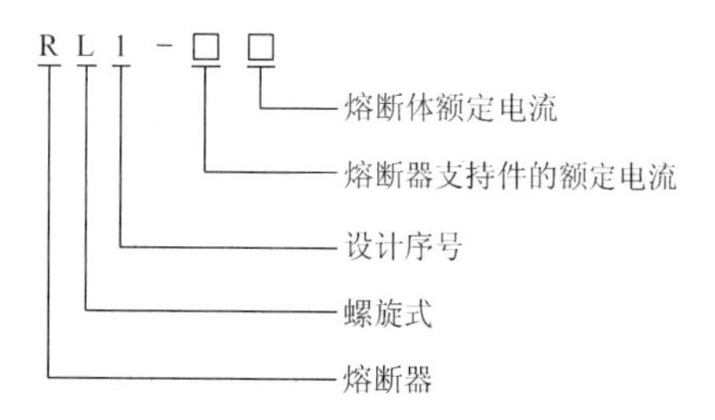

图 2-4　RL1 系列螺旋式熔断器型号

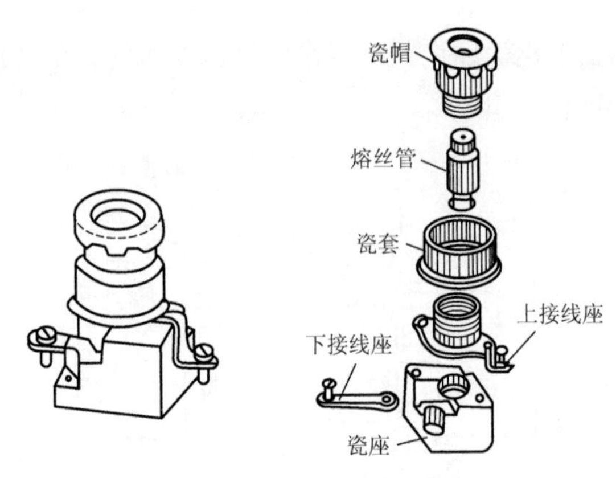

图 2-5　RL1 系列螺旋式熔断器

③ 用途。

RL1 系列螺旋式熔断器广泛应用于控制箱、配电屏、机床设备及振动较大的场合，在交流额定电压 500V、额定电流 200A(及以下)的电路中，作为短路保护器件。

(3) RMl0 系列无填料封闭管式熔断器。

① 型号(图 2-6)。

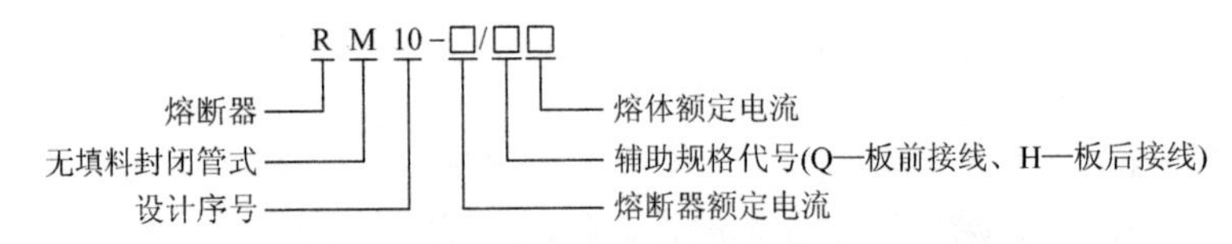

图 2-6　RM10 系列无填料封闭管式熔断器型号

② 结构。

RM10 系列无填料封闭管式熔断器主要由纤维管、变截面的锌熔片、夹头及夹座等部分组成。RM10 系列熔断器的外形与结构如图 2-7 所示。

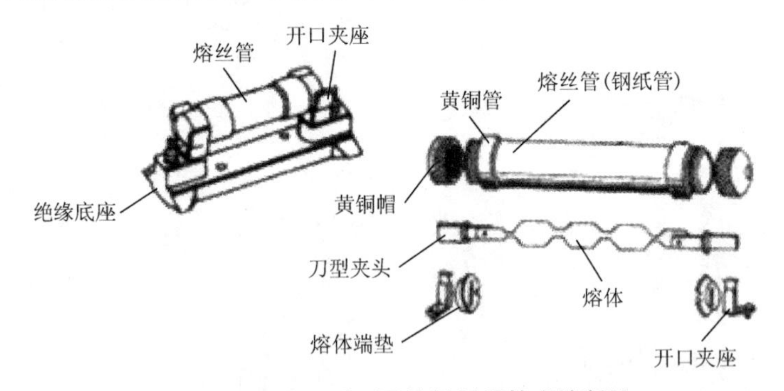

图 2-7　RM10 系列无填料封闭管式熔断器

③ 用途。

RM10 系列无填料封闭管式熔断器适用于交流 50Hz、额定电压 380V 或直流额定电压 440V(及以下)等级的动力网络和成套配电设备中，作为导线、电缆及较大容量电气设备的短路和连续严重过载保护。

（4）RT0 系列有填料封闭管式熔断器。

① 型号（图 2-8）。

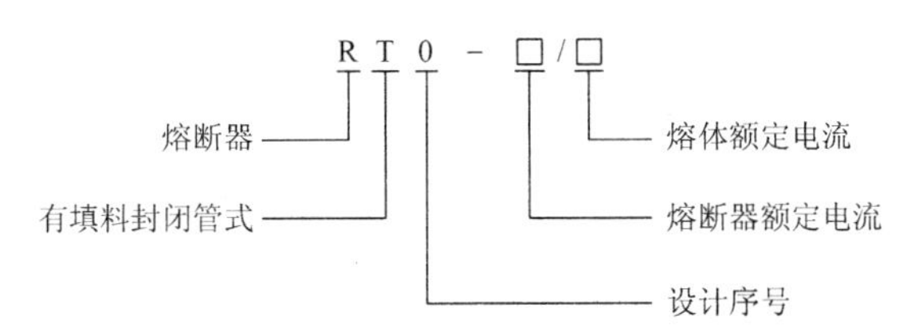

图 2-8　RT0 系列有填料封闭管式熔断器型号

② 结构。

RT0 系列有填料封闭管式熔断器主要由瓷熔管、栅状铜熔体和触点底座等部分组成，其外形与结构如图 2-9 所示。

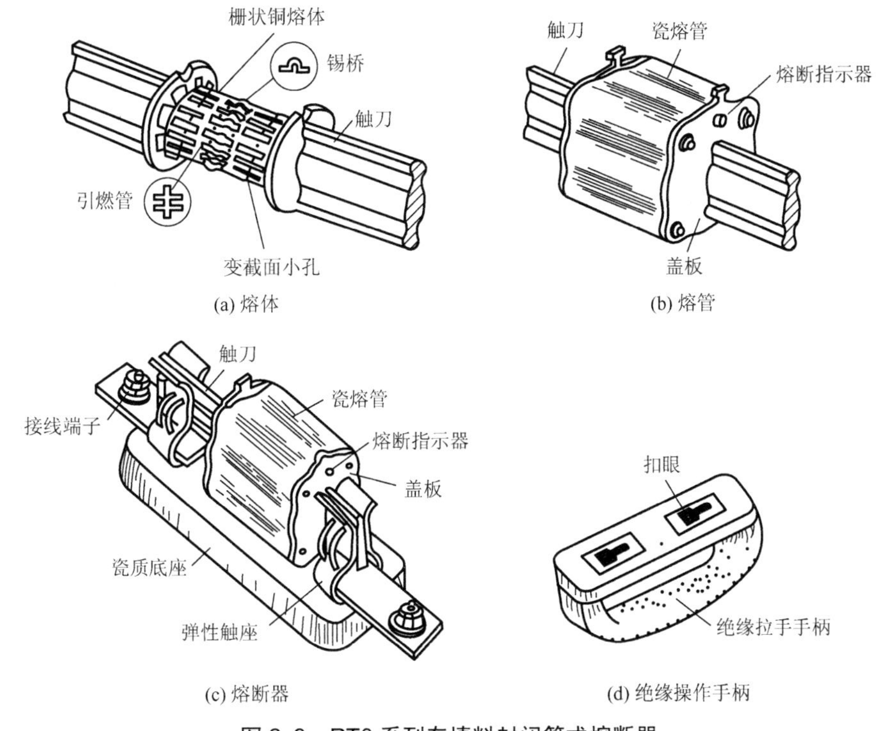

图 2-9　RT0 系列有填料封闭管式熔断器

③ 用途。

RT0 系列有填料封闭管式熔断器是一种大分断能力的熔断器，广泛用于短路电流较大的电力输配电系统中，作为电缆、导线和电气设备的短路保护及导线、电缆的过载保护。

（5）快速熔断器。

快速熔断器又称半导体器件保护用熔断器，主要用于硅元件变流装置内部的短路保护。由于硅元件的过载能力差，因此要求短路保护元件应具有快速动作的特征。快速熔断器能满足这种要求，且结构简单，使用方便，动作灵敏可靠，因而得到了广泛应用。快速熔断器的典型结构如图 2-10 所示。

(6) 自复式熔断器。

自复式熔断器是一种限流电器，其本身不具备分断能力，在正常情况下，电流从左端电流端子通过氧化被制成的绝缘管细孔中的金属钠到右端电流端子形成电流通路。当发生短路或严重过载时，故障电流使钠急剧气化，形成高温高压的等离子高电阻状态，限制短路电流增加。活塞在高压作用下使氩气压缩。故障修复后，电流恢复正常，钠的温度下降，活塞在压缩氩气的作用下回到原来的位置。因此，自复式熔断器只能限流，不能分断电路。但是和断路器串联使用时，可以提高断路器的分断能力，可以多次使用。自复式熔断器结构如图 2-11 所示。

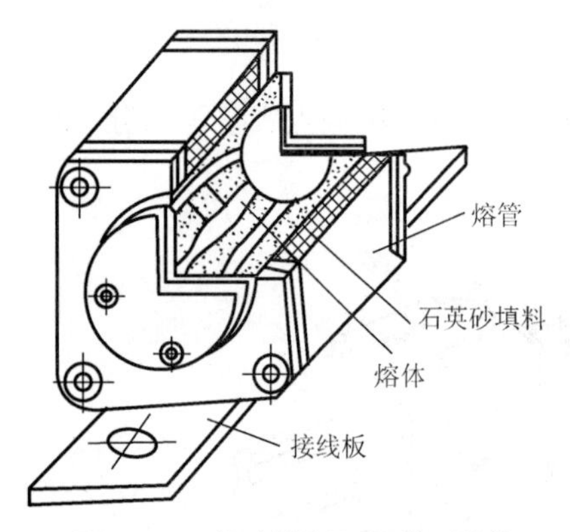

图 2-10 快速熔断器的典型结构

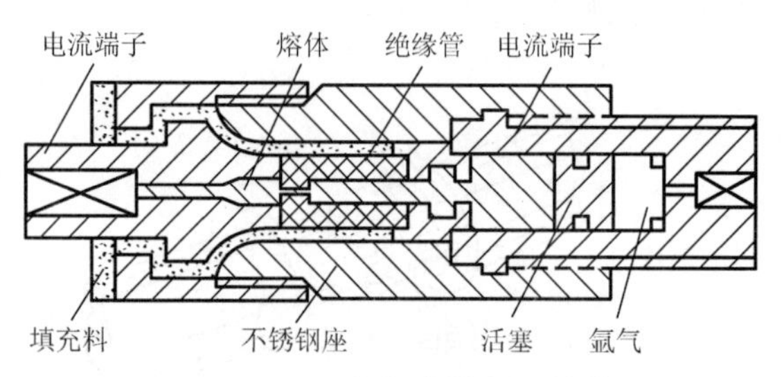

图 2-11 自复式熔断器结构

4）图形及文字符号

各种熔断器在电路图中的符号都如图 2-12 所示。

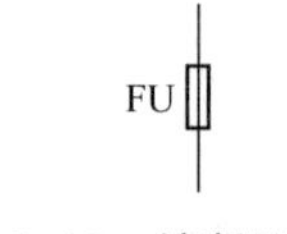

图 2-12 熔断器图形及文字符号

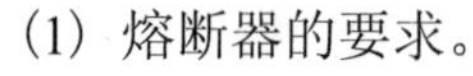

5）熔断器的选择

(1) 熔断器的要求。

在电气设备正常运行时，熔断器不应熔断；在出现短路时，应立即熔断；在电流发生正常变动(如电动机起动过程)时，熔断器不应熔断；在用电设备持续过载时，应延时熔断。对熔断器的选用主要包括类型选择和熔断器额定电压、熔体及熔断器的额定电流的确定。

(2) 熔断器的类型选择。

熔断器的选用主要依据负载的保护特性和短路电流的大小。例如，用于保护照明和电动机的熔断器，一般是考虑它们的过载保护，这时，希望熔断器的熔化系数适当小些。所以容量较小的照明线路和电动机宜采用熔体为铅锌合金的 RC1A 系列熔断器，而大容量的照明线路和电动机，除过载保护外，还应考虑短路时分断短路电流的能力。若短路电流较小时，可采用熔体为锡质的 RC1A 系列或熔体为锌质的 RM10 系列熔断器。用于车间低压供电线路的保护熔断器，一般是考虑短路时的分断能力。当短路电流较大时，宜采用具有高分断能力的 RL1 系列熔断器。当短路电流相当大时，宜采用有限流作用的 RT0 系列熔断器。

(3) 熔断器的额定电压选择。

熔断器的额定电压要大于或等于电路的额定电压。

(4) 熔体及熔断器额定电流的选择。

熔断器的额定电流要依据负载情况而选择。

① 电阻性负载或照明电路。

电阻性负载起动过程很短，运行电流较平稳，一般按负载额定电流的 1～1.1 倍选用熔体的额定电流，进而选定熔断器的额定电流。

② 电动机等感性负载(单一负载)。

电动机等感性负载的起动电流为额定电流的 4～7 倍，一般选择熔体的额定电流为电动机额定电流的 1.5～2.5 倍。一般来说，熔断器难以起到过载保护作用，而只能用作短路保护，过载保护应用热继电器。

③ 对于多台电动机

$$多台\ I_{FU} \geqslant (1.5\sim2.5)I_{NMAX}+\Sigma I_N$$

式中，I_{FU} 为熔体额定电流(A)，I_{NMAX} 为最大一台电动机的额定电流(A)，ΣI_N 为所有电动机的额定电流之和。

(5) 熔断器选择的注意事项。

为防止发生越级熔断，上、下级(供电干、支线)熔断器间应有良好的协调配合，为此，应使上一级(供电干线)熔断器的熔体额定电流比下一级(供电支线)大 1～2 个级差。

2. 刀开关

刀开关是一种手动电器，常用的刀开关有 HD 型单投刀开关(图 2-13)、HS 型双投刀开关(图 2-14)、HR 型熔断器式刀开关(图 2-15)、HZ 型组合开关(图 2-16)、HK 型闸刀开关(图 2-17)、HY 型倒顺开关(图 2-18)等。

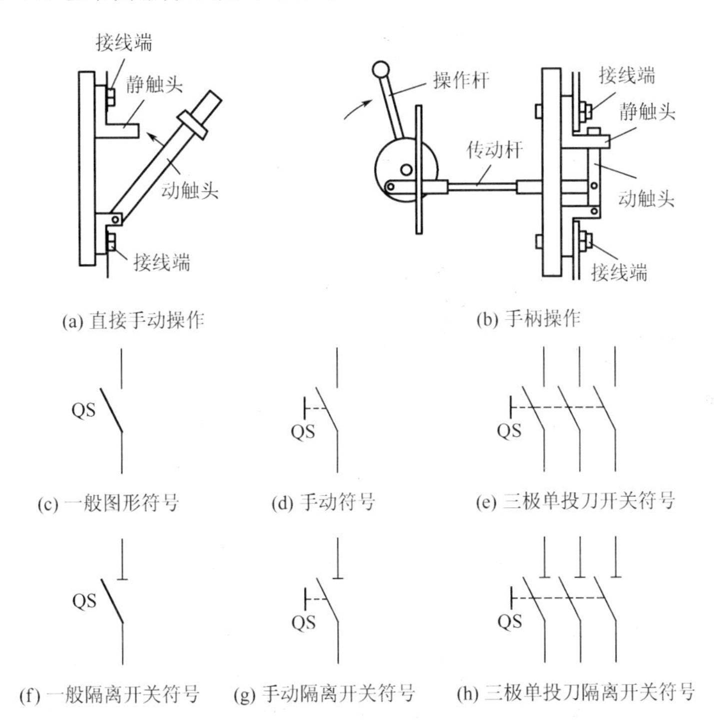

图 2-13　HD 型单投刀开关示意图及图形符号

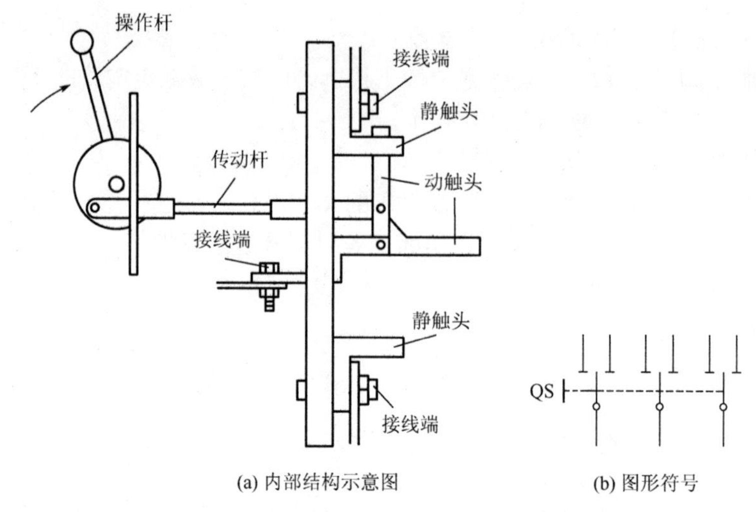

(a) 内部结构示意图　　(b) 图形符号

图 2-14　HS 型双投刀开关示意图及图形符号

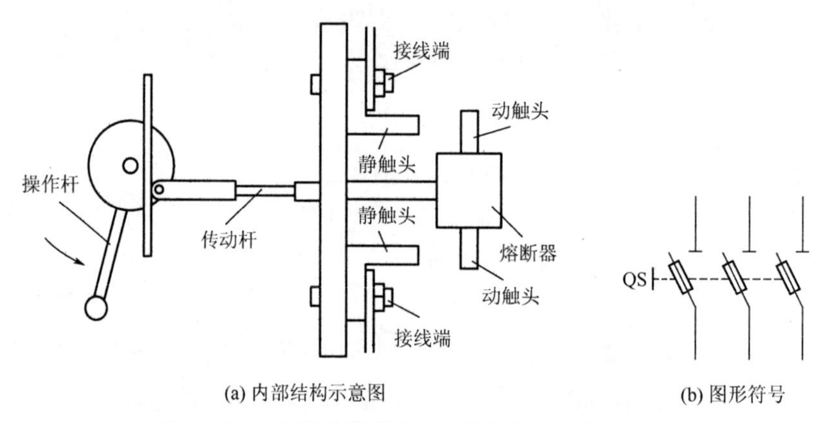

(a) 内部结构示意图　　(b) 图形符号

图 2-15　HR 型熔断器式刀开关示意图及图形符号

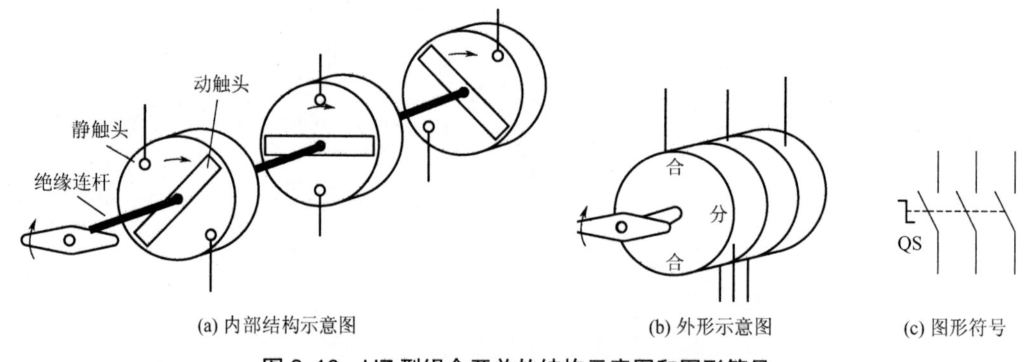

(a) 内部结构示意图　　(b) 外形示意图　　(c) 图形符号

图 2-16　HZ 型组合开关的结构示意图和图形符号

HD 型单投刀开关、HS 型双投刀开关、HR 型熔断器式刀开关主要用于在成套配电装置中作为隔离开关，装有灭弧装置的刀开关也可以控制一定范围内的负荷线路。作为隔离开关的刀开关的容量比较大，其额定电流为 100～1500A，主要用于供配电线路的电源隔离作用。隔离开关没有灭弧装置，不能操作带负荷的线路，只能操作空载线路或电流很小的线路，如小型空载变压器、电压互感器等。操作时应注意，停电时应将线路的负荷电流用

断路器、负荷开关等开关电器切断后再将隔离开关断开，送电时操作顺序相反。隔离开关断开时有明显的断开点，有利于检修人员的停电检修工作。隔离刀开关由于控制负荷能力很小，也没有保护线路的功能，所以通常不能单独使用，一般要和能切断负荷电流和故障电流的电器(如熔断器、断路器和负荷开关等电器)一起使用。

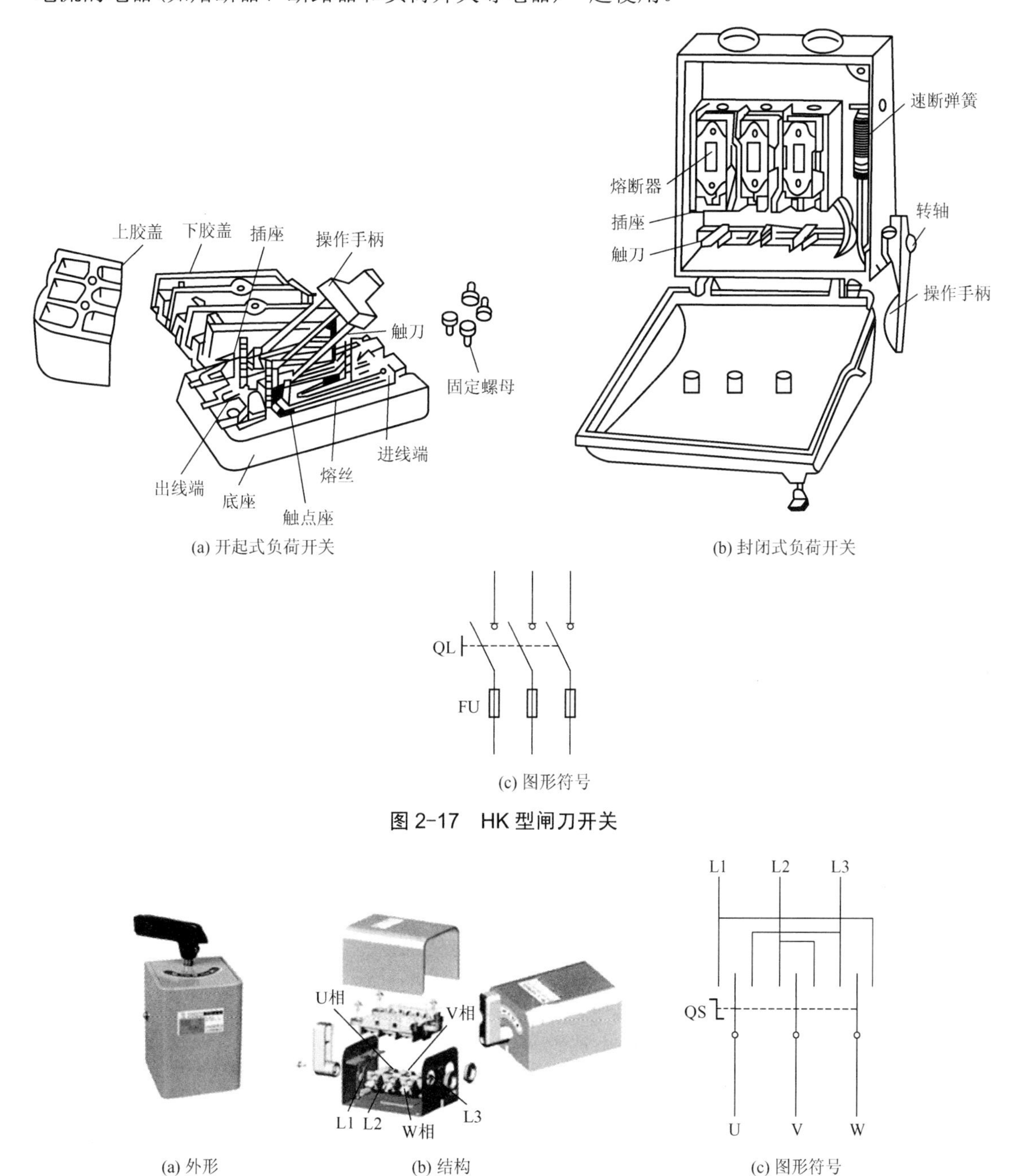

图 2-17　HK 型闸刀开关

图 2-18　HY 型倒顺开关

HZ 型组合开关、HK 型闸刀开关一般用于电气设备及照明线路的电源开关。

HY 型倒顺开关、HH 型铁壳开关装有灭弧装置，一般可用于电气设备的起动、停止控制。

3. 断路器的结构和工作原理

1）断路器的结构和工作原理

断路器主要由三个基本部分组成，即触头、灭弧系统和各种脱扣器（包括过电流脱扣器、失电压（欠电压）脱扣器、热脱扣器、分励脱扣器和自由脱扣器）。

图 2-19 所示为断路器工作原理示意图及图形符号。断路器开关是靠操作机构手动或电动合闸的，触头闭合后，自由脱扣机构将触头锁在合闸位置上。当电路发生故障时，通过各自的脱扣器使自由脱扣机构动作，自动跳闸以实现保护作用。分励脱扣器则作为远距离控制分断电路之用。

过电流脱扣器用于线路的短路和过电流保护，当线路的电流大于整定的电流值时，过电流脱扣器所产生的电磁力使挂钩脱扣，动触点在弹簧的拉力下迅速断开，实现断路器的跳闸功能。

热脱扣器用于线路的过负荷保护，工作原理和热继电器相同。

失电压（欠电压）脱扣器用于失电压保护，如图 2-19（a）所示，失电压脱扣器的线圈直接接在电源上，处于吸合状态，断路器可以正常合闸；当停电或电压很低时，失电压脱扣器的吸力小于弹簧的反力，弹簧使动铁心向上使挂钩脱扣，实现短路器的跳闸功能。

分励脱扣器用于远方跳闸，当在远方按下按钮时，分励脱扣器得电产生电磁力，使其脱扣跳闸。

不同断路器的保护是不同的，使用时应根据需要选用。在图形符号中也可以标注其保护方式，如图 2-19（b）所示，断路器图形符号中标注了失电压、过载、过电流三种保护方式。

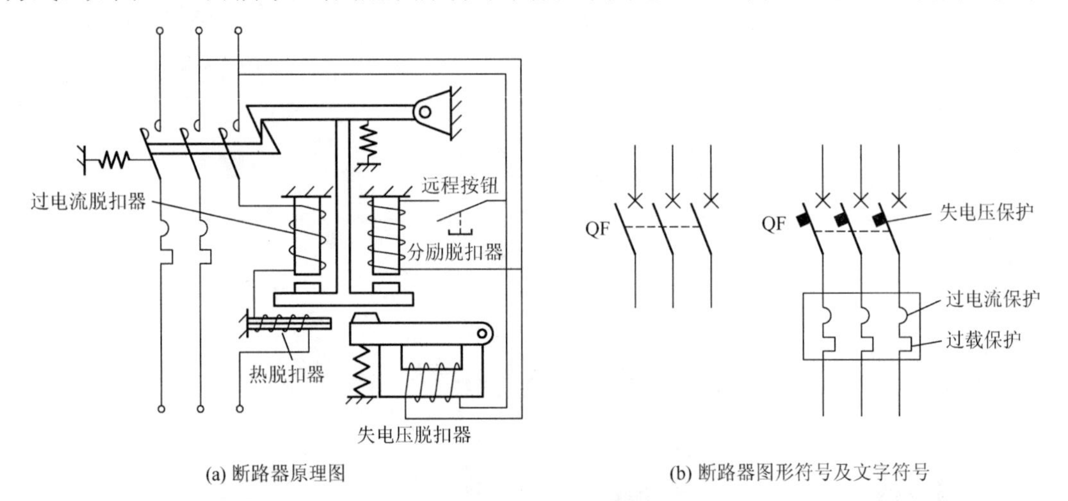

(a) 断路器原理图　　(b) 断路器图形符号及文字符号

图 2-19　断路器工作原理示意图及图形符号

2）低压断路器的选择原则

（1）断路器类型的选择：应根据使用场合和保护要求来选择。如一般场合选用塑壳式；短路电流很大时选用限流型；额定电流比较大或有选择性保护要求时选用框架式；控制和保护含有半导体器件的直流电路时应选用直流快速断路器等。

（2）断路器额定电压、额定电流应大于或等于线路、设备的正常工作电压、工作电流。

（3）断路器极限通断能力大于或等于电路最大短路电流。

（4）欠电压脱扣器额定电压等于线路额定电压。

（5）过电流脱扣器的额定电流大于或等于线路的最大负载电流。

【二】学生实际操作——低压配电电器的拆装

教师分别给一定数量的低压配电电器让学生辨认并进行拆装。

温馨提示

（1）注意文明生产和安全。

（2）课后通过网络、厂家、销售商和使用单位等多渠道了解关于低压配电电器知识和资料，分门别类加以整理，作为资料备用。

【三】自评、教师评

温馨提示

完成【一】【二】后，进入总结评价阶段。总评分自评、教师评两种，主要是总结评价本次任务中做得好的地方及需要改进的地方等。根据评分的情况和本次任务的结果，填写表 2-1、表 2-2。

表 2-1　学生自评表格

任务完成进度	做得好的方面	不足、需要改进的方面

表 2-2　教师评价表格

在本次任务中的表现	学生进步的方面	学生不足、需要改进的方面

【四】写总结报告

温馨提示

报告可涉及内容为本次任务的心得体会等。总之，要学会随时记录工作过程，总结经验教训，为今后的工作打下良好的基础。

任 务 小 结

本任务主要是熟悉低压配电电器的功能、基本结构、工作原理及型号含义；熟记低压配电电器的图形符号和文字符号；能够正确识别、选择、安装、使用低压配电电器。

问题探究

1. 熔体熔断的原因分析及排除方法

(1) 原因：短路故障或过载运行而正常熔断。

排除方法：安装新熔体前，先要找出熔体熔断原因，未确定原因，不要更换熔体试送。

(2) 原因：熔体使用时间过久，熔体因受氧化或运行中温度高，使熔体特性变化而误断。

排除方法：更换新熔体时，要检查熔断体额定值是否与被保护设备相匹配。

(3) 原因：熔体安装时有机械损伤，使其截面积变小而在运行中引起误断。

排除方法：更换新熔体时，要检查熔体是否有机械损伤，熔管是否有裂纹。

2. 熔断器与配电装置同时烧坏或连接导线烧断与接线端子烧坏的原因分析及排除方法

(1) 原因：谐波产生，当谐波电流进入配电装置时回路中电流急增烧坏。

排除方法：消除谐波电流的产生。

(2) 原因：导线截面积偏小，温升高烧坏。

排除方法：增大导线截面积。

(3) 原因：接线端与导线连接螺栓未旋紧产生弧光短路。

排除方法：连接螺栓必须旋紧。

3. 熔断器接触件温升过高的原因分析及排除方法

(1) 原因：熔断器运行年久，接触表面氧化或灰尘厚接触不良，温升高。

排除方法：用砂布擦除氧化物，清洁灰尘，检查接触件接触情况是否良好，或更换全新熔断器。

(2) 原因：载熔件未旋到位接触不良，温升高。

排除方法：载熔必须旋到位，旋紧、牢固。

4. 合闸时静触头和动触刀旁击

这种故障是由于静触头和动触刀的位置不合适，合闸时造成旁击，刀开关应检查动触刀的紧固螺钉有无松动过紧。熔断器式刀开关检查静触头两侧的开口弹簧有无移位，或是否因接触不良而过热退火变形及损坏。

处理方法：刀开关调整三极动触头连接紧固螺钉的松紧程度及刀片间的位置，调整动触刀紧固螺钉松紧程度，使动触刀调至静触头的中心位置，做拉合试验合闸时无旁击，拉闸时无卡阻现象。熔断器式刀开关调整静触头两侧的开口弹簧，使其静触头间隙置于动触刀刀片的中心线，做拉合试验。

5. 三极触刀合闸深度偏差大

三极刀开关和熔断器式刀开关合闸深度偏差值不应大于3mm。造成偏差值大的主要原因是三极动触刀的紧固螺钉和三极联动紧固螺钉松紧程度和位置(三极刀片之间的距离)调整不合适或螺钉松动。

处理方法：调整三极联动螺钉及刀片极间距离，检查刀片紧固螺钉紧固程度，熔断器式刀开关检查调整静触头两侧的开口弹簧。

6. 合闸后操作手柄反弹不到位

刀开关和熔断器式刀开关合闸后操作手柄反弹不到位，其主要原因是开关手柄操作连杆行程调整不合适或静动触头合闸时有卡阻现象。

处理方法：调整操作连杆螺钉使其长度与合闸位置相符，处理静动触头卡阻故障。

7. 连接点打火或触头过热

刀开关或熔断器式刀开关连接点打火主要是由于连接点接触不良，接触电阻大所致。触头过热是由于静动触头接触不良(接触面积小，压力不够)所致。

处理方法：停电检查连接点、触头有无烧蚀现象，用砂布打平连接点或触头的烧蚀处，重新压接牢固，调整触头的接触面和连接点压力。

8. 拉闸时灭弧栅脱落或短路

拉闸时灭弧栅脱落是由于灭弧栅安装位置不当，灭弧栅不正，拉闸时与动触刀相碰所致。拉闸时短路的原因有误操作，带负荷拉无灭弧栅的刀开关或有灭弧栅的刀开关不全脱落，或超出刀开关拉合的电流范围。

9. 运行中的刀开关短路

运行中的刀开关突然短路，其原因是刀开关的静动触头接触不良发热或连接点压接不良发热，使底板的绝缘介质碳化造成短路，应立即更换型号、规格合适的刀开关。

10. 低压断路器在操作时的注意事项

(1) 拉、合闸操作时，动作要果断、迅速，把操作手柄扳至终点位置，使手柄从上到下要连续运动，确定断路器断开后，方可拉开相应的隔离开关。

(2) 合闸时，要注意观察有关指示仪表，若故障还没有排除，应立即切断电路。

(3) 在分、合闸操作前应考虑分断容量能否满足系统要求，如不能满足时应降低短路容量。

(4) 操作隔离开关时，必须确认断路器已经断开、并在断路器的操作手柄悬挂“严禁合闸”的警告牌后，才能操作隔离开关。

(5) 断路器停电检修或者当系统接线从一组母线倒换到另一组母线时，必须断开操作电源。

(6) 电动操作时，必须将操作手柄拧到终点合闸位置，当合闸指示灯亮时，立即松开手柄返回中间预合后位置，否则合闸线圈长时间通电会烧坏。

(7) 要随时检查操作直流电压，当电源电压过低时，会因合闸功率不足，将使合闸速度降低，可能引起爆炸和不能同期并行的重大事故。

任务 2.2　低压控制电器的认识

学习目标

(1) 熟悉低压控制电器的功能、基本结构、工作原理及型号含义；

(2) 熟记低压控制电器的图形符号和文字符号；

(3) 能够正确识别、选择、安装、使用低压控制电器。

工作任务

学习低压控制电器的功能、基本结构、工作原理及型号含义；熟记低压控制电器的图形符号和文字符号；识别、选择、安装、使用低压控制电器。

任务实施

【一】准备

1. 按钮

1) 按钮的结构、种类

按钮由按钮帽、复位弹簧、桥式触点和外壳等组成，其结构示意图及图形符号如图 2-20 所示。触点采用桥式触点，额定电流在 5A 以下。触头又分常开触头(动合触头)和常闭触头(动断触头)两种。

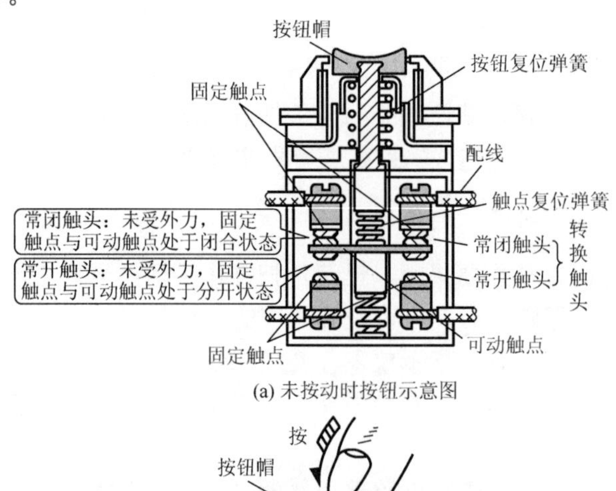

(a) 未按动时按钮示意图

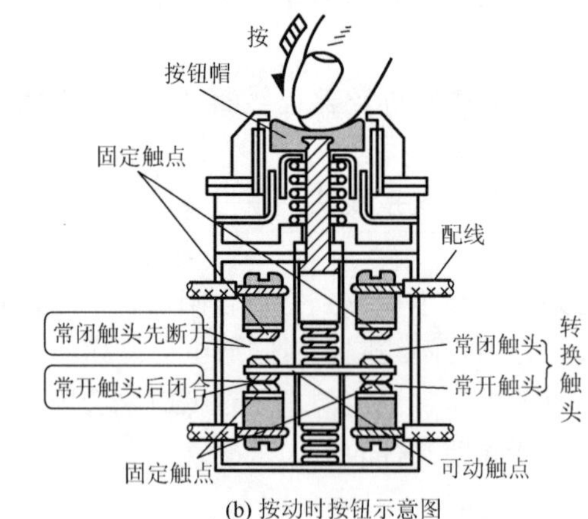

(b) 按动时按钮示意图

SB SB SB SB SB

复合按钮　常开按钮　常闭按钮　急停按钮常开急停按钮常闭

(c) 按钮图形符号及文字符号

图 2-20　按钮结构示意图及图形符号

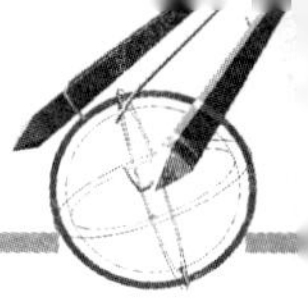

2）按钮的选择原则

（1）根据使用场合选择控制按钮的种类，如开启式、防水式、防腐式等。

（2）根据用途选用合适的形式，如钥匙式、紧急式、带灯式等。

（3）按控制回路的需要，确定不同的按钮数，如单钮、双钮、三钮、多钮等。

（4）按工作状态指示和工作情况的要求，选择按钮及指示灯的颜色。

2. 行程开关

行程开关又称限位开关，它的种类很多，按运动形式可分为直动式、微动式、转动式等；按触点的性质分可为有触点式和无触点式。

1）有触点行程开关(图 2-21)

有触点行程开关可根据应用场合及控制对象的不同来选择：根据安装环境选择防护形式，如开启式或保护式；根据控制回路的电压和电流选择其额定电压和额定电流；根据机械与行程开关的传力与位移关系选择合适的头部形式。

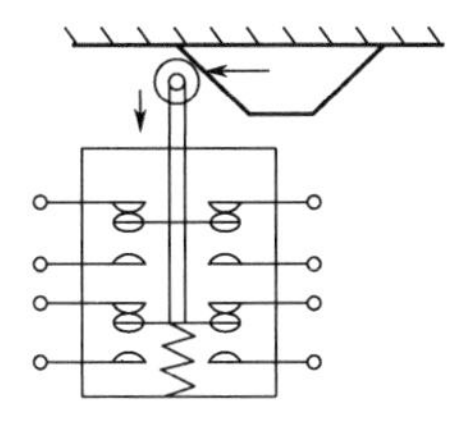

(a) 直动式行程开关示意图

(b) 微动式行程开关示意图

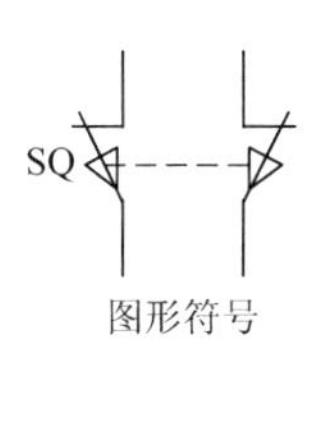

图形符号

(c) 旋转式双向机械碰压限位开关示意图及图形符号

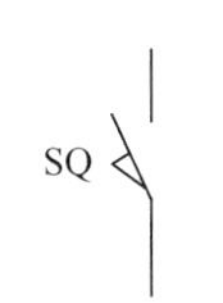

自动复位常开触点

自动复位常闭触点

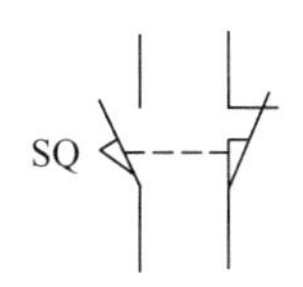

自动复位复合触点

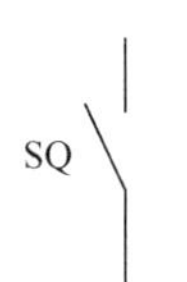

不能自动复位常开触点

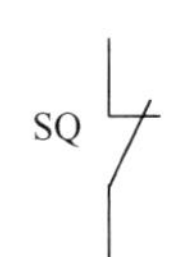

不能自动复位常闭触点

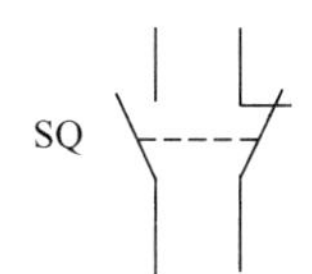

不能自动复位复合触点

(d) 行程开关图形符号及文字符号

图 2-21　有触点行程开关

2）无触点行程开关(图 2-22)

无触点行程开关的选择：工作频率、可靠性及精度；检测距离、安装尺寸；触点形式、触点数量及输出形式(NPN 型、PNP 型)；电源类型(直流、交流)、电压等级。

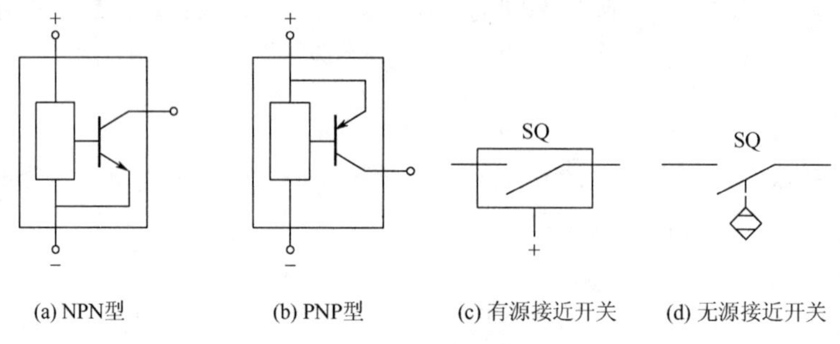

图 2-22　无触点行程开关

3. 主令控制器

主令控制器是一种手动操作、直接控制主电路大电流(10～600A)的开关电器。常用的主令控制器有 KT 型凸轮主令控制器(图 2-23)、KG 型鼓型主令控制器和 KP 型平面主令控制器。各种主令控制器的作用和工作原理基本类似，下面以常用的凸轮主令控制器为例进行说明。

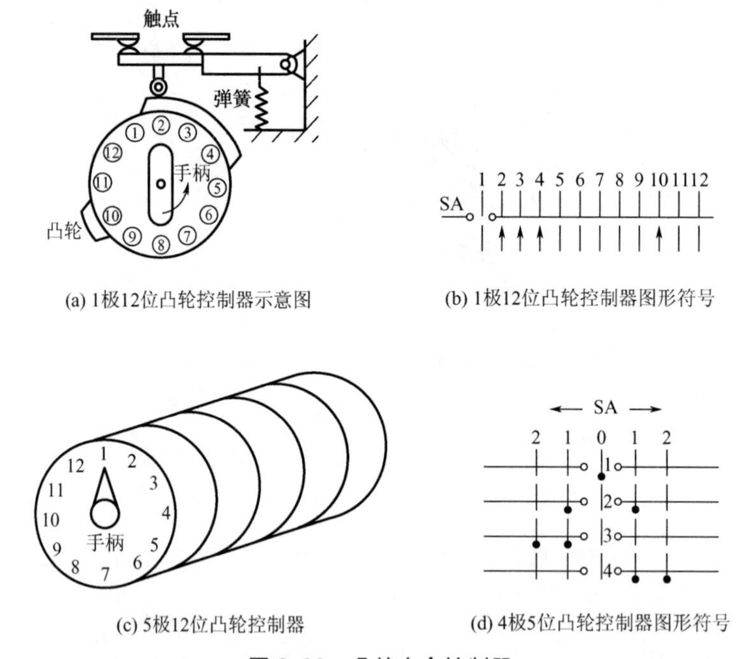

图 2-23　凸轮主令控制器

凸轮主令控制器是一种大型的手动控制器，主要用于起重设备中直接控制中小型绕线式异步电动机的起动、停止、调速、换向和制动，也适用于有相同要求的其他电力拖动场合。

凸轮主令控制器主要由触头、转轴、凸轮、杠杆、手柄、灭弧罩及定位机构等组成。图 2-23 为凸轮主令控制器的结构原理示意图及图形符号。凸轮主令控制器中有多组触点，并由多个凸轮分别控制，以实现对一个较复杂电路中的多个触点进行同时控制。由于凸轮主令控制器中的触点多，每个触点在每个位置的接通情况各不相同，所以不能用普通的常开常闭触点来表示。图 2-23(a)所示为 1 极 12 位凸轮主令控制器示意图。图 2-23(b)所示图形符号表示这一个触点有 12 个位置，图中的小黑点表示该位置触点接通。由示意图可见，当手柄转到 2、3、4 和 10 号位时，由凸轮将触点接通。图 2-23(c)所示为 5 极 12 位凸轮主令控制器，它是由 5 个 1 极 12 位凸轮主令控制器组合而成。图 2-23(d)所示为 4 极 5 位凸轮主令控制器的图形符号，表示有 4 个触点，每个触点有 5 个位置，图中的小黑点表示触点在该位接通。例如，当手柄打到右侧 1 号位时，2、4 触点接通。

4. 转换开关(图 2-24)

转换开关是一种多挡位、多触点、能够控制多回路的主令电器，主要用于各种控制设备中线路的换接、遥控，以及电流表、电压表的换相测量等，也可用于控制小容量电动机的起动、换向、调速。

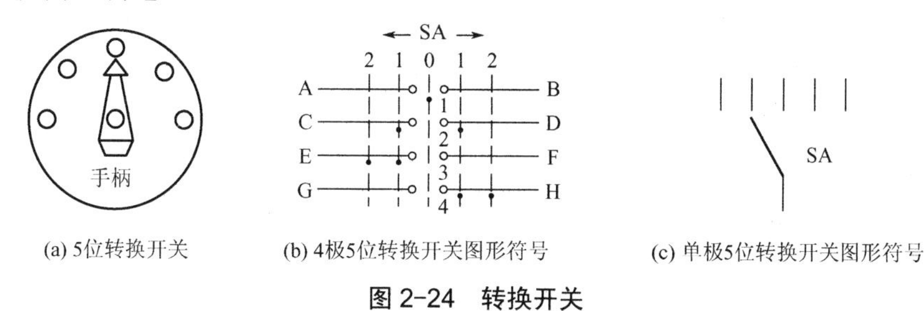

图 2-24　转换开关

5. 接触器(图 2-25)

接触器主要用于控制电动机、电热设备、电焊机、电容器组等，能频繁地接通或断开交直流主电路，实现远距离自动控制。接触器具有低电压释放保护功能，在电力拖动自动控制线路中广泛应用。

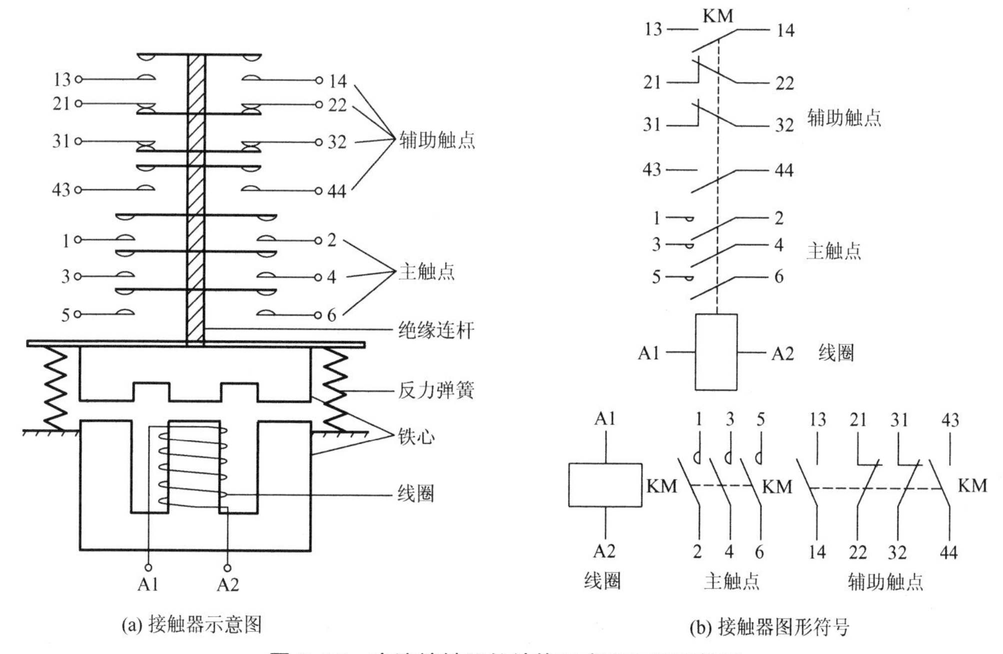

图 2-25　交流接触器的结构示意图及图形符号

6. 继电器

1）电磁式继电器

在控制电路中使用的继电器大多数是电磁式继电器。电磁式继电器具有结构简单、价格低廉、使用维护方便、触点容量小(一般在 5A 以下)、触点数量多且无主辅之分、无灭弧装置、体积小、动作迅速、准确、控制灵敏、可靠等特点，广泛地应用于低压控制系统中。常用的电磁式继电器有电流继电器、电压继电器、中间继电器以及各种小型通用继电器等。

电磁式继电器的结构和工作原理与接触器相似，主要由电磁机构和触点组成。电磁式继电器也有直流和交流两种。直流电磁式继电器结构示意图如图 2-26(a)所示，在线圈两端加上电压或通入电流，产生电磁力，当电磁力大于弹簧反力时，吸动衔铁使常开常闭触点动作；当线圈的电压或电流下降或消失时衔铁释放，触点复位。

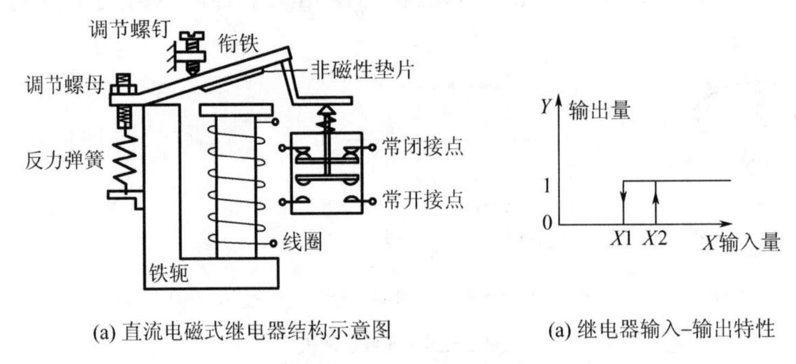

(a) 直流电磁式继电器结构示意图　　(a) 继电器输入–输出特性

图 2-26　直流电磁式继电器

2）中间继电器(图 2-27)

中间继电器在控制电路中起逻辑变换和状态记忆的功能，以及用于扩展接点的容量和数量。另外，在控制电路中还可以调节各继电器、开关之间的动作时间，起到防止电路误动作的作用。

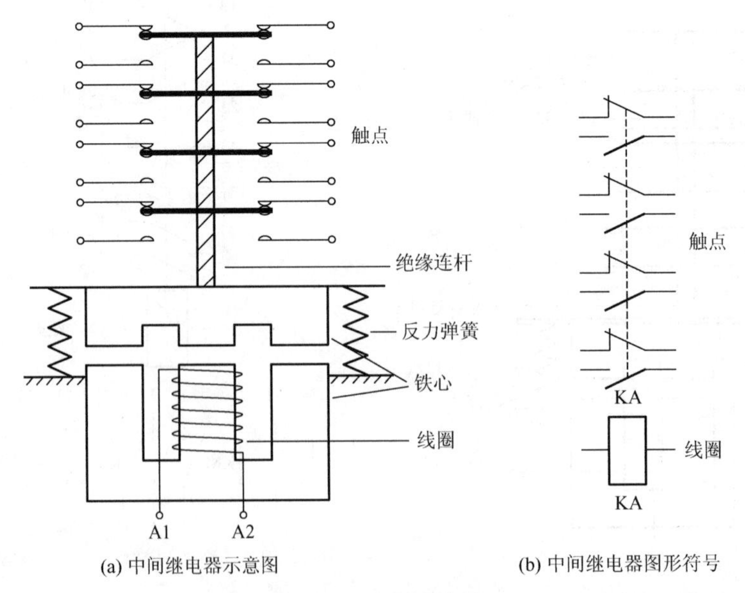

(a) 中间继电器示意图　　(b) 中间继电器图形符号

图 2-27　中间继电器

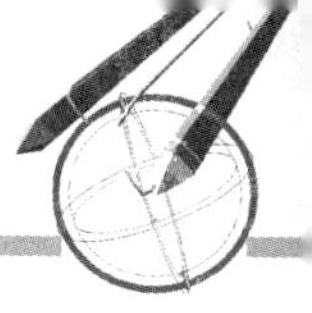

3）电流继电器

电流继电器的输入量是电流，它是根据输入电流大小而动作的继电器。电流继电器的线圈串入电路中，以反映电路电流的变化，其线圈匝数少、导线粗、阻抗小。电流继电器可分为欠电流继电器和过电流继电器。电流继电器的图形及文字符号如图 2-28 所示。

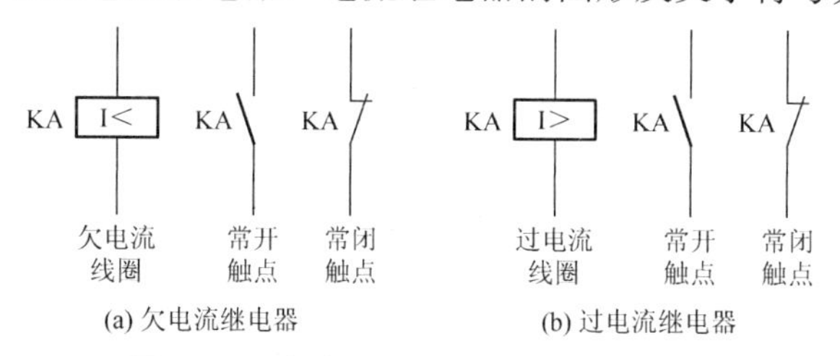

图 2-28　电流继电器的图形及文字符号

4）电压继电器

电压继电器的输入量是电路的电压大小，其根据输入电压大小而动作。与电流继电器类似，电压继电器也分为欠电压继电器和过电压继电器两种。过电压继电器动作电压范围为（105%～120%）U_N；欠电压继电器吸合电压动作范围为（20%～50%）U_N，释放电压调整范围为（7%～20%）U_N；零电压继电器当电压降低至（5%～25%）U_N 时动作，它们分别起过电压、欠电压、零电压保护。电压继电器工作时并联在电路中，因此线圈匝数多、导线细、阻抗大，反映电路中电压的变化，用于电路的电压保护。电压继电器的图形及文字符号如图 2-29 所示。

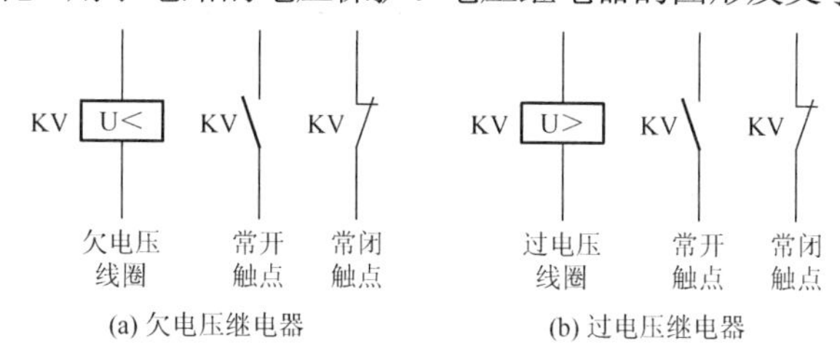

图 2-29　电压继电器的图形及文字符号

5）时间继电器

时间继电器在控制电路中用于时间的控制。空气阻尼式时间继电器示意图及图形符号如图 2-30 所示。

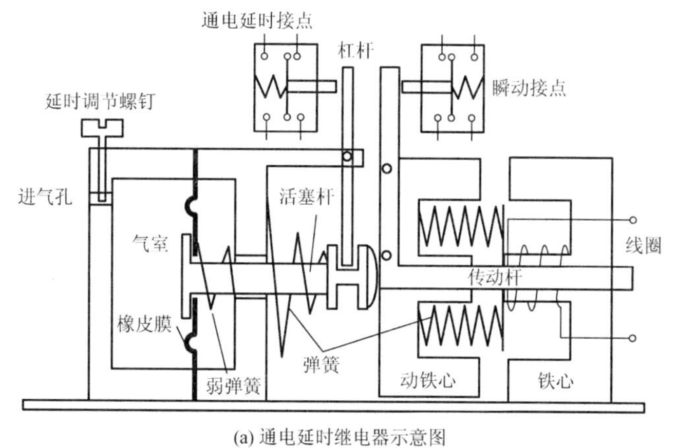

图 2-30　空气阻尼式时间继电器示意图及图形符号

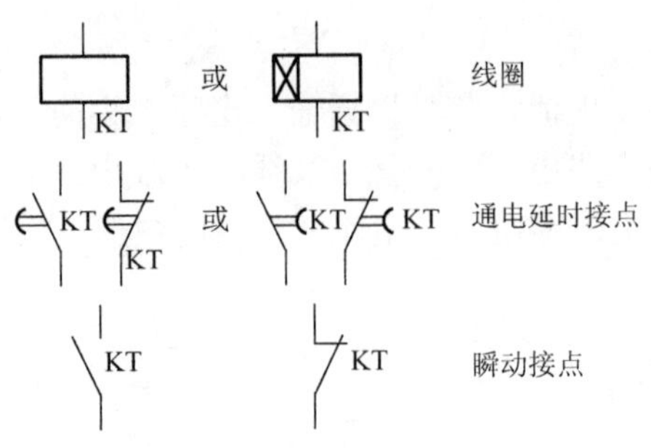

(b) 通电延时继电器图形符号

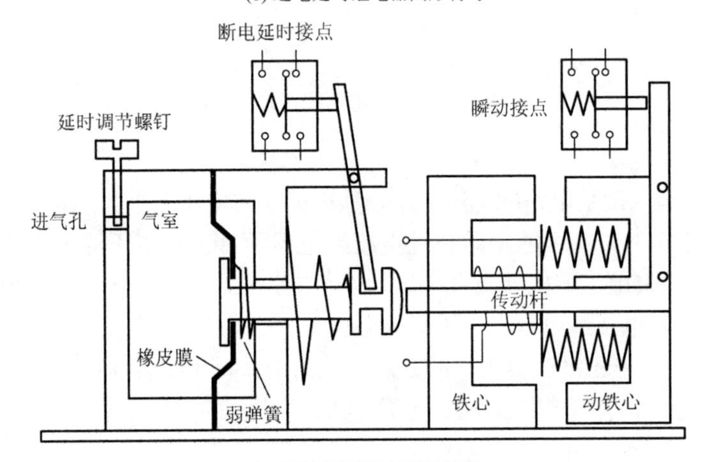

(c) 断电延时继电器示意图

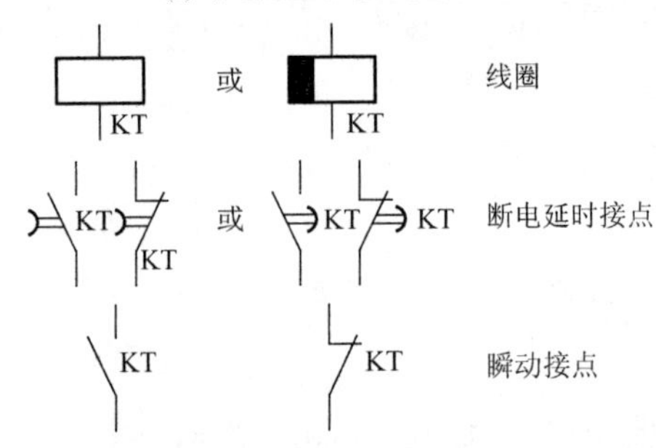

(d) 断电延时继电器图形符号

图 2-30　空气阻尼式时间继电器示意图及图形符号(续)

6）热继电器(图 2-31)

热继电器主要是用于电气设备(主要是电动机)的过负荷保护。热继电器是一种利用电流热效应原理工作的电器，它具有与电动机容许过载特性相近的反时限动作特性，主要与接触器配合使用，用于对三相异步电动机的过负荷和断相保护。

7）速度继电器

速度继电器又称为反接制动继电器，主要用于三相笼型异步电动机的反接制动控制。图 2-32 为速度继电器的原理示意图及图形符号。

8）液位继电器

液位继电器主要用于对液位的高低进行检测并发出开关量信号，以控制电磁阀、液泵等设备对液位的高低进行控制。JYF-02 型液位继电器结构示意图及图形符号如图 2-33 所示。

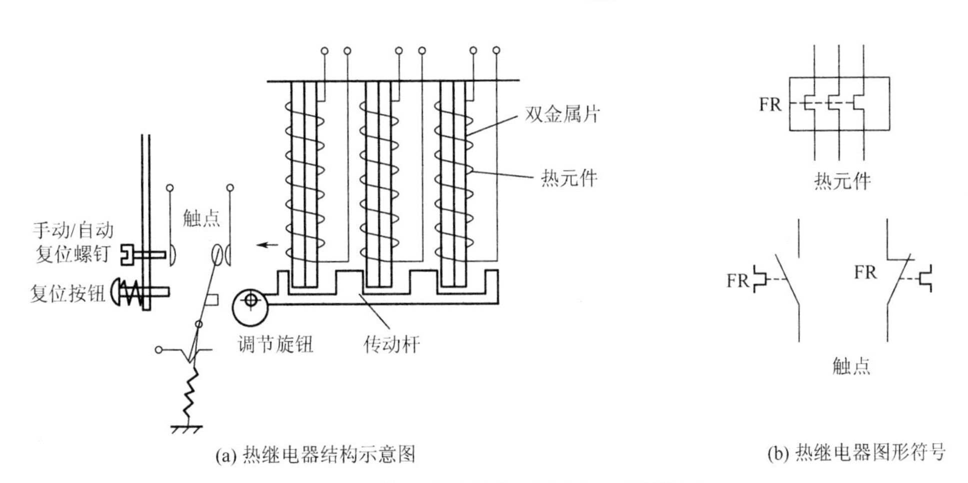

(a) 热继电器结构示意图　　(b) 热继电器图形符号

图 2-31　热继电器结构示意图及图形符号

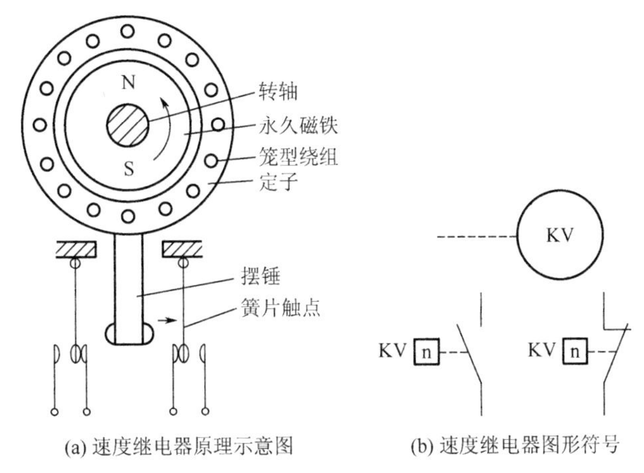

(a) 速度继电器原理示意图　　(b) 速度继电器图形符号

图 2-32　速度继电器的原理示意图及图形符号

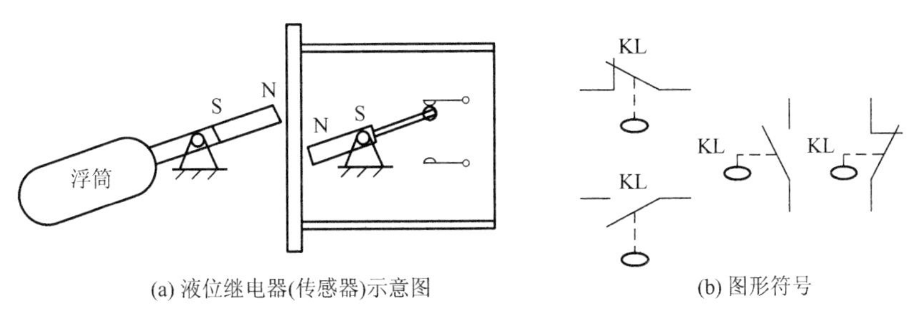

(a) 液位继电器(传感器)示意图　　(b) 图形符号

图 2-33　JYF-02 型液位继电器结构示意图及图形符号

9）压力继电器

压力继电器主要用于对液体或气体压力的高低进行检测并发出开关量信号，以控制电磁阀、液泵等设备对压力的高低进行控制。

10）固态继电器

固态继电器是由微电子电路、分立电子器件、电力电子功率器件组成的无触点开关。

【二】学生实际操作——低压控制电器的拆装

教师分别给一定数量的低压控制电器让学生辨认并进行拆装。

温馨提示

（1）注意文明生产和安全。

（2）课后通过网络、厂家、销售商和使用单位等多渠道了解关于低压控制电器知识和资料，分门别类加以整理，作为资料备用。

【三】自评、教师评

温馨提示

完成【一】【二】后，进入总结评价阶段。总结评价分自评、教师评两种，主要是总结评价本次任务中做得好的地方及需要改进的地方等。根据评分的情况和本次任务的结果，填写表 2-3、表 2-4。

表 2-3　学生自评表格

任务完成进度	做得好的方面	不足、需要改进的方面

表 2-4　教师评价表格

在本次任务中的表现	学生进步的方面	学生不足、需要改进的方面

【四】写总结报告

温馨提示

报告可涉及内容为本次任务的心得体会等。总之，要学会随时记录工作过程，总结经验教训，为今后的工作打下良好的基础。

任 务 小 结

本任务主要是熟悉低压控制电器的功能、基本结构、工作原理及型号含义；熟记低压控制电器的图形符号和文字符号；能够正确识别、选择、安装、使用低压控制电器。

问题探究

1. 接触器的选用原则

(1) 接触器主触头的额定电压≥负载额定电压。

(2) 接触器主触头的额定电流≥1.3 倍负载额定电流。

(3) 接触器线圈额定电压：当线路简单、使用电器较少时，可选用 220V 或 380V；当线路复杂、使用电器较多或不太安全的场所，可选用 36V、110V 或 127V。

(4) 接触器的触头数量、种类应满足控制线路要求。

(5) 操作频率(每小时触头通断次数)：当通断电流较大及通断频率超过规定数值时，应选用额定电流大一级的接触器型号，否则会使触头严重发热，甚至熔焊在一起，造成电动机等负载缺相运行。

2. 交流接触器运行中检查项目

(1) 通过的负荷电流是否在接触器额定值之内。

(2) 接触器的分合信号指示是否与电路状态相符。

(3) 运行声音是否正常，有无因接触不良而发出放电声。

(4) 电磁线圈有无过热现象，电磁铁的短路环有无异常。

(5) 灭弧罩有无松动和损伤情况。

(6) 辅助触点有无烧损情况。

(7) 传动部分有无损伤。

(8) 周围运行环境有无不利运行的因素，如振动过大、通风不良、尘埃过多等。

3. 接触器的维护

1) 外部维护

(1) 清扫外部灰尘。

(2) 检查各紧固件是否松动，特别是导体连接部分，防止接触松动而发热。

2) 触点系统维护

(1) 检查动、静触点位置是否对正，三相是否同时闭合，如有问题应调节触点弹簧。

(2) 检查触点磨损程度，磨损深度不得超过 1mm，触点有烧损，开焊脱落时，须及时更换；轻微烧损时，一般不影响使用。清理触点时不允许使用砂纸，应使用整形锉。

(3) 测量相间绝缘电阻，阻值不低于 10MΩ。

(4) 检查辅助触点动作是否灵活，触点行程应符合规定值，检查触点有无松动脱落，发现问题时，应及时修理或更换。

3) 铁心部分维护

(1) 清扫灰尘，特别是运动部件及铁心吸合接触面间。

(2) 检查铁心的紧固情况，铁心松散会引起运行噪声加大。

(3) 铁心短路环有脱落或断裂要及时修复。

4) 电磁线圈维护

(1) 测量线圈绝缘电阻。

(2) 线圈绝缘物有无变色、老化现象，线圈表面温度不应超过65℃。

(3) 检查线圈引线连接，如有开焊、烧损应及时修复。

5) 灭弧罩部分维护

(1) 检查灭弧罩是否破损。

(2) 灭弧罩位置有无松脱和位置变化。

(3) 清除灭弧罩缝隙内的金属颗粒及杂物。

4. 热继电器的选择原则

(1) 热继电器结构形式的选择：星形接法的电动机可选用两相或三相结构热继电器，三角形接法的电动机应选用带断相保护装置的三相结构热继电器。

(2) 热继电器的动作电流整定值一般为电动机额定电流的1.05～1.1倍。

(3) 对于重复短时工作的电动机(如起重机电动机)，由于电动机不断重复升温，热继电器双金属片的温升跟不上电动机绕组的温升，电动机将得不到可靠的过载保护。因此，不宜选用双金属片热继电器，而应选用过电流继电器或能反映绕组实际温度的温度继电器来进行保护。

5. 按钮的颜色

红色按钮用于“停止”“断电”或“事故”；绿色按钮优先用于“起动”或“通电”，但也允许选用黑、白或灰色按钮；一钮双用的“起动”与“停止”或“通电”与“断电”，即交替按压后改变功能的，不能用红色按钮，也不能用绿色按钮，而应用黑、白或灰色按钮；按压时运动，抬起时停止运动(如点动、微动)，应用黑、白、灰或绿色按钮，最好是黑色按钮，而不能用红色按钮；用于单一复位功能的，用蓝、黑、白或灰色按钮；同时有“复位”“停止”与“断电”功能的用红色按钮；灯光按钮不得用作“事故”按钮。

项目3

三相异步电动机基本控制电路

1. 绘制、识读电气控制线路图的原则(GB 4728)

生产机械电气控制线路常用电路图、接线图和布置图来表示。

1) 电路图(也称电气原理图)

(1) 电路图的定义。

电路图是根据生产机械运动形式对电气控制系统的要求，采用国家统一规定的电气图形符号和文字符号，按照电气设备和电器的工作顺序，详细表示电路、设备或成套装置的全部基本组成和连接关系，而不考虑其实际位置的一种简图。

(2) 电路图的作用。

电路图能充分表达电气设备和电器的用途、作用和工作原理，是电气线路安装、调试和维修的理论依据。

(3) 电路图的绘制、识读电路图时应遵循的原则。

① 电路图一般分电源电路、主电路和辅助电路三部分绘制。

a. 电源电路画成水平线，三相交流电源相序L1、L2、L3自上而下依次画出，中线N和保护地线PE依次画在相线之下。直流电源的“+”端画在上边，“−”端在画在下边。电源开关要水平画出。

b. 主电路是指受电的动力装置及控制、保护电器的支路等，由主熔断器、接触器的主触头、热继电器的热元件以及电动机等组成。主电路通过的电流是电动机的工作电流，电流较大。主电路图要画在电路图的左侧并垂直电源电路。

c. 辅助电路一般包括控制主电路工作状态的控制电路；显示主电路工作状态的指示电路；提供机床设备局部照明的照明电路等。它是由主令电器的触头、接触器线圈及辅助触头、继电器线圈及触头、指示灯和照明灯等组成的。辅助电路通过的电流都较小，一般不超过5A。画辅助电路图时，辅助电路要跨接在两相电源线之间，一般按照控制电路、指示电路和照明电路的顺序依次垂直画在主电路图的右侧，且电路中与下边电源线相连的耗能元件(如接触器和继电器的线圈、指示灯、照明灯等)要画在电路图的下方，而电器的触头要画在耗能元件与上边电源线之间。为读图方便，一般应按照自左至右、自上而下的排列来表示操作顺序。

② 电路图中，各电器的触头位置都按电路未通电或电器未受外力作用时的常态位置画出。分析原理时，应从触头的常态位置出发。

③ 电路图中，不画各电器元件实际的外形图，而采用国家标准中统一规定的电气图形符号画出。

④ 电路图中，同一电器的各元件不按它们的实际位置画在一起，而是按其在线路中所起的作用分画在不同电路中，但它们的动作却是相互关联的，因此，必须标注相同的文字符号。若图中相同的电器较多时，需要在电器文字符号后面加注不同的数字，以示区别，如 KM1、KM2 等。

⑤ 画电路图时，应尽可能减少线条并避免线条交叉。对有直接电联系的交叉导线连接点，要用小黑圆点表示；无直接电联系的交叉导线则不画小黑圆点。

⑥ 电路图采用电路编号法，即对电路中的名个接点用字母或数字编号。

a．主电路在电源开关的出线端按相序依次编号为 U11、V11、W11，然后按从上至下、从左至右的顺序，每经过一个电器元件后，编号要递增，如 U12、V12、W12；U13、Vl3、W13；…。单台三相交流电动机(或设备)的三根引出线按相序依次编号为 U、V、W。对于多台电动机引出线的编号，为了不致引起误解和混淆，可在字母前用不同的数字加以区别，如 1U、1V、1W；2U、2V、2W；…。

b．辅助电路编号按“等电位”原则从上至下、从左至右的顺序用数字依次编号，每经过一个电器元件后，编号要依次递增。控制电路编号的起始数字必须是 1，其他辅助电路编号的起始数字依次递增 100，如照明电路编号从 101 开始；指示电路编号从 201 开始等。

交流接触器主触头尺寸参考为：基本间距 $M=4.8$mm，倾角 $\alpha=30°$，触头触点直径 $d=1.6$mm，其余线间距取 $0.75M$、$1.5M$ 等。

2) 布置图(又称位置图)

布置图是根据电器元件在控制板上的实际安装位置，采用简化的外形符号(如正方形、矩形、圆形等)而绘制的一种简图。布置图不表达各电器的具体结构、作用、接线情况以及工作原理，主要用于电器元件的布置和安装。布置图中各电器的文字符号必须与电路图和接线图的标注相一致。

注意：在实际工作中，电路图、接线图和布置图要结合起来使用。

3) 接线图

(1) 接线图定义。

接线图是根据电气设备和电器元件的实际位置和安装情况绘制的，只用来表示电气设备和电器元件的位置、配线方式和接线方式，而不明显表示电气动作原理。

(2) 接线图作用。

接线图主要用于安装接线、线路的检查维修和故障处理。

(3) 接线图绘制、识读接线图应遵循的原则。

① 接线图中一般示出如下内容：电气设备和电器元件的相对位置、文字符号、端子号、导线号、导线类型、导线截面积、屏蔽和导线绞合等。

② 所有的电气设备和电器元件都按其所在的实际位置绘制在图纸上，且同一电器的各元件根据其实际结构，使用与电路图相同的图形符号画在一起，并用点画线框上，其文字符号以及接线端子的编号应与电路图中的标注一致，以便对照检查接线。

③ 接线图中的导线有单根导线、导线组(或线扎)、电缆等之分，可用连续线和中断线来表示。凡导线走向相同的可以合并，用线束来表示，到达接线端子板或电器元件的连接点时再分别画出。在用线束来表示导线组、电缆等时可用加粗的线条表示，在不引起误解的情况下也可采用部分加粗。另外，导线及管子的型号、根数和规格应标注清楚。

2. 电动机控制线路的安装步骤

(1) 识读电路图，明确线路所用电器元件及其作用，熟悉线路的工作原理。

(2) 根据电路图或元件明细表配齐电器元件，并进行检验。

(3) 根据电器元件选配安装工具和控制板。

(4) 根据电路图绘制布置图和接线图，然后按要求在控制板上固装电器元件(电动机除外)，并贴上醒目的文字符号。

(5) 根据电动机容量选配主电路导线的截面。控制电路导线一般采用截面为 $1.0mm^2$ 的铜心线(BVR)；按钮线一般采用截面为 $0.75mm^2$ 的铜心线(BVR)；接地线一般采用截面不小于 $1.5mm^2$ 的铜心线(BVR)。

(6) 根据接线图布线，同时将剥去绝缘层的两端线头套上标有与电路图相一致编号的编码套管。

(7) 安装电动机。

(8) 连接电动机和所有电器元件金属外壳的保护接地线。

(9) 连接电源、电动机等控制板外部的导线。

(10) 自检。

(11) 交验。

(12) 通电试车。

任务 3.1　三相异步电动机的直接起动控制

学习目标

(1) 熟悉三相异步电动机直接起动控制的种类及方法；

(2) 掌握三相异步电动机直接起动控制的三张图(原理图、布置图、接线图)的绘制方法；

(3) 掌握三相异步电动机直接起动控制电路的配盘；

(4) 掌握三相异步电动机直接起动控制电路的安装及检修。

工作任务

学习三相异步电动机直接起动控制的种类及方法；掌握三相异步电动机直接起动控制的三张图的绘制方法；掌握三相异步电动机直接起动控制电路的配盘；掌握三相异步电动机直接起动控制电路的安装及检修；熟练进行三相异步电动机直接起动控制电路的设计、安装、调试及维修。

任务实施

【一】准备

1. 空气开关控制的手动正转控制电路的原理图、布置图和接线图(图 3-1)

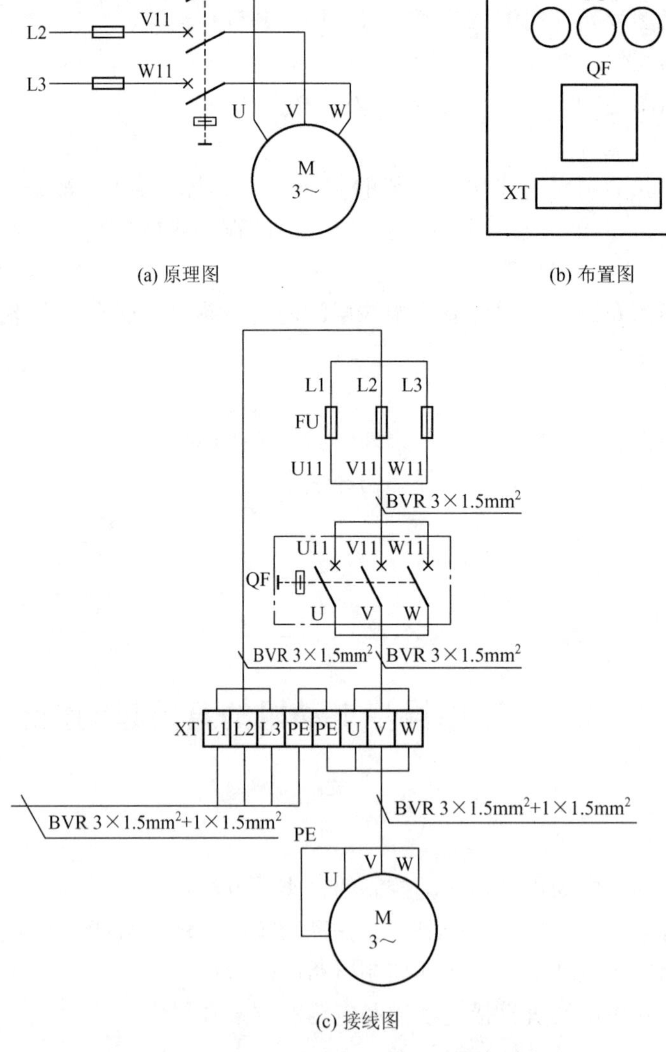

(a) 原理图 (b) 布置图

(c) 接线图

图 3-1 空气开关控制的手动正转控制电路

2. 点动控制电路的原理图、布置图和接线图(图 3-2)

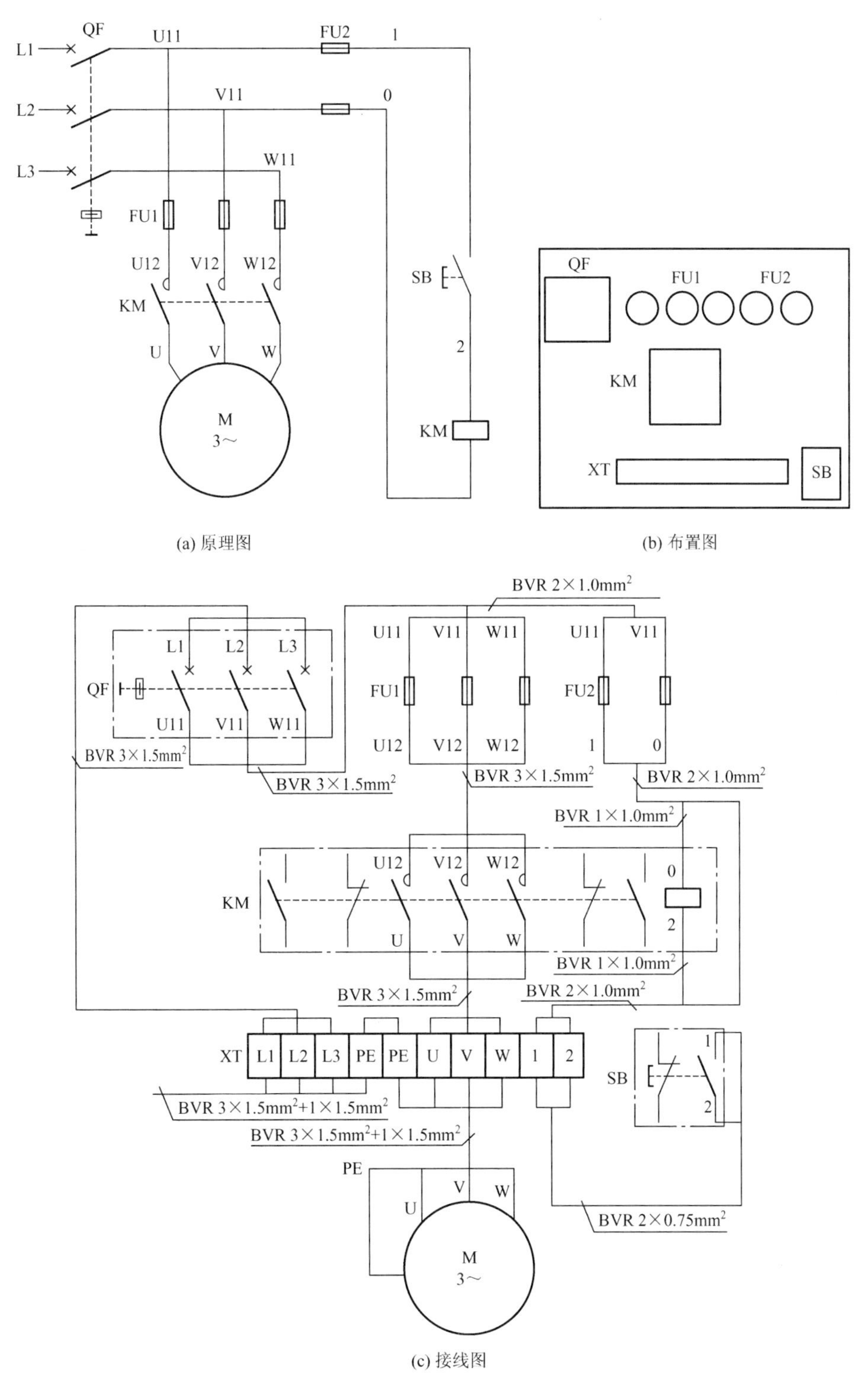

(a) 原理图　　(b) 布置图

(c) 接线图

图 3-2　点动控制电路

3. 长动控制电路的原理图、布置图和接线图(图 3-3)

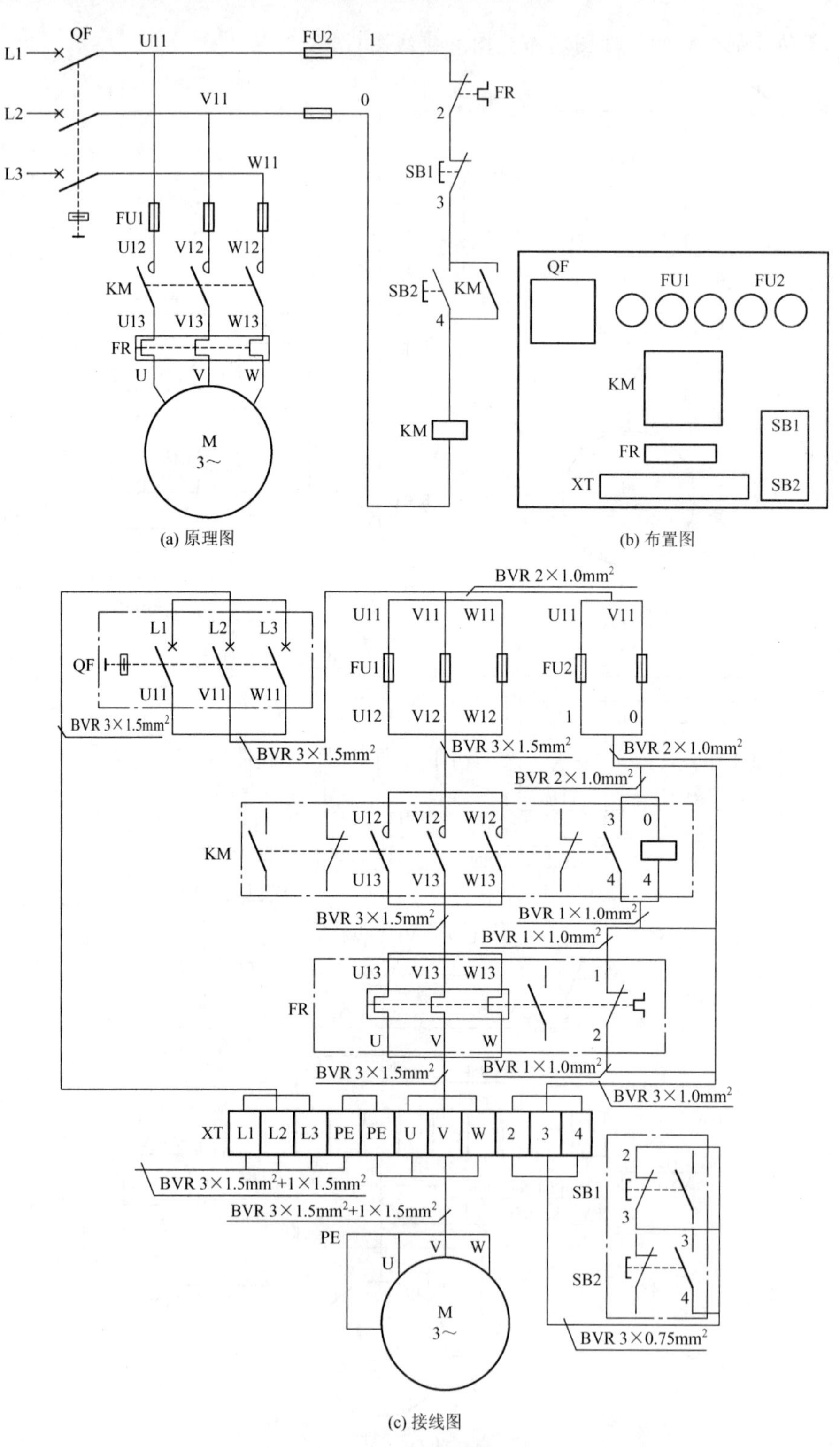

(a) 原理图

(b) 布置图

(c) 接线图

图 3-3 长动控制电路

4. 多地控制电路的原理图、布置图和接线图(图 3-4)

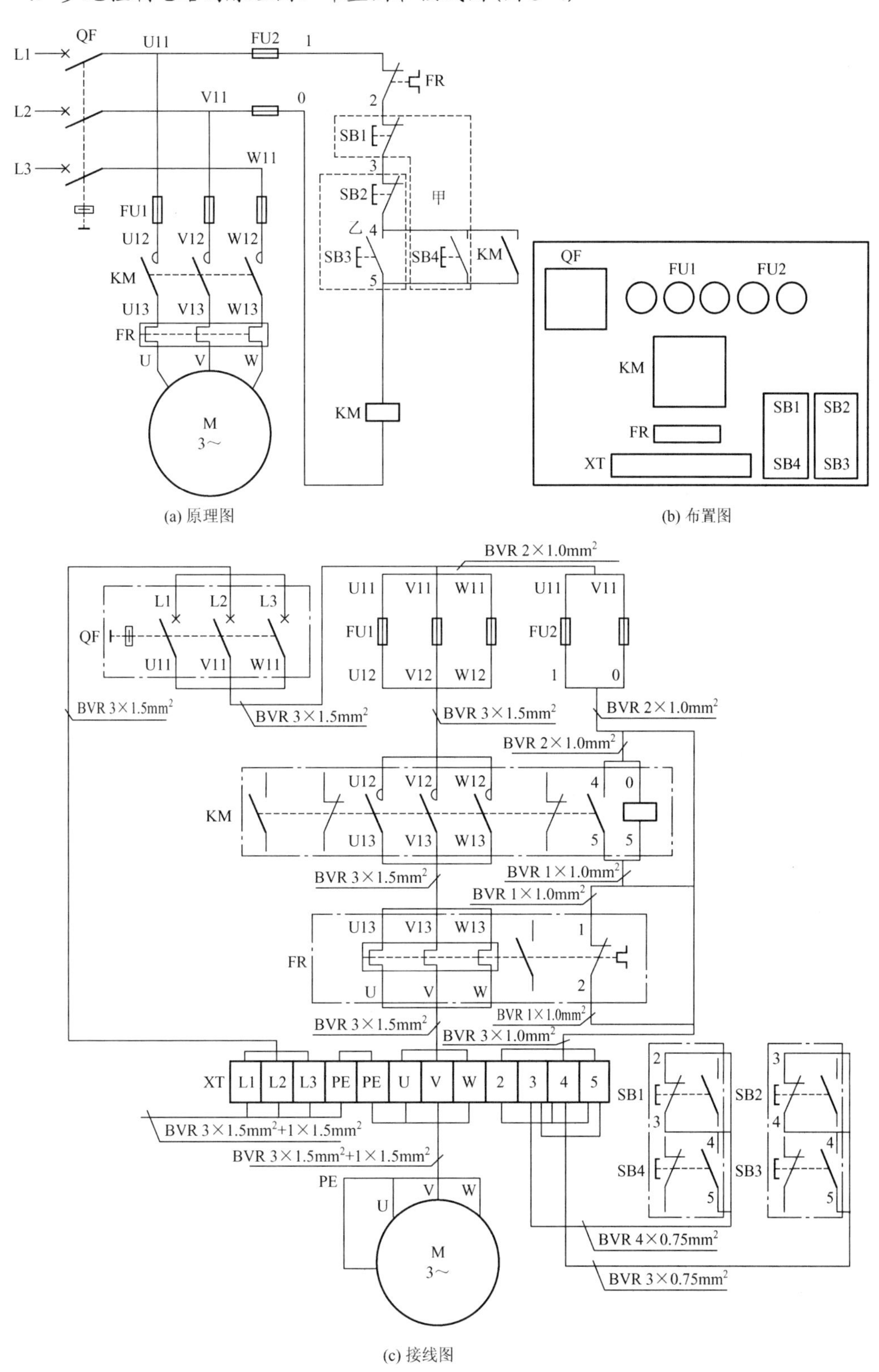

图 3-4　多地控制电路

5. 长点兼容控制电路的原理图、布置图和接线图(图 3-5)

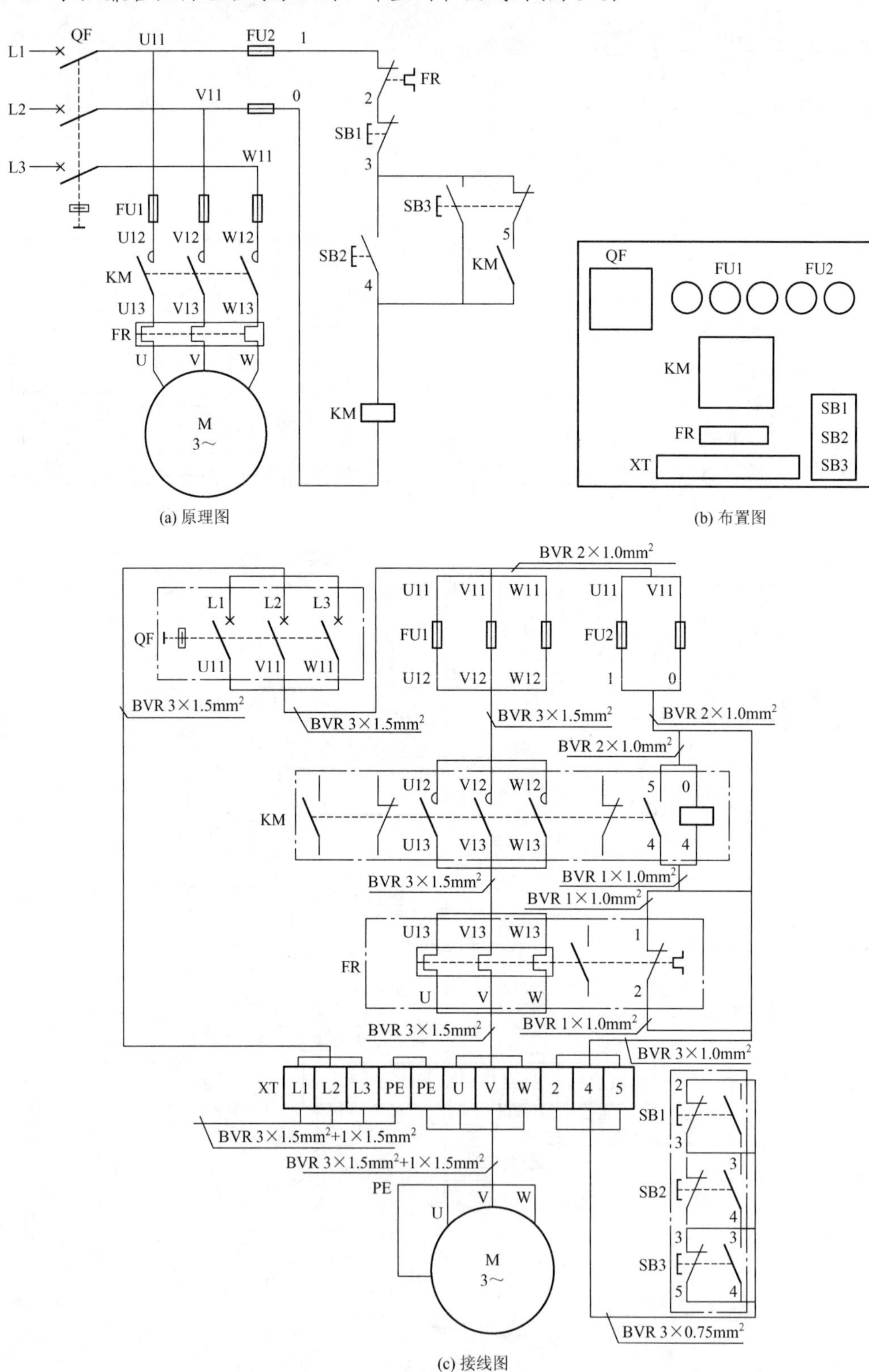

(a) 原理图

(b) 布置图

(c) 接线图

图 3-5　长点兼容控制电路

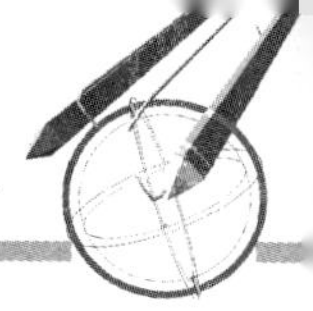

6. 主电路实现顺序控制的原理图、位置图和接线图(图 3-6)

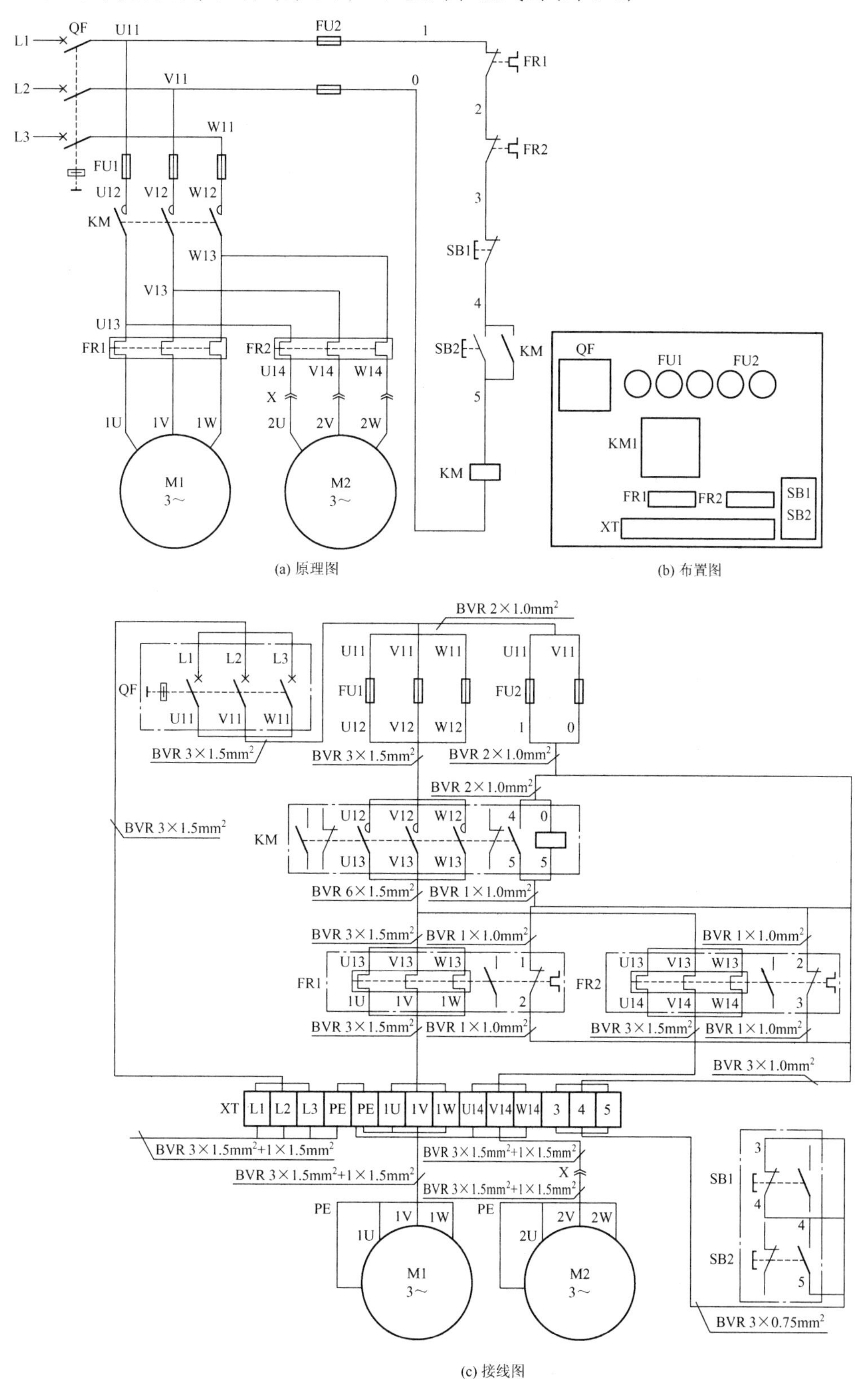

(a) 原理图　　(b) 布置图

(c) 接线图

图 3-6　主电路实现顺序控制

7. 控制电路实现顺序控制的原理图、布置图和接线图(图 3-7)

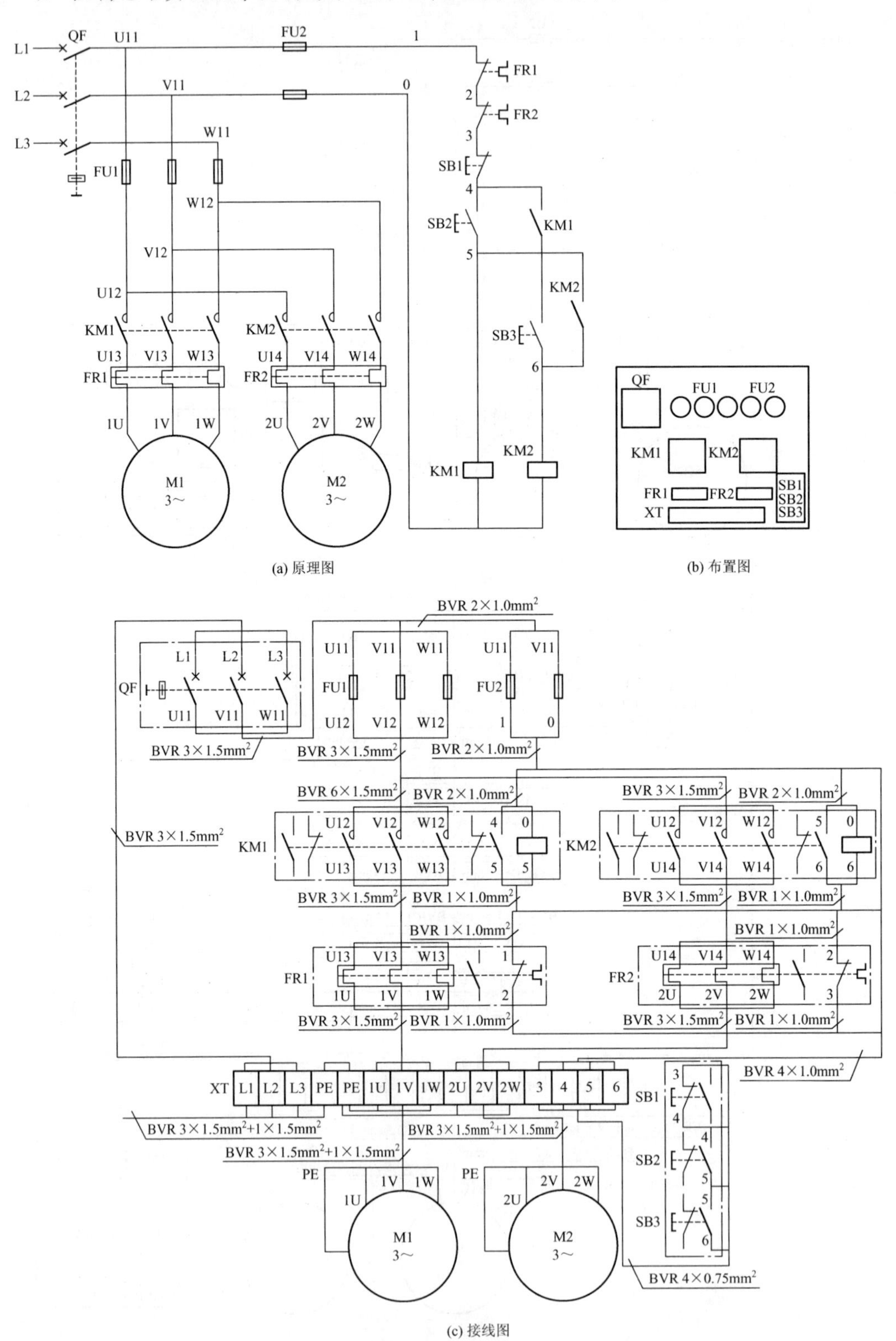

图 3-7 控制电路实现顺序控制

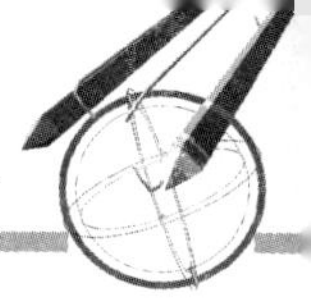

【二】学生实际操作——三相异步电动机的直接起动控制电路的设计、安装、调试及维修

教师根据每个学生的实际情况及学时安排，分配具体的控制任务，由学生独立完成三张图的绘制、材料及元器件的选择、工具仪表的借用等准备工作，并自主在规定时间内完成配盘、检测、调试及维修工作(即排除老师设定的故障)。

注意：在实际条件允许的情况下，每个学生都要尽量完成所有控制电路的安装、调试及维修。

温馨提示

1. 安装步骤及工艺要求

第一步：根据控制要求绘制原理图、布置图和接线图。工艺要求：绘制的图纸在满足控制要求的前提下，必须符合现行国家标准。

第二步：在控制板上按布置图固定元件及线槽。工艺要求：电器元件安装应牢固，并符合工艺要求。

第三步：接线。工艺要求：槽内导线不得有接头及绝缘破损；一般应先接控制电路后接主电路及外部电路。

第四步：自检。工艺要求：通断检测；绝缘检测。

第五步：清理现场。工艺要求：符合 4S 管理规定。

第六步：交验。工艺要求：通知教师验检。

第七步：试车。工艺要求：在教师的监护下送电试车。

第八步：检修。工艺要求：教师设故障学生自行排除。

2. 评分标准

1）绘图(10 分)

(1) 未实现功能要求扣 10 分，且不能继续考核，应整改后继续。

(2) 未按国家标准每处扣 1 分，最高扣分为 10 分。

(3) 图面不整洁每张扣 2 分。

2）元件检查(5 分)

(1) 电动机质量漏检扣 5 分。

(2) 元件漏检或检错，每处扣 1 分。

3）安装(5 分)

(1) 元件安装位置与布置图不符，每处扣 1 分。

(2) 元件松动，每个扣 1 分。

(3) 线槽没做 45° 拼角，每处扣 1 分。

4）接线(30 分)

(1) 接线顺序错误，每根扣 5 分。

(2) 漏套线号套管，每处扣 5 分。

(3) 漏标线号或线号标错，每处扣 5 分。

(4) 不会接线或与接线图不符，扣 30 分。

(5) 导线及线号套管使用错误，每根扣 5 分。

5) 自检(20 分)

(1) 通断检测。

① 不会检测或检测错误，扣 15 分。

② 漏检，每处扣 5 分。

(2) 绝缘检测。

① 不会检测或检测错误，扣 15 分。

② 漏检，每处扣 5 分。

6) 交验试车(10 分)

(1) 未通知教师私自试车，扣 10 分。

(2) 一次校验不合格，扣 5 分。

(3) 二次校验不合格，扣 10 分。

7) 检修(20 分)

(1) 检不出故障，扣 20 分。

(2) 查出故障但排除不了，扣 10 分。

(3) 制造出新故障，每处扣 5 分。

8) 安全文明生产

违反安全文明生产规程，扣 5～40 分。

9) 额定时间

额定时间请参照维修电工国家技能鉴定中的规定，每超过 10min(不足 10min 以 10min 计)扣 5 分。

备注：除额定时间和安全文明生产外其他扣分不应超过配分。

【三】自评、教师评

温馨提示

完成【一】【二】后，进入总结评价阶段。总评分自评、教师评两种，主要是总结评价本次任务中做得好的地方及需要改进的地方等。根据评分的情况和本次任务的结果，填写表 3-1、表 3-2。

表 3-1　学生自评表格

任务完成进度	做得好的方面	不足、需要改进的方面

表 3-2　教师评价表格

在本次任务中的表现	学生进步的方面	学生不足、需要改进的方面

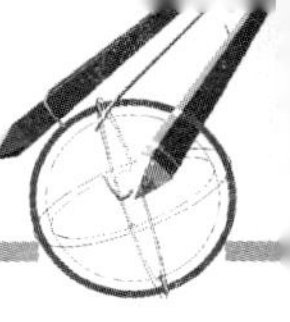

【四】写总结报告

温馨提示

报告可涉及内容为本次任务的心得体会等。总之，要学会随时记录工作过程，总结经验教训，为今后的工作打下良好的基础。

任 务 小 结

本任务主要是熟悉三相异步电动机直接起动控制的种类及方法；掌握三相异步电动机直接起动控制的三张图的绘制方法；掌握三相异步电动机直接起动控制电路的配盘；掌握三相异步电动机直接起动控制电路的安装及检修。

问题探究

长动控制电路的检测方法

1．主电路的通断检测

(1) 线路 L1、QF、U11、FU1、U12、KM、U13、FR、U 段的通断检测。

第一步

目　　的：判断线路 L1、QF、U11、FU1、U12、KM、U13、FR、U 段的通断；
测 量 点：L1、U；
测试操作：断开板外电源，拆下电动机 M，闭合 QF，按下 KM，选择万用表合适的电阻挡；
万用表读数☞测试结果☞处理办法：
(1) 0☞线路 L1、QF、U11、FU1、U12、KM、U13、FR、U 段通☞进行第二步；
(2) ∞☞线路 L1、QF、U11、FU1、U12、KM、U13、FR、U 段断路☞进行第五步。

第二步

目　　的：判断 QF 在 L1 上触点是否合格；
测 量 点：L1、U11；
测试操作：断开 QF
万用表读数☞测试结果☞处理办法；
(1) ∞☞QF 在 L1 上合格☞进行第三步；
(2) 0☞QF 在 L1 上的触点烧结☞更换 QF，重复第二步。

第三步

目　　的：判断 FU1 在 L1 上是否合格；
测 量 点：L1、U12；
测试操作：闭合 QF，取下 FU1 在 L1 上熔体；

万用表读数☞测试结果☞处理办法：

(1) ∞☞FU1 在 L1 上合格☞进行第四步；

(2) 0☞FU1 在 L1 上底座短路☞更换该底座，重复第三步。

第四步

目　　的：判断 KM 在 L1 上触点是否合格→判断线路 L1、QF、U11、FU1、U12、KM、U13、FR、U 段是否合格；

测 量 点：L1、U；

测试操作：闭合 QF，安装上 FU1 在 L1 上熔体，松开 KM；

万用表读数☞测试结果☞处理办法：

(1) ∞☞KM 在 L1 上触点合格→线路 L1、QF、U11、FU1、U12、KM、U13、FR、U 段合格；

(2) 0☞KM 在 L1 上触点烧结☞更换 KM，重复第四步。

第五步

目　　的：判断 QF 在 L1 上的触点是否通；

测 量 点：L1、U11；

测试操作：闭合 QF；

万用表读数☞测试结果☞处理办法：

(1) 0☞QF 在 L1 上的触点通☞进行第六步；

(2) ∞☞QF 在 L1 上的触点损坏或接线点压绝缘皮或断线☞更换 QF 或重新接线，重复第五步。

第六步

目　　的：判断 QF 在 L1 上的触点是否合格；

测 量 点：L1、U11；

测试操作：断开 QF；

万用表读数☞测试结果☞处理办法：

(1) ∞☞QF 在 L1 上的触点合格☞进行第七步；

(2) 0☞QF 在 L1 上的触点烧结☞更换 QF，重复第六步。

第七步

目　　的：判断 FU1 在 L1 上是否通；

测 量 点：L1、U12；

测试操作：闭合 QF；

万用表读数☞测试结果☞处理办法：

(1) 0☞FU1 在 L1 上通☞进行第八步；

(2) ∞☞FU1 在 L1 上熔体熔断或接线点压绝缘皮或断线☞更换 QF 或重新接线，重复第七步。

第八步

目　　的：判断 FU1 在 L1 上是否合格；

测 量 点：L1、U12；

测试操作：闭合 QF，取下 FU1 在 L1 上的熔体；

万用表读数☞测试结果☞处理办法：

(1) ∞☞FU1 在 L1 上合格☞进行第九步；

(2) 0☞FU1 在 L1 上的底座短路☞更换该底座，重复第八步。

第九步

目　　的：判断 KM 在 L1 上触点是否通；

测 量 点：L1、U13；

测试操作：闭合 QF，装上 FU1 在 L1 上熔体，按下 KM；

万用表读数☞测试结果☞处理办法：

(1) 0☞ KM 在 L1 上触点通☞进行第十步；

(2) ∞☞KM 在 L1 上触点损坏或接点压绝缘皮或断线☞更换 KM 或重新接线，重复第九步。

第十步

目　　的：判断 KM 在 L1 上触点是否合格；

测 量 点：L1、U13；

测试操作：闭合 QF，装上 FU1 在 L1 上熔体，松开 KM；

万用表读数☞测试结果☞处理办法：

(1) ∞☞KM 在 L1 上触点合格☞进行第十一步；

(2) 0☞ KM 在 L1 上触点烧结☞更换 KM，重复第十步。

第十一步

目　　的：判断 FR 在 L1 上热元件是否合格→线路 L1、QF、U11、FU1、U12、KM、U13、FR、U 段是否合格；

测 量 点：L1、U；

测试操作：闭合 QF，装上 FU1 在 L1 上熔体，按下 KM；

万用表读数☞测试结果☞处理办法：

(1) 0☞ FR 在 L1 上热元件合格→线路 L1、QF、U11、FU1、U12、KM、U13、FR、U 段合格；

(2) ∞☞FR 在 L1 上热元件断路☞更换 FR，重复第十一步。

(2) 线路 L2、QF、V11、FU1、V12、KM、V13、FR、V 段的通断检测与线路 L1、QF、U11、FU1、U12、KM、U13、FR、U 段的通断检测相同。

(3) 线路 L3、QF、W11、FU1、W12、KM、W13、FR、W 段的通断检测与线路 L1、QF、U11、FU1、U12、KM、U13、FR、U 段的通断检测相同。

2. 控制电路的通断检测

(1) 线路 L1、QF、U11、FU2、1、FR、2、SB1、3、SB2、4、KM 线圈、0、FU2、V11、QF、L2 段通断检测。

第一步

目　　的：判断线路 L1、QF、U11、FU2、1、FR、2、SB1、3、SB2、4、KM 线圈、0、FU2、V11、QF、L2 段通断；

测 量 点：L1、L2；

测试操作：断开板外电源，拆除电动机，闭合 QF，按下 SB2；

万用表读数☞测试结果☞处理办法：

(1) 等于或略大于 KM 线圈电阻☞线路 L1、QF、U11、FU2、1、FR、2、SB1、3、SB2、4、KM 线圈、0、FU2、V11、QF、L2 段通☞进行第二步；

(2) 0 或小于 KM 线圈电阻☞KM 线圈短路或接错线路☞更换 KM 或重新接线，重复第一步；

(3) ∞☞线路 L1、QF、U11、FU2、1、FR、2、SB1、3、SB2、4、KM 线圈、0、FU2、V11、QF、L2 段断路，进行第九步。

第二步

目　　的：判断 QF 在 L1 上触点是否合格；

测 量 点：L1、U11；

测试操作：断开 QF；

万用表读数☞测试结果☞处理办法：

(1) ∞☞QF 在 L1 上触点合格☞进行第三步；

(2) 0☞QF 在 L1 上触点烧结☞更换 QF，重复第二步。

第三步

目　　的：判断 FU2 在 L1 上是否合格；

测 量 点：L1、1；

测试操作：闭合 QF，取下 FU2 在 L1 上熔体；

万用表读数☞测试结果☞处理办法：

(1) ∞☞FU2 在 L1 上合格☞进行第四步；

(2) 0☞FU2 在 L1 上底座烧结☞更换该底座，重复第三步。

第四步

目　　的：判断 FR 常闭触点是否合格；

测 量 点：L1、2；

测试操作：闭合 QF，装上 FU2 在 L1 上熔体，按下 FR；

万用表读数☞测试结果☞处理办法：

(1) ∞☞FR 常闭触点合格☞进行第五步；

(2) 0☞FR 常闭触点烧结☞更换 FR，重复第四步。

第五步

目　　的：判断 SB1 常闭触点是否合格；

测 量 点：L1、3；

测试操作：闭合 QF，装上 FU2 在 L1 上熔体，松开 FR，按下 SB1；

万用表读数☞测试结果☞处理办法：

(1) ∞☞SB1 常闭触点合格☞进行第六步；

(2) 0☞SB1 常闭触点烧结☞更换 SB1，重复第五步。

第六步

目　　的：判断 SB2 常开触点是否合格；

测 量 点：L1、4；

测试操作：闭合 QF，装上 FU2 在 L1 上熔体，松开 FR，松开 SB2；

万用表读数☞测试结果☞处理办法：

(1) ∞☞SB2 常开触点合格☞进行第七步；

(2) 0☞SB2 常开触点烧结☞更换 SB2，重复第六步。

第七步

目　　的：判断 FU2 在 L2 上是否合格；

测 量 点：L1、V11；

测试操作：闭合 QF，按下 SB2，取下 FU2 在 L2 上熔体；

万用表读数☞测试结果☞处理办法：

(1) ∞☞FU2 在 L2 上合格☞进行第八步；

(2) 等于或略大于 KM 线圈电阻☞FU2 在 L2 上底座短路☞更换该底座，重复第七步。

第八步

目　　的：判断 QF 在 L2 上触点是否合格→线路 L1、QF、U11、FU2、1、FR、2、SB1、3、SB2、4、KM 线圈、0、FU2、V11、QF、L2 段是否合格；

测 量 点：L2、V11；

测试操作：断开 QF；

万用表读数☞测试结果☞处理办法：

(1) ∞☞QF 在 L2 上合格→线路 L1、QF、U11、FU2、1、FR、2、SB1、3、SB2、4、KM 线圈、0、FU2、V11、QF、L2 段合格；

(2) 0☞QF 在 L2 上触点烧结☞更换 QF，重复第八步。

第九步

目　　的：判断 QF 在 L1 上触点是否通；

测 量 点：L1、U11；

测试操作：闭合 QF；

万用表读数☞测试结果☞处理办法：

(1) 0☞QF 在 L1 上触点通☞进行第十步；

(2) ∞☞QF 在 L1 上触点损坏或接线点压绝缘皮或断线☞更换 QF 或重新接线，重复第九步。

第十步

目　　的：判断 QF 在 L1 上触点是否合格；

测 量 点：L1、U11；

测试操作：断开 QF；

万用表读数☞测试结果☞处理办法：

(1) ∞☞QF 在 L1 上触点合格☞进行第十一步；

(2) 0☞QF 在 L1 上触点烧结☞更换 QF，重复第十步。

第十一步

目　　的：判断 FU2 在 L1 上是否通；

测 量 点：L1、1；

测试操作：闭合 QF；

万用表读数☞测试结果☞处理办法：

(1) 0☞FU2 在 L1 上通☞进行第十二步；

(2) ∞☞FU2 在 L1 上熔体熔断或接线点压绝缘皮或断线☞更换该熔体或重新接线，重复第十一步。

第十二步

目　　的：判断 FU2 在 L1 上是否合格；

测 量 点：L1、1；

测试操作：闭合 QF，取 FU2 在 L1 上熔体；

万用表读数☞测试结果☞处理办法：

(1) ∞☞FU2 在 L1 上合格☞第十三步；

(2) 0☞FU2 在 L1 上底座短路☞更换该底座，重复第十二步。

第十三步

目　　的：判断 FR 常闭触点是否通；

测 量 点：L1、2；

测试操作：闭合 QF，装上 FU2 在 L1 上熔体；

万用表读数☞测试结果☞处理办法：

(1) 0☞FR 常闭触点通☞第十四步；

(2) ∞☞FR 常闭触点损坏或接线点压绝缘皮或断线☞更换 FR 或重新接线，重复第十三步。

第十四步

目　　的：判断 FR 常闭触点是否合格；

测 量 点：L1、2；

测试操作：按下 FR；

万用表读数☞测试结果☞处理办法：

(1) ∞☞FR 常闭触点合格☞第十五步；

(2) 0☞FR 常闭触点烧结☞更换 FR，重复第十四步。

第十五步

目　　的：判断 SB1 常闭触点是否通；

测 量 点：L1、3；

测试操作：闭合 QF，装上 FU2 在 L1 上熔体；

万用表读数☞测试结果☞处理办法：

(1) 0☞SB1 常闭触点通☞第十六步；

(2) ∞☞SB1 常闭触点损坏或接线点压绝缘皮或断线☞更换 SB1 或重新接线，重复第十五步。

第十六步

目　　的：判断 SB1 常闭触点是否合格；

测 量 点：L1、3；

测试操作：闭合 QF，装上 FU2 在 L1 上熔体，按下 SB1；

万用表读数☞测试结果☞处理办法：

(1) ∞☞SB1 常闭触点合格☞第十七步；

(2) 0☞SB1 常闭触点烧结☞更换 SB1，重复第十六步。

第十七步

目　　的：判断 SB2 常开触点是否通；

测 量 点：L1、4；

测试操作：闭合 QF，装上 FU2 在 L1 上熔体，按下 SB2；

万用表读数☞测试结果☞处理办法：

(1) 0☞SB2 常开触点通☞进行第十八步；

(2) ∞☞SB2 常开触点损坏或接线点压绝缘皮或断线☞更换 SB2 或重新接线，重复第十七步。

第十八步

目　　的：判断 SB2 常开触点是否合格；

测 量 点：L1、4；

测试操作：闭合 QF，装上 FU2 在 L1 上熔体，松开 SB2；

万用表读数☞测试结果☞处理办法：

(1) ∞☞SB2 常开触点合格☞进行第十九步；

(2) 0☞SB2 常开触点烧结☞更换 SB2，重复第十八步。

第十九步

目　　的：判断 KM 线圈是否合格；

测 量 点：L1、0；

测试操作：闭合 QF，装上 FU2 在 L1 上熔体，按下 SB2；

万用表读数☞测试结果☞处理办法：

(1) 等于或略大于 KM 线圈电阻☞KM 线圈合格☞进行第二十步；

(2) 0 或小于 KM 线圈电阻☞KM 线圈短路或接错线路☞更换 KM 或重新接线，重复第十九步；

(3) ∞☞KM 线圈断路☞更换 KM，重复第十九步。

第二十步

目　　的：判断 FU2 在 L2 上是否通；

测 量 点：L1、V11；

测试操作：闭合 QF，装上 FU2 熔体，按下 SB2；

万用表读数☞测试结果☞处理办法：

(1) 等于或略大于 KM 线圈电阻☞FU2 在 L2 上通☞进行第二十一步；

(2) ∞☞FU2 在 L2 上熔体熔断或接线点压绝缘皮或断线☞更换 FU2 在 L2 上熔体或重新接线，重复第二十步。

第二十一步

目　　的：判断 FU2 在 L2 上是否合格；

测 量 点：L1、V11；

测试操作：闭合 QF，按下 SB2，取下 FU2 在 L2 上熔体；

万用表读数☞测试结果☞处理办法：

(1) ∞☞FU2 在 L2 上合格☞进行第二十二步；

(2) 等于或略大于 KM 线圈电阻☞FU2 在 L2 上底座短路☞更换该底座，重复第二十一步。

第二十二步

目　　的：判断 QF 在 L2 上触点是否通；

测 量 点：L2、V11；

测试操作：闭合 QF；

万用表读数☞测试结果☞处理办法：

(1) 0☞QF 在 L2 上触点通☞进行第二十三步；

(2) ∞☞QF 在 L2 上触点损坏或接线压绝缘皮或断线☞更换 QF 或重新接线，重复第二十二步。

第二十三步

目　　的：判断 QF 在 L2 上触点是否合格→线路 L1、QF、U11、FU2、1、FR、2、SB1、3、SB2、4、KM 线圈、0、FU2、V11、QF、L2 段是否合格；

测 量 点：L2、V11；

测试操作：断开 QF；

万用表读数☞测试结果☞处理办法：

(1) ∞☞QF 在 L2 上触点合格→线路 L1、QF、U11、FU2、1、FR、2、SB1、3、SB2、4、KM 线圈、0、FU2、V11、QF、L2 段合格；

(2) 0☞QF 在 L2 上触点烧结☞更换 QF，重复第二十三步。

(2) 线路 L1、QF、U11、FU2、1、FR、2、SB1、3、KM 自锁触点、4、KM 线圈、0、FU2、V11、QF、L2 段通断检测。

因为该段线路的通断检测应在线路 L1、QF、U11、FU2、1、FR、2、SB1、3、SB2、4、KM 线圈、0、FU2、V11、QF、L2 段通断检测之后进行，所以线路 L1、QF、U11、FU2、1、FR、2、SB1、3 部分和线路 4、KM 线圈、0、FU2、V11、QF、L2 部分不用再重复检测，可以视为已经合格，因此，此段线路的通断检测如下。

第一步

目　　的：判断 KM 自锁触点是否通；

测 量 点：L1、L2；

测试操作：闭合 QF，按下 KM；

万用表读数☞测试结果☞处理办法：

(1) 等于或略大于 KM 线圈电阻☞KM 自锁触点通☞进行第二步；

(2) ∞☞KM 自锁触点损坏或接线点压绝缘皮或断线或接错线☞更换 KM 或重新接线，重复第一步。

第二步

目　　的：判断 KM 自锁触点是否合格→线路 L1、QF、U11、FU2、1、FR、2、SB1、3、KM 自锁触点、4、KM 线圈、0、FU2、V11、QF、L2 段是否合格；

测 量 点：L1、L2；

测试操作：闭合 QF，松开 KM；

万用表读数☞测试结果☞处理办法：

(1) ∞☞KM 自锁触点合格→线路 L1、QF、U11、FU2、1、FR、2、SB1、3、KM 自锁触点、4、KM 线圈、0、FU2、V11、QF、L2 段合格；

(2) 等于或略大于 KM 线圈电阻☞KM 自锁触点烧结☞更换 KM，重复第二步。

3. 主电路绝缘检测

(1) L1、L2 间绝缘检测。

测 量 点：L1、L2；

测试操作：断开板外电源，拆除电动机，闭合 QF，取下 FU2 熔体，按下 KM，摇动兆欧表摇把至打滑；

兆欧表表读数☞测试结果☞处理办法：

(1) 大于 1MΩ☞L1、L2 间绝缘合格；

(2) 0.5～1MΩ☞L1、L2 间绝缘低☞短期工作可以，若想长期工作最好重新配盘；

(3) 小于 0.5MΩ☞L1、L2 间漏电或短路☞用万用表找出故障点维修或更换导线、元件，直至绝缘合格为止。

(2) L1、L3 间绝缘检测与 L1、L2 间绝缘检测相同。

(3) L2、L3 间绝缘检测与 L1、L2 间绝缘检测相同。

(4) L1、PE 间绝缘检测与 L1、L2 间绝缘检测相同。

(5) L2、PE 间绝缘检测与 L1、L2 间绝缘检测相同。

(6) L3、PE 间绝缘检测与 L1、L2 间绝缘检测相同。

4. 控制电路绝缘检测

(1) L1、L2 间绝缘检测。

测 量 点：L1、L2；

测试操作：断开板外电源，拆除电动机，闭合 QF，取下 FU1 熔体，摇动兆欧表摇把至打滑；

兆欧表表读数☞测试结果☞处理办法：

(1) 大于 1MΩ☞L1、L2 间绝缘合格；

(2) 0.5～1MΩ☞L1、L2 间绝缘低☞短期工作可以，若想长期工作最好重新配盘；

(3) 小于 0.5MΩ☞L1、L2 间漏电或短路☞用万用表找出故障点维修或更换导线、元件，直至绝缘合格为止。

(2) L1、PE 间绝缘检测

测 量 点：L1、PE；

测试操作：断开板外电源，拆除电动机，闭合 QF，取下 FU1 熔体，摇动兆欧表摇把至打滑；

兆欧表表读数☞测试结果☞处理办法：

(1) 大于 1MΩ☞L1、PE 间绝缘合格；

(2) 0.5～1MΩ☞L1、PE 间绝缘低☞短期工作可以，若想长期工作最好重新配盘；

(3) 小于 0.5MΩ☞L1、PE 间漏电或短路☞用万用表找出故障点维修或更换导线、元件，直至绝缘合格为止。

(3) L2、PE 间绝缘检测。

测 量 点：L1、PE；

测试操作：断开板外电源，拆除电动机，闭合 QF，取下 FU1 熔体，摇动兆欧表摇把至打滑；

兆欧表表读数☞测试结果☞处理办法：

(1) 大于 1MΩ☞L2、PE 间绝缘合格；

(2) 0.5～1MΩ☞L2、PE 间绝缘低☞短期工作可以，若想长期工作最好重新配盘；

(3) 小于 0.5MΩ☞L2、PE 间漏电或短路☞用万用表找出故障点维修或更换导线、元件，直至绝缘合格为止。

任务 3.2　三相异步电动机的正反转控制

学习目标

(1) 熟悉三相异步电动机正反转控制的种类及方法；

(2) 掌握三相异步电动机正反转控制的三张图的绘制方法；

(3) 掌握三相异步电动机正反转控制电路的配盘；

(4) 掌握三相异步电动机正反转控制电路的安装及检修。

工作任务

学习三相异步电动机正反转控制的种类及方法；掌握三相异步电动机正反转控制的三张图的绘制方法；掌握三相异步电动机正反转控制电路的配盘；掌握三相异步电动机正反转控制电路的安装及检修；熟练进行三相异步电动机正反转控制电路的设计、安装、调试及维修。

任务实施

【一】准备

1. 倒顺开关控制的正反转电路的原理图、布置图和接线图(图 3-8)

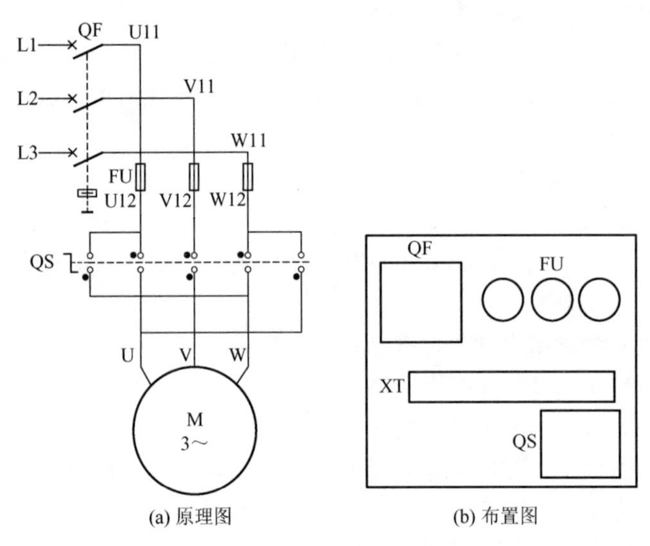

(a) 原理图　(b) 布置图

图 3-8　倒顺开关控制的正反转电路

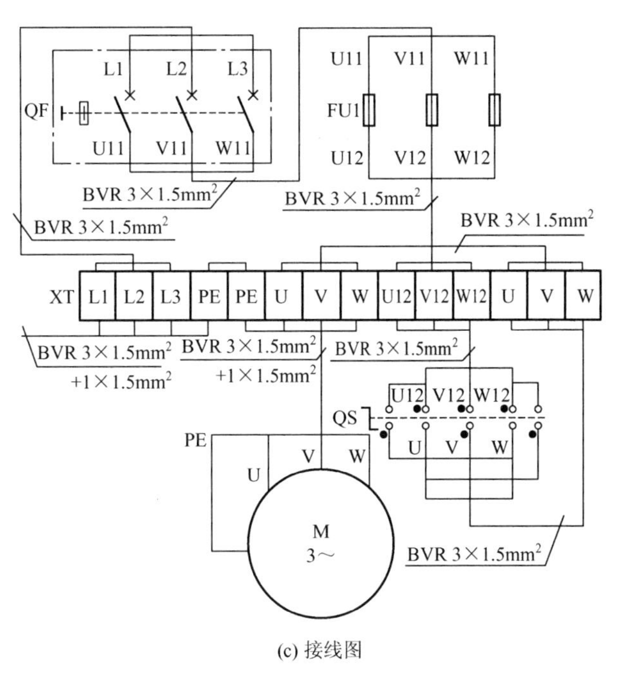

(c) 接线图

图 3-8　倒顺开关控制的正反转电路(续)

2. 电气互锁正反转电路的原理图、布置图和接线图(图 3-9)

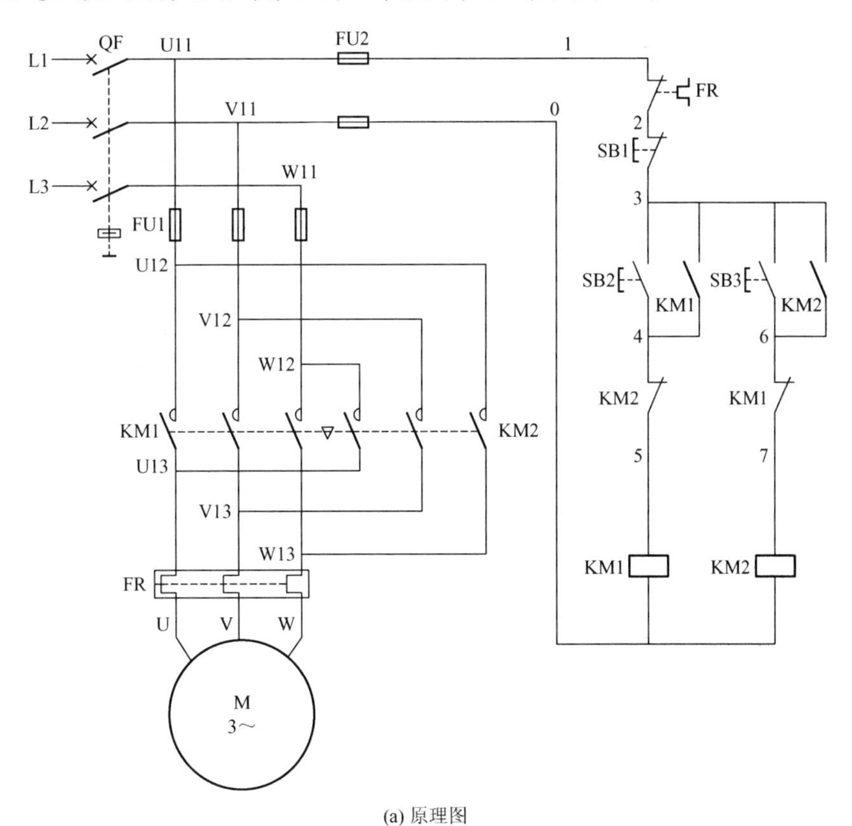

(a) 原理图

图 3-9　电气互锁正反转电路

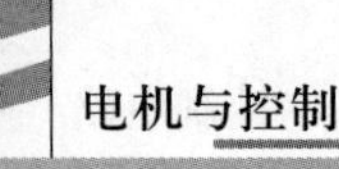

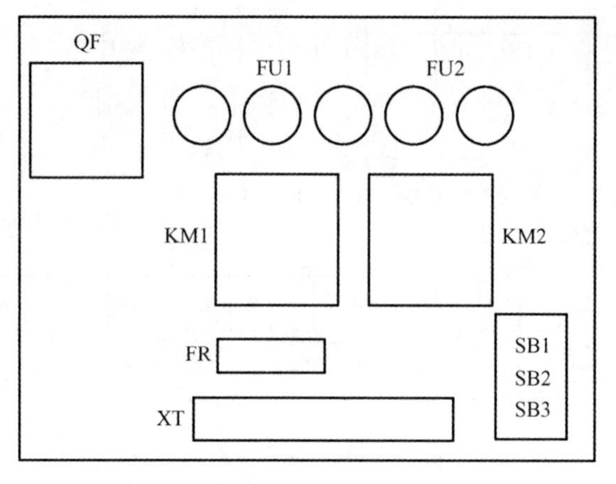

(b) 布置图

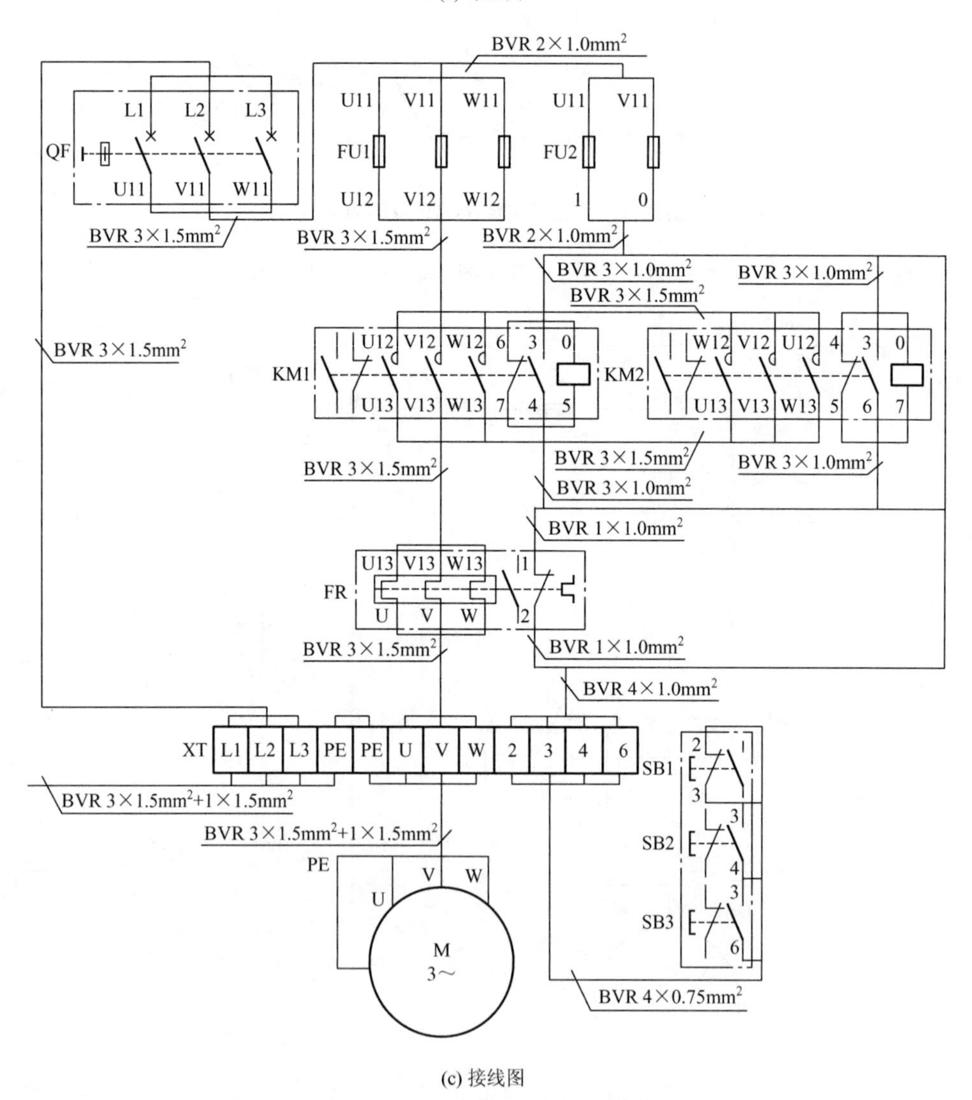

(c) 接线图

图 3-9　电气互锁正反转电路(续)

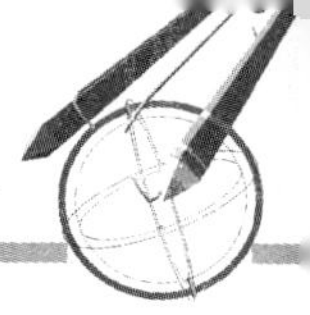

3. 机械互锁正反转电路的原理图、布置图和接线图(图 3-10)

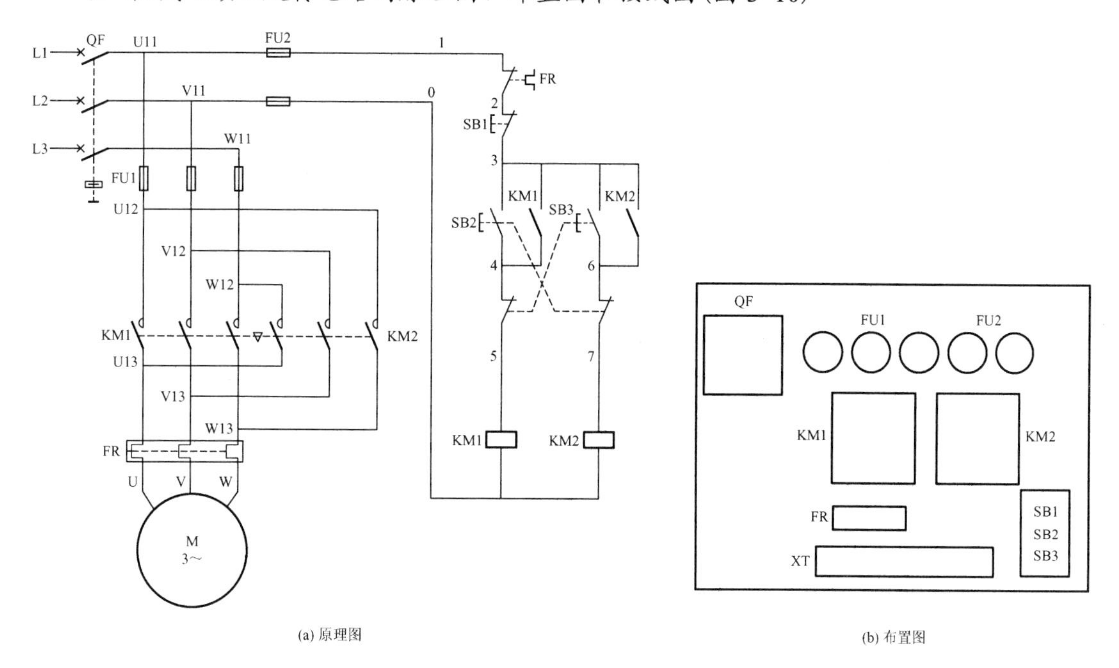

(a) 原理图　　(b) 布置图

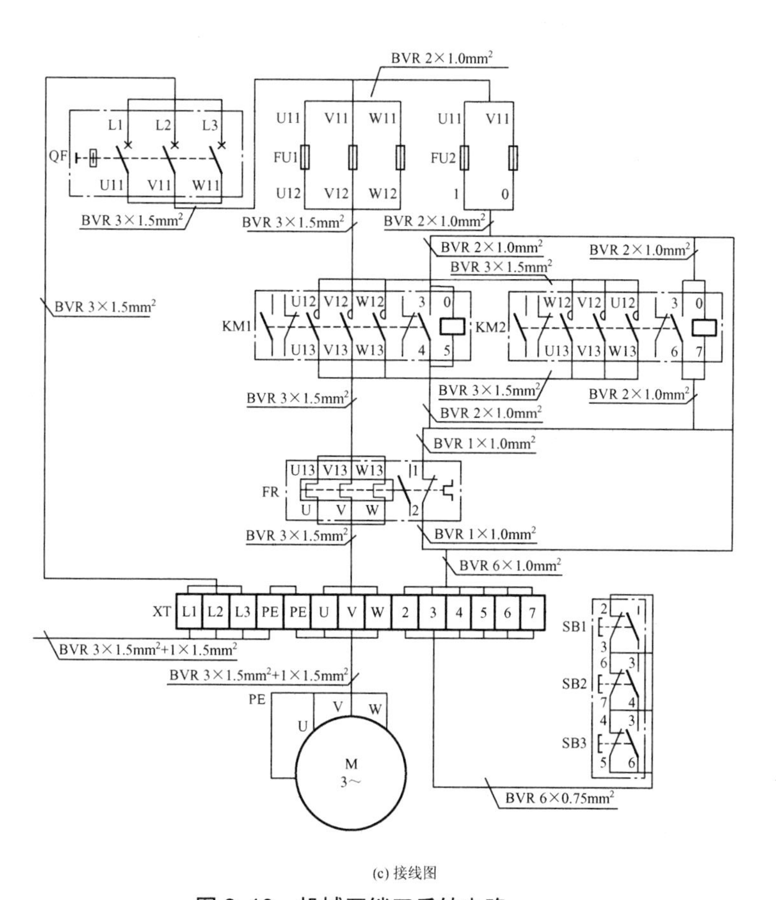

(c) 接线图

图 3-10　机械互锁正反转电路

4. 双重互锁正反转控制电路的原理图、布置图和接线图(图 3-11)

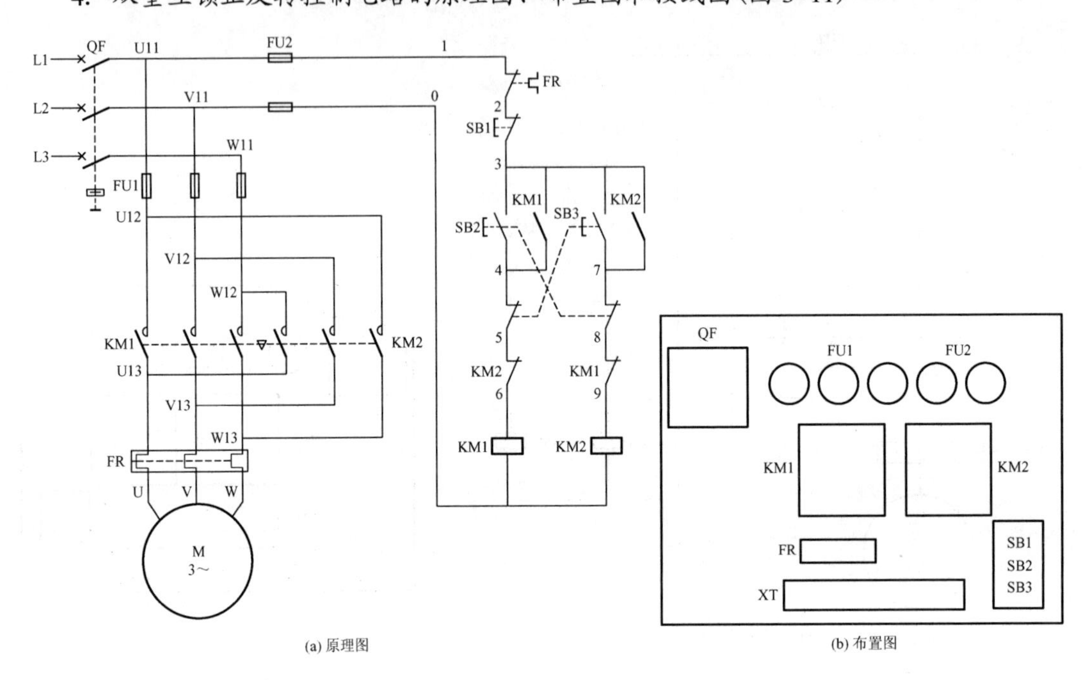

(a) 原理图　　(b) 布置图

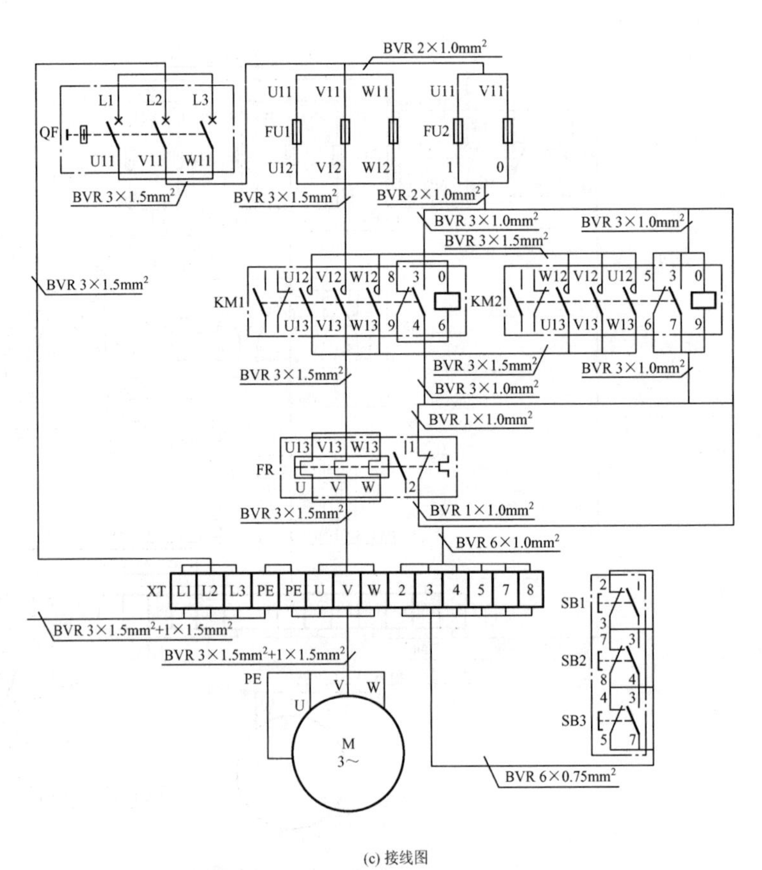

(c) 接线图

图 3-11　双重互锁正反转控制电路

【二】学生实际操作——三相异步电动机的正反转控制电路的设计、安装、调试及维修

教师根据每个学生的实际情况及学时安排，分配具体的控制任务，由学生独立完成三张图的绘制、材料及元器件的选择、工具仪表的借用等准备工作，并自主在规定时间内完成配盘、检测、调试及维修工作(即排除老师设定的故障)。

注意：在实际条件允许的情况下，每个学生都要尽量完成所有控制电路的安装、调试及维修。

温馨提示

1. 安装步骤及工艺要求

第一步，根据控制要求绘制原理图、布置图和接线图。工艺要求：绘制的图纸在满足控制要求的前提下，必须符合现行国家标准。

第二步，在控制板上按布置图固定元件及线槽。工艺要求：电器元件安装应牢固，并符合工艺要求。

第三步，接线。工艺要求：槽内导线不得有接头及绝缘破损；一般应先接控制电路后接主电路及外部电路。

第四步，自检。工艺要求：通断检测；绝缘检测。

第五步，清理现场。工艺要求：符合 4S 管理规定。

第六步，交验。工艺要求：通知教师验检。

第七步，试车。工艺要求：在教师的监护下送电试车。

第八步，检修。工艺要求：教师设故障学生自行排除。

2. 评分标准

1）绘图(10 分)

(1) 未实现功能要求扣 10 分，且不能继续考核，应整改后继续。

(2) 未按国家标准每处扣 1 分，最高扣分为 10 分。

(3) 图面不整洁每张扣 2 分。

2）元件检查(5 分)

(1) 电动机质量漏检扣 5 分。

(2) 元件漏检或检错，每处扣 1 分。

3）安装(5 分)

(1) 元件安装位置与布置图不符，每处扣 1 分。

(2) 元件松动，每个扣 1 分。

(3) 线槽没做 45° 拼角，每处扣 1 分。

4）接线(30 分)

(1) 接线顺序错误，每根扣 5 分。

(2) 漏套线号套管，每处扣 5 分。

(3) 漏标线号或线号标错，每处扣 5 分。

(4) 不会接线或与接线图不符，扣 30 分。

(5) 导线及线号套管使用错误，每根扣 5 分。

5) 自检(20 分)

(1) 通断检测。

① 不会检测或检测错误，扣 15 分。

② 漏检，每处扣 5 分。

(2) 绝缘检测。

① 不会检测或检测错误，扣 15 分。

② 漏检，每处扣 5 分。

6) 交验试车(10 分)

(1) 未通知教师私自试车，扣 10 分。

(2) 一次校验不合格，扣 5 分。

(3) 二次校验不合格，扣 10 分。

7) 检修(20 分)

(1) 检不出故障，扣 20 分。

(2) 查出故障但排除不了，扣 10 分。

(3) 制造出新故障，每处扣 5 分。

8) 安全文明生产

违反安全文明生产规程，扣 5～40 分。

9) 额定时间

额定时间请参照维修电工国家技能鉴定中的规定，每超过 10min(不足 10min 以 10min 计)扣 5 分。

备注：除额定时间和安全文明生产外，其他扣分不应超过配分。

【三】自评、教师评

温馨提示

完成【一】【二】后，进入总结评价阶段。总结评价分自评、教师评两种，主要是总结评价本次任务中做得好的地方及需要改进的地方等。根据评分的情况和本次任务的结果，填写表 3-3、表 3-4。

表 3-3 学生自评表格

任务完成进度	做得好的方面	不足、需要改进的方面

表 3-4 教师评价表格

在本次任务中的表现	学生进步的方面	学生不足、需要改进的方面

【四】写总结报告

温馨提示

报告可涉及内容为本次任务的心得体会等。总之，要学会随时记录工作过程，总结经验教训，为今后的工作打下良好的基础。

任 务 小 结

本任务主要是熟悉三相异步电动机正反转控制的种类及方法；掌握三相异步电动机正反转控制的三张图的绘制方法；掌握三相异步电动机正反转控制电路的配盘；掌握三相异步电动机正反转控制电路的安装及检修。

问题探究

1. 行程限位控制电路的原理图、布置图和接线图(图 3-12)

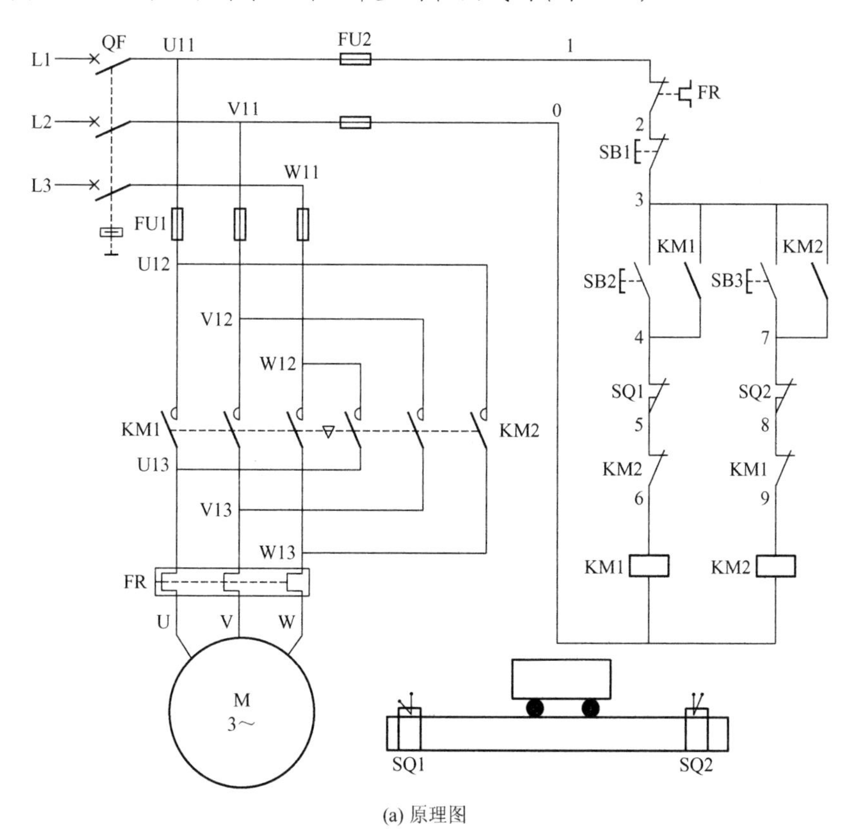

(a) 原理图

图 3-12　行程限位控制电路

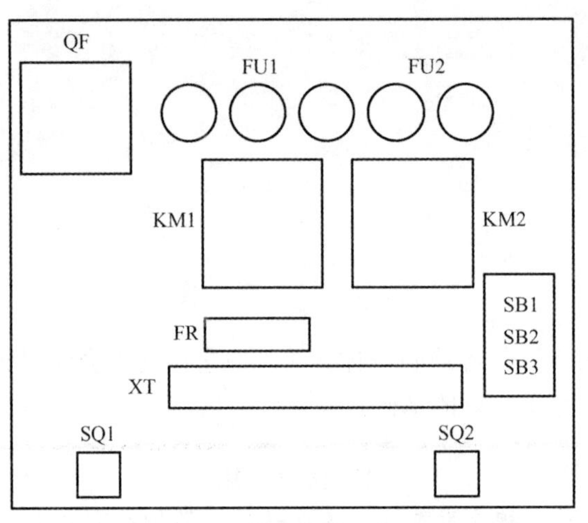

(b) 布置图

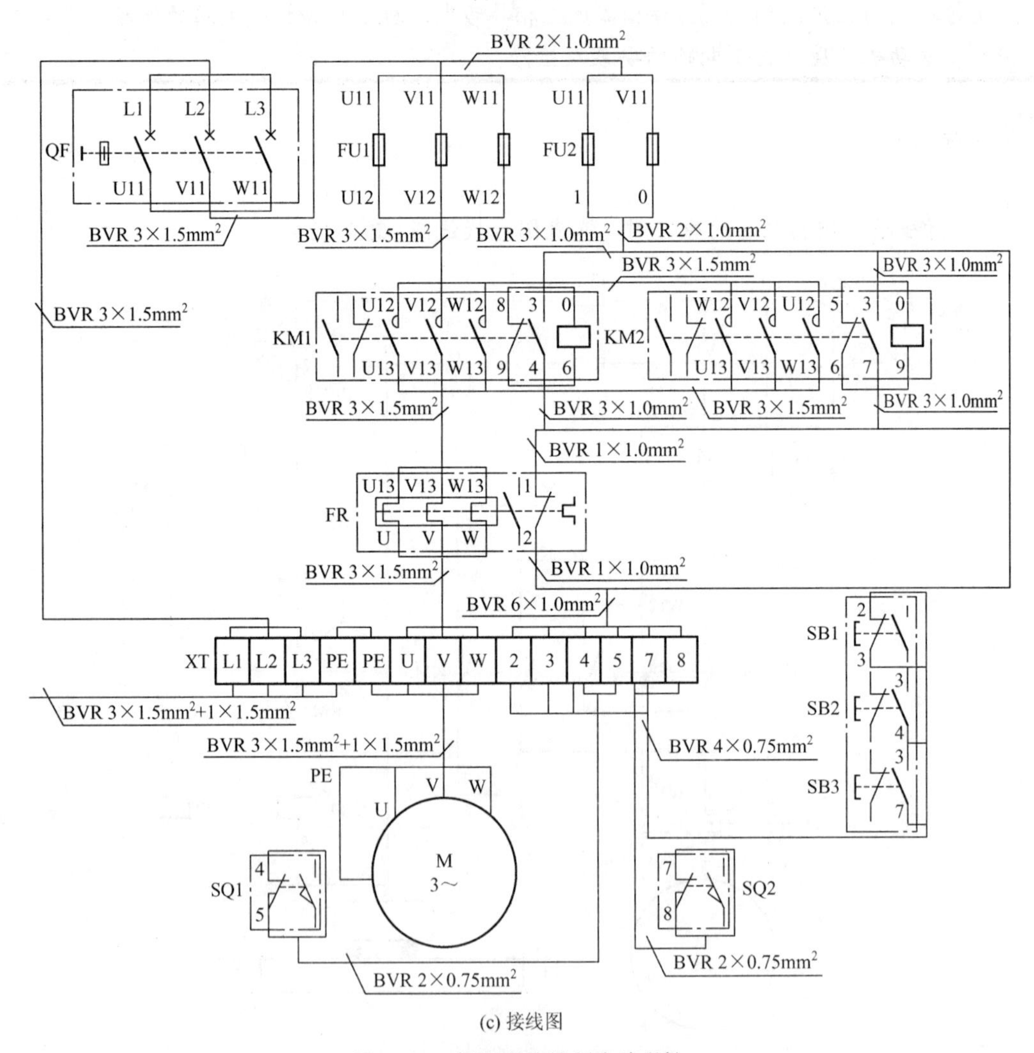

(c) 接线图

图 3-12 行程限位控制电路(续)

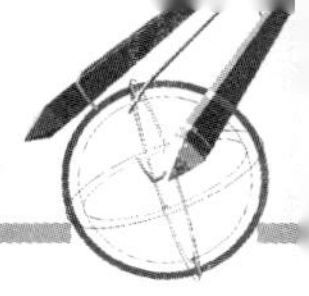

2. 自动往返控制电路的原理图、布置图和接线图(图 3-13)

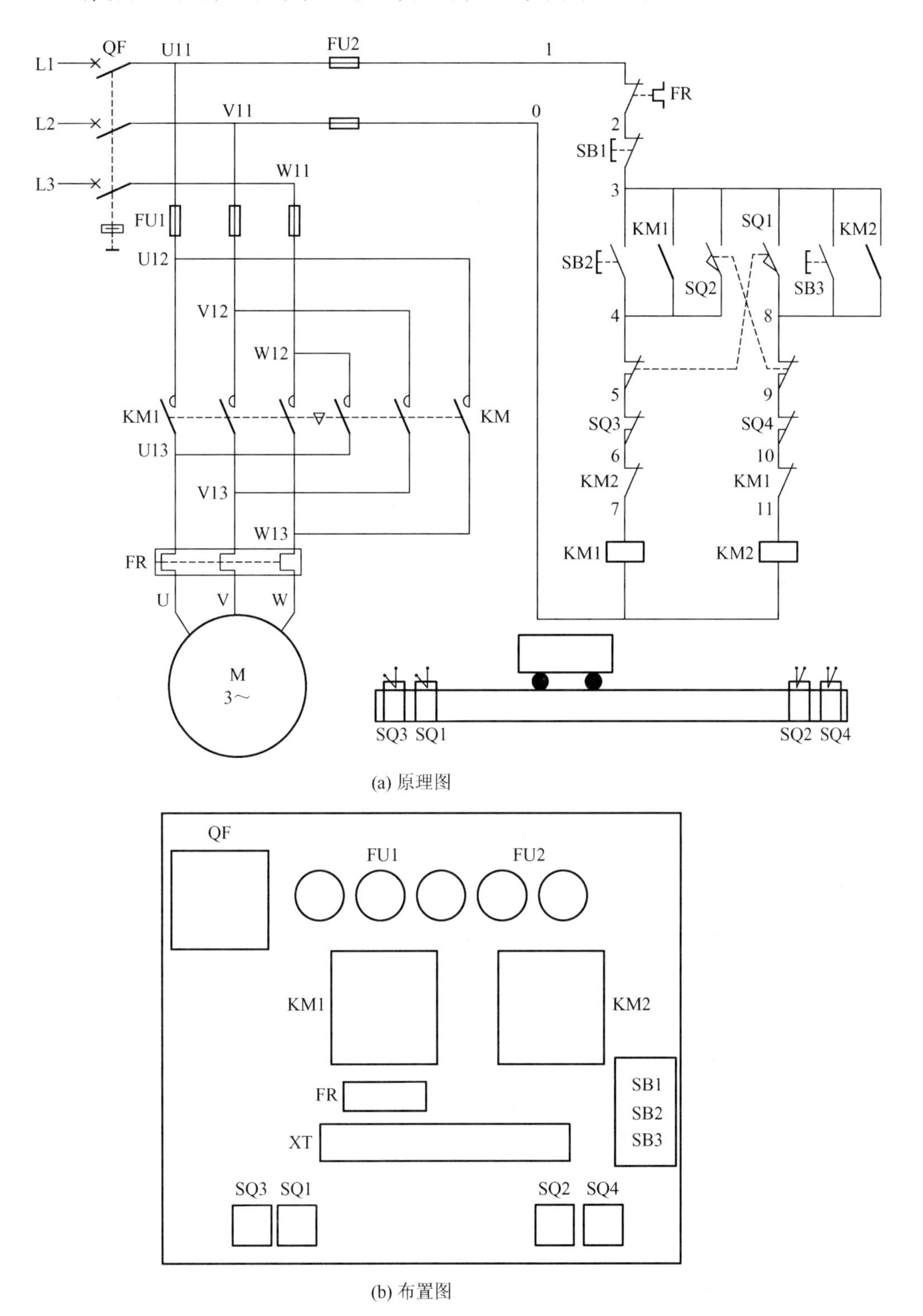

图 3-13　自动往返控制电路

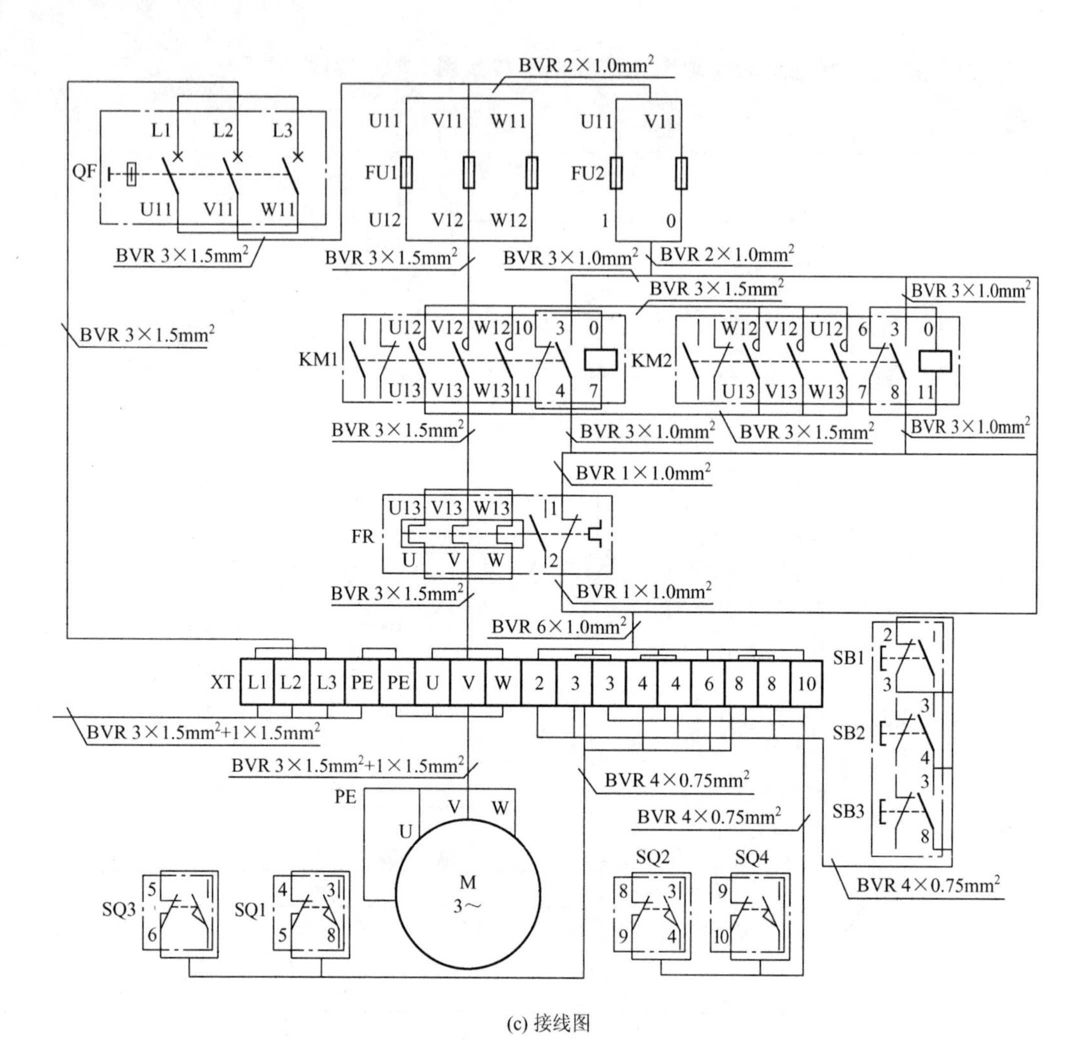

(c) 接线图

图 3-13　自动往返控制电路(续)

任务 3.3　三相异步电动机的降压起动控制

学习目标

(1) 熟悉三相异步电动机降压起动控制的种类及方法;

(2) 掌握三相异步电动机降压起动控制的三张图的绘制方法;

(3) 掌握三相异步电动机降压起动控制电路的配盘;

(4) 掌握三相异步电动机降压起动控制电路的安装及检修。

工作任务

学习三相异步电动机降压起动控制的种类及方法；掌握三相异步电动机降压起动控制的三张图的绘制方法；掌握三相异步电动机降压起动控制电路的配盘；掌握三相异步电动机降压起动控制电路的安装及检修；熟练进行三相异步电动机降压起动控制电路的设计、安装、调试及维修。

任务实施

【一】准备

1. 手动控制的Y-△降压起动控制电路的原理图、布置图和接线图(图 3-14)

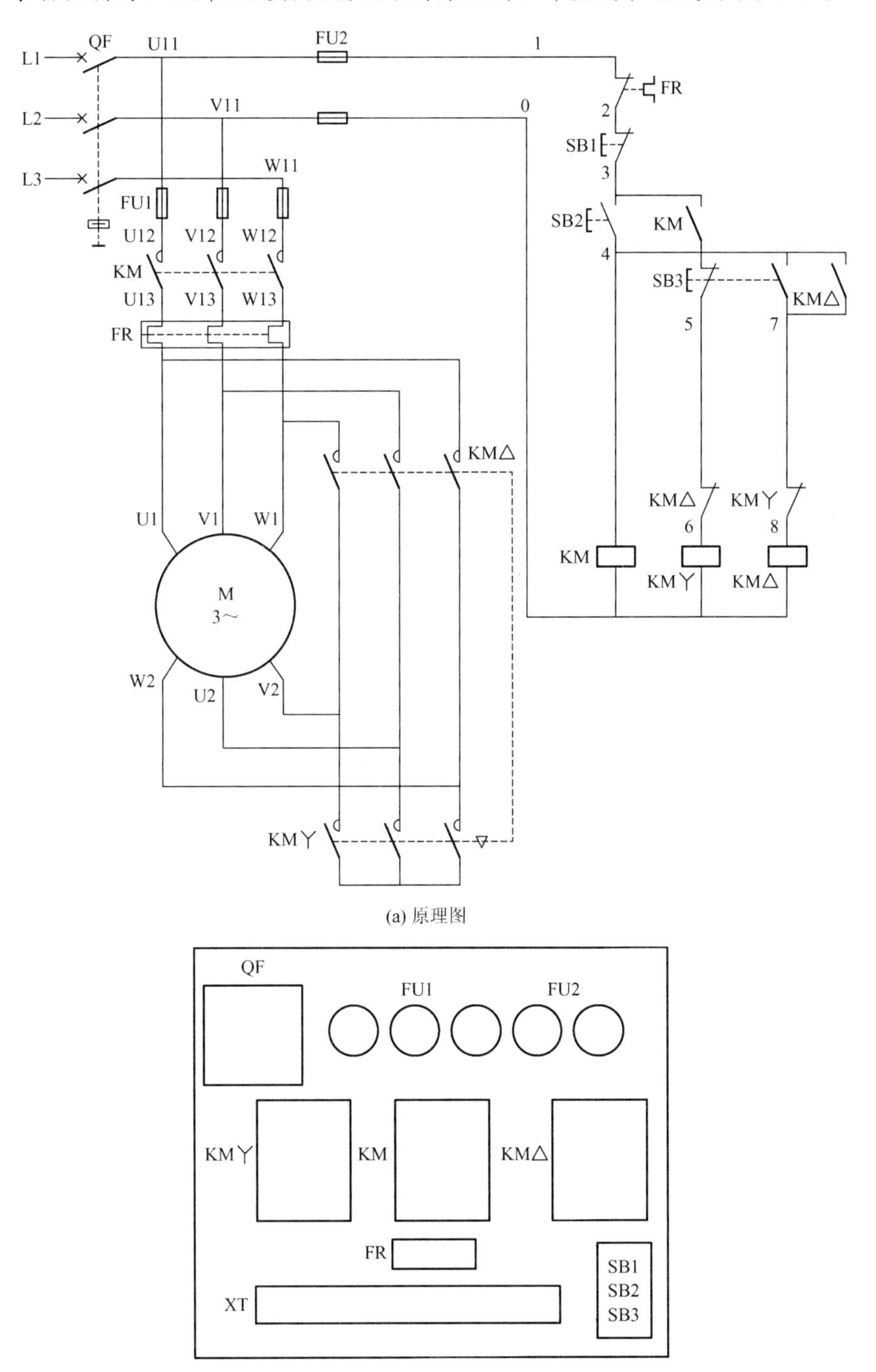

(a) 原理图

(b) 布置图

图 3-14　手动控制的Y-△降压起动控制电路

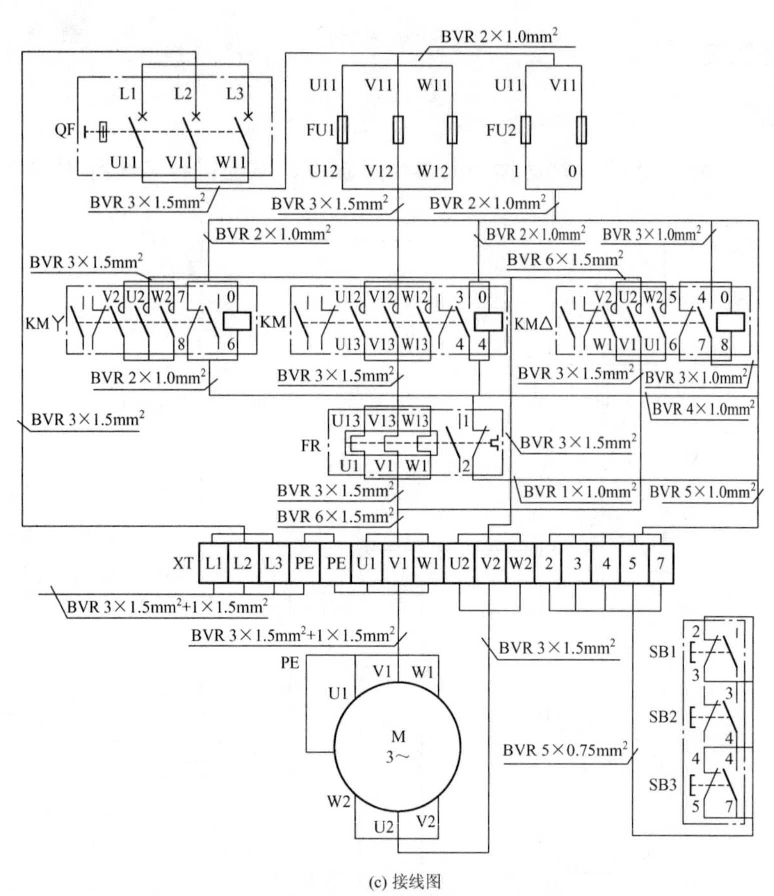

(c) 接线图

图 3-14 手动控制的Y-△降压起动控制电路(续)

2. 串电阻降压起动控制电路的原理图、布置图和接线图(图 3-15)

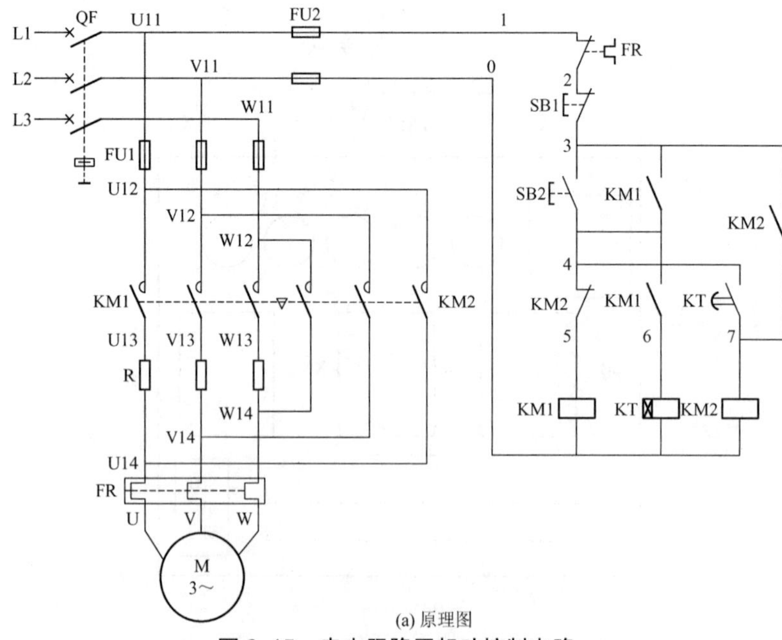

(a) 原理图

图 3-15 串电阻降压起动控制电路

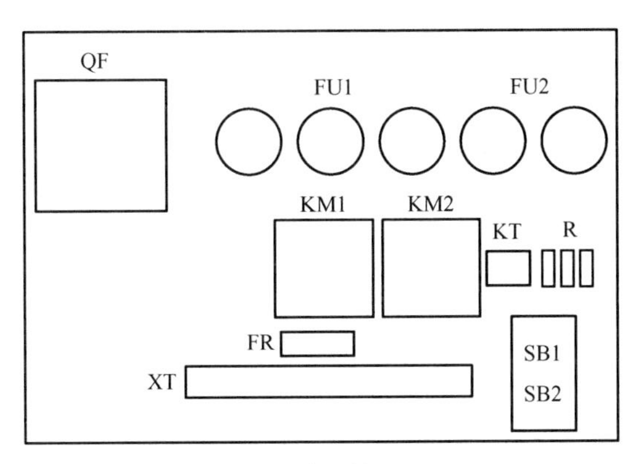

(b) 布置图

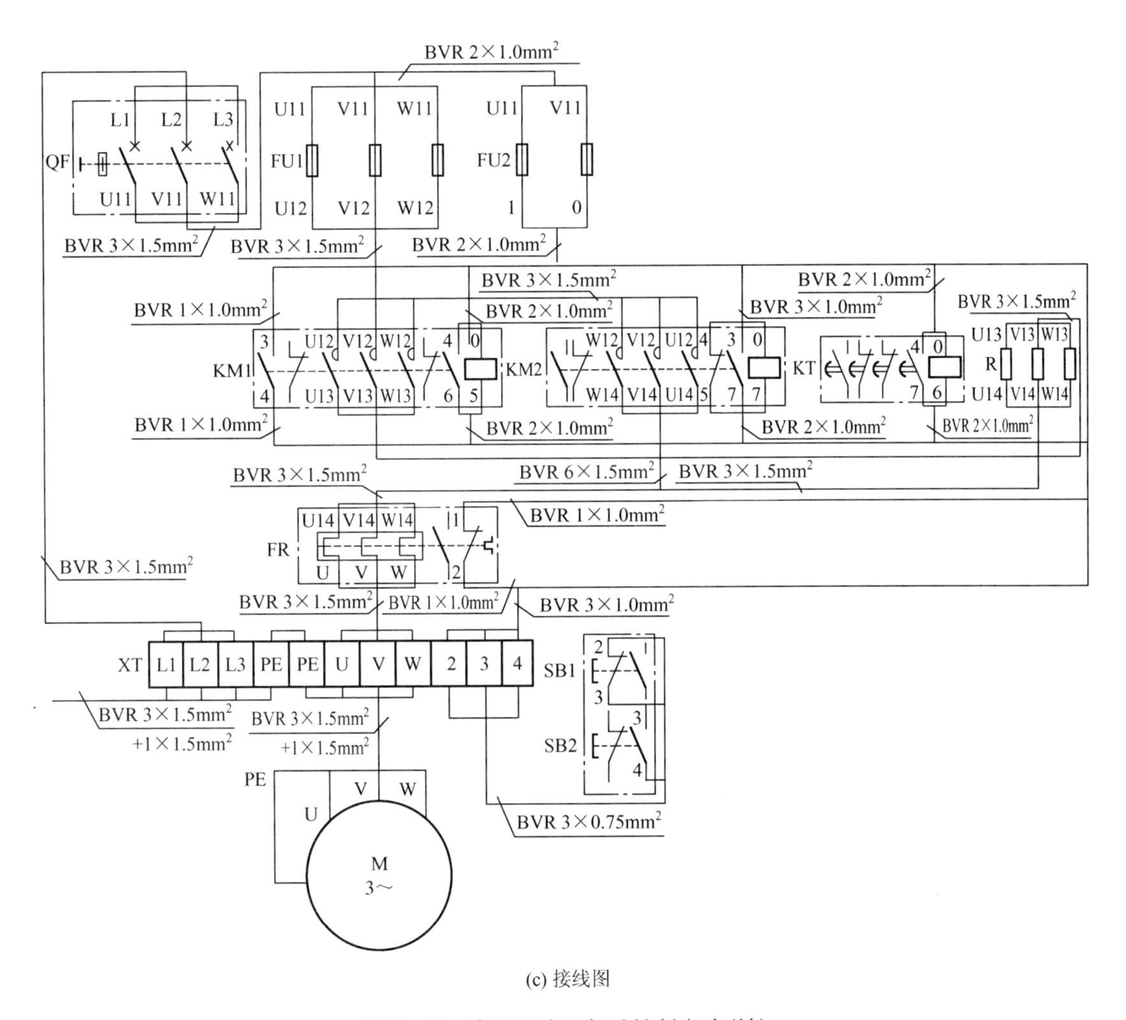

(c) 接线图

图 3-15　串电阻降压起动控制电路(续)

3. 自耦变压器降压起动控制电路的原理图、布置图和接线图(图 3-16)

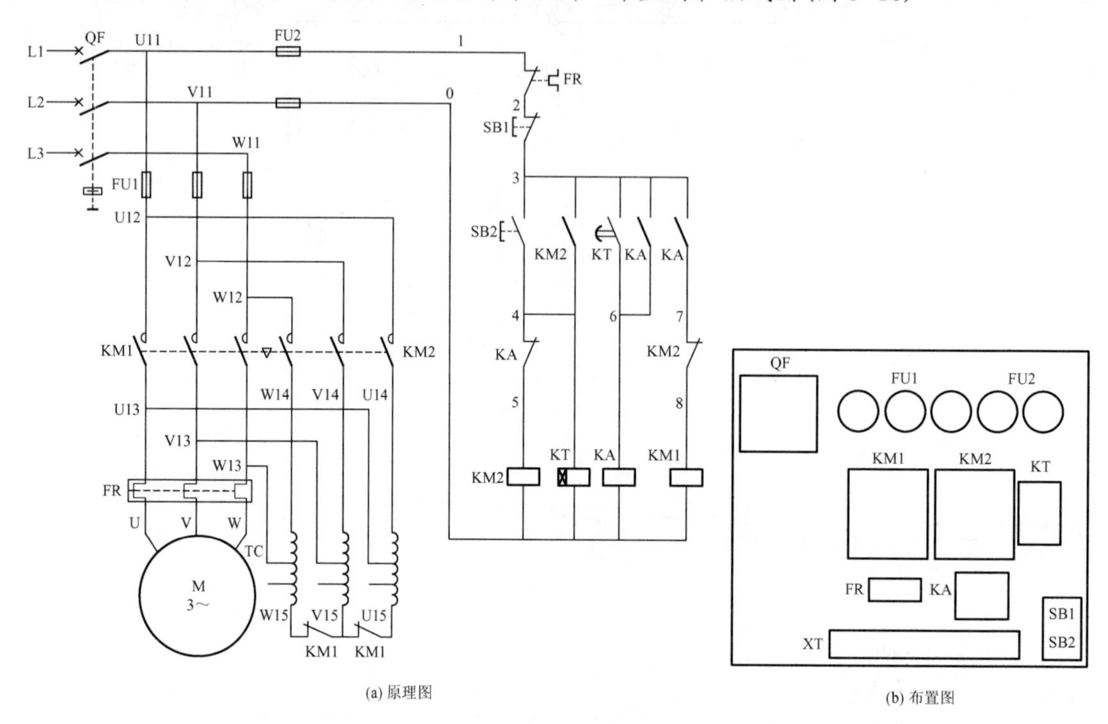

(a) 原理图

(b) 布置图

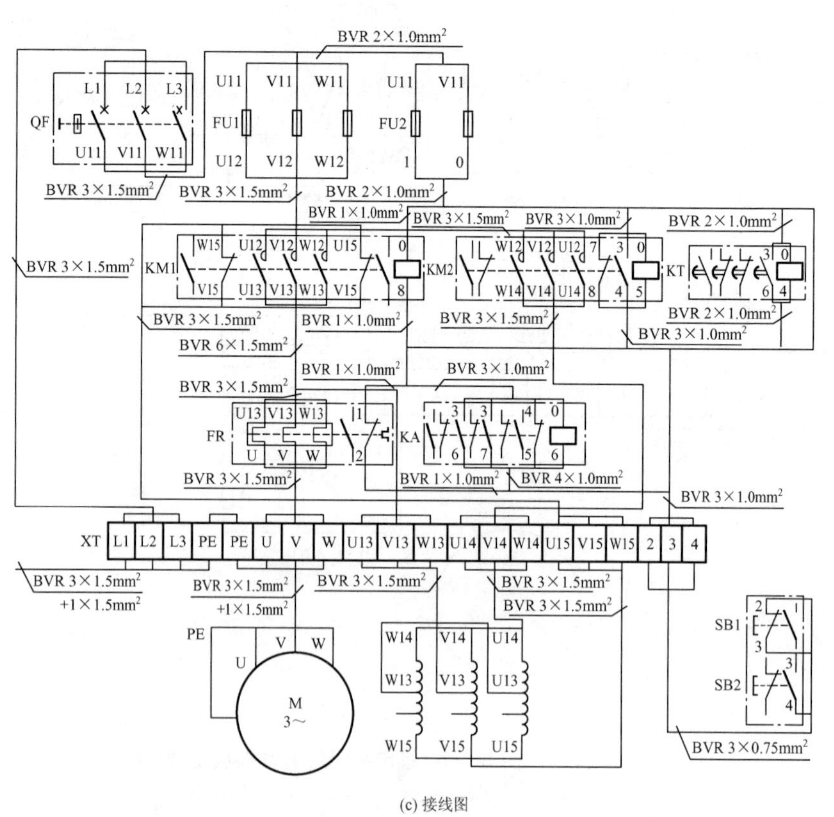

(c) 接线图

图 3-16 自耦变压器降压起动控制电路

【二】学生实际操作——三相异步电动机的降压起动控制电路的设计、安装、调试及维修

教师根据每个学生的实际情况及学时安排，分配具体的控制任务，由学生独立完成三张图的绘制、材料及元器件的选择、工具仪表的借用等准备工作，并自主在规定时间内完成配盘、检测、调试及维修工作(即排除老师设定的故障)。

注意：在实际条件允许的情况下，每个学生都要尽量完成所有控制电路的安装调试及维修。

温馨提示

1. 安装步骤及工艺要求

第一步，根据控制要求绘制原理图、布置图和接线图。工艺要求：绘制的图纸在满足控制要求的前提下，必须符合现行国家标准。

第二步，在控制板上按布置图固定元件及线槽。工艺要求：电器元件安装应牢固，并符合工艺要求。

第三步，接线。工艺要求：槽内导线不得有接头及绝缘破损；一般应先接控制电路后接主电路及外部电路。

第四步，自检。工艺要求：通断检测；绝缘检测。

第五步，清理现场。工艺要求：符合 4S 管理规定。

第六步，交验。工艺要求：通知教师验检。

第七步，试车。工艺要求：在教师的监护下送电试车。

第八步，检修。工艺要求：教师设故障学生自行排除。

2. 评分标准

1）绘图(10 分)

(1) 未实现功能要求扣 10 分，且不能继续考核，应整改后继续。

(2) 未按国家标准每处扣 1 分，最高扣分为 10 分。

(3) 图面不整洁，每张扣 2 分。

2）元件检查(5 分)

(1) 电动机质量漏检，扣 5 分。

(2) 元件漏检或检错，每处扣 1 分。

3）安装(5 分)

(1) 元件安装位置与布置图不符，每处扣 1 分。

(2) 元件松动，每个扣 1 分。

(3) 线槽没做 45° 拼角，每处扣 1 分。

4）接线(30 分)

(1) 接线顺序错误，每根扣 5 分。

(2) 漏套线号套管，每处扣 5 分。

(3) 漏标线号或线号标错，每处扣 5 分。

(4) 不会接线或与接线图不符，扣 30 分。

(5) 导线及线号套管使用错误，每根扣 5 分。

5）自检(20 分)

(1) 通断检测。

① 不会检测或检测错误，扣 15 分。

② 漏检，每处扣 5 分。

(2) 绝缘检测。

① 不会检测或检测错误，扣 15 分。

② 漏检，每处扣 5 分。

6）交验试车(10 分)

(1) 未通知教师私自试车，扣 10 分。

(2) 一次校验不合格，扣 5 分。

(3) 二次校验不合格，扣 10 分。

7）检修(20 分)

(1) 检不出故障，扣 20 分。

(2) 查出故障但排除不了，扣 10 分。

(3) 制造出新故障，每处扣 5 分。

8）安全文明生产

违反安全文明生产规程，扣 5～40 分。

9）额定时间

额定时间请参照维修电工国家技能鉴定中的规定，每超过 10min(不足 10min 以 10min 计)扣 5 分。

备注：除额定时间和安全文明生产外，其他扣分不应超过配分。

【三】自评、教师评

温馨提示

完成【一】【二】后，进入总结评价阶段。总结评价分自评、教师评两种，主要是总结评价本次任务中做得好的地方及需要改进的地方等。根据评分的情况和本次任务的结果，填写表 3-5、表 3-6。

表 3-5　学生自评表格

任务完成进度	做得好的方面	不足、需要改进的方面

表 3-6　教师评价表格

在本次任务中的表现	学生进步的方面	学生不足、需要改进的方面

【四】写总结报告

温馨提示

报告可涉及内容为本次任务的心得体会等。总之，要学会随时记录工作过程，总结经验教训，为今后的工作打下良好的基础。

任 务 小 结

本任务主要是熟悉三相异步电动机降压起动控制的种类及方法;掌握三相异步电动机降压起动控制的三张图的绘制方法；掌握三相异步电动机降压起动控制电路的配盘;掌握三相异步电动机降压起动控制电路的安装及检修。

问题探究

时间继电器控制的Y-△降压起动控制电路的原理图、布置图和接线图(图 3-17)

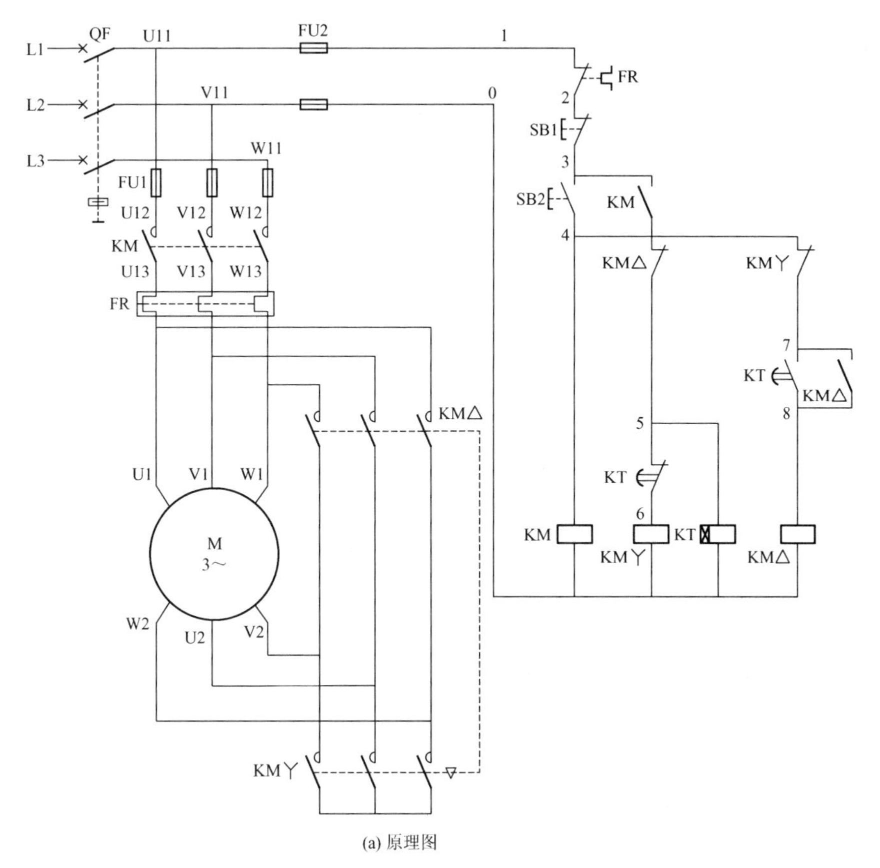

(a) 原理图

图 3-17　时间继电器控制的Y-△降压起动控制电路

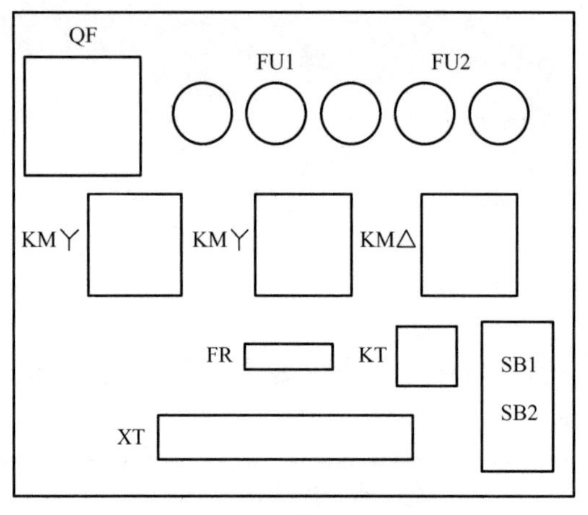

(b) 布置图

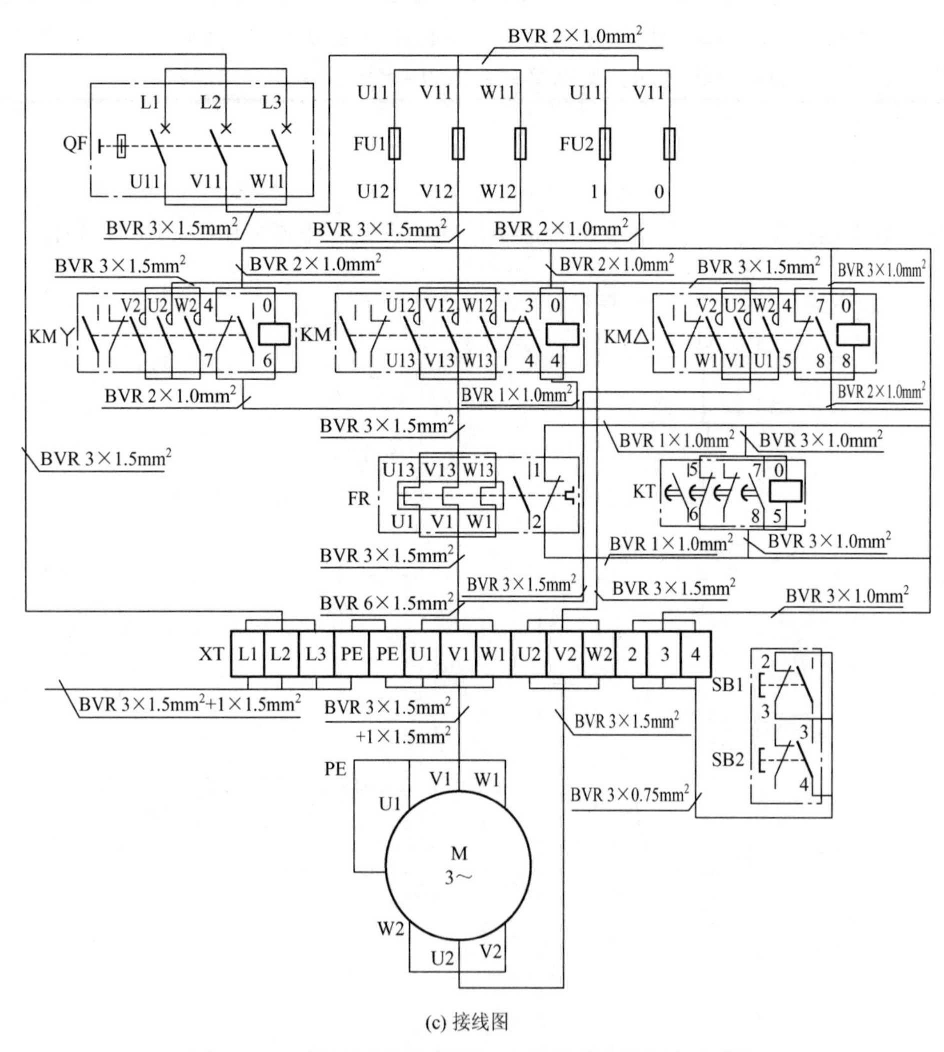

(c) 接线图

图 3-17　时间继电器控制的Y-△降压起动控制电路(续)

任务 3.4　三相异步电动机的制动控制

学习目标

(1) 熟悉三相异步电动机制动控制的种类及方法；
(2) 掌握三相异步电动机制动控制的三张图的绘制方法；
(3) 掌握三相异步电动机制动控制电路的配盘；
(4) 掌握三相异步电动机制动控制电路的安装及检修。

工作任务

学习三相异步电动机制动控制的种类及方法；掌握三相异步电动机制动控制的三张图的绘制方法；掌握三相异步电动机制动控制电路的配盘；掌握三相异步电动机制动控制电路的安装及检修；熟练进行三相异步电动机制动控制电路的设计、安装、调试及维修。

任务实施

【一】准备

1. 电磁抱闸制动控制电路——断电制动的原理图、布置图和接线图(图 3-18)

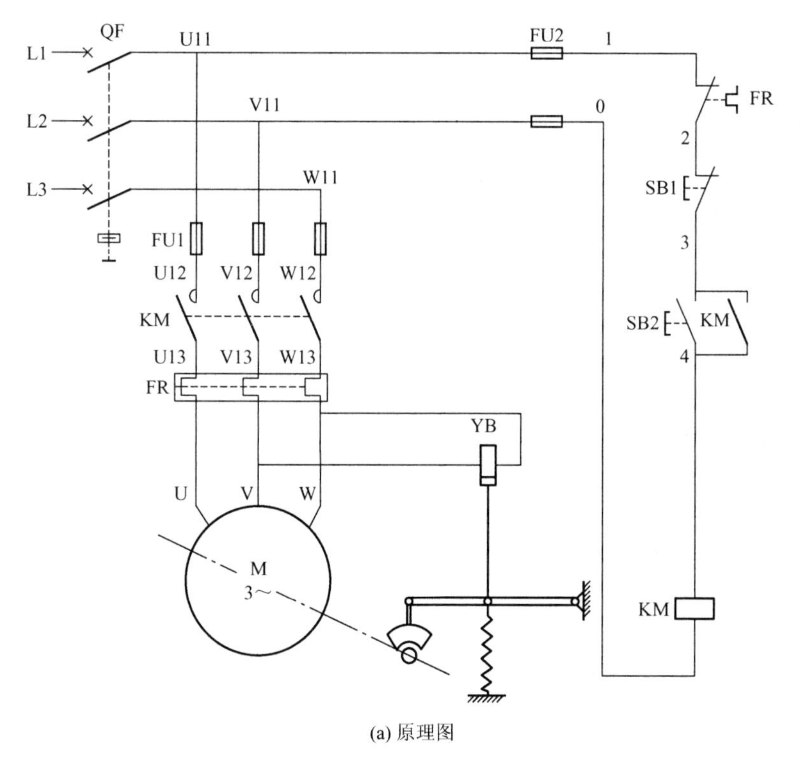

(a) 原理图

图 3-18　电磁抱闸制动控制电路——断电制动

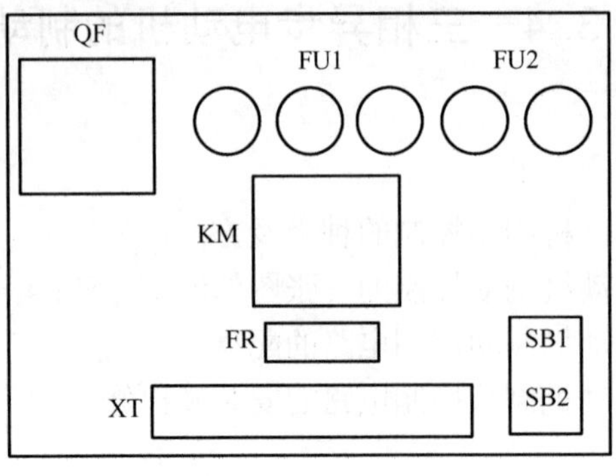

(b) 布置图

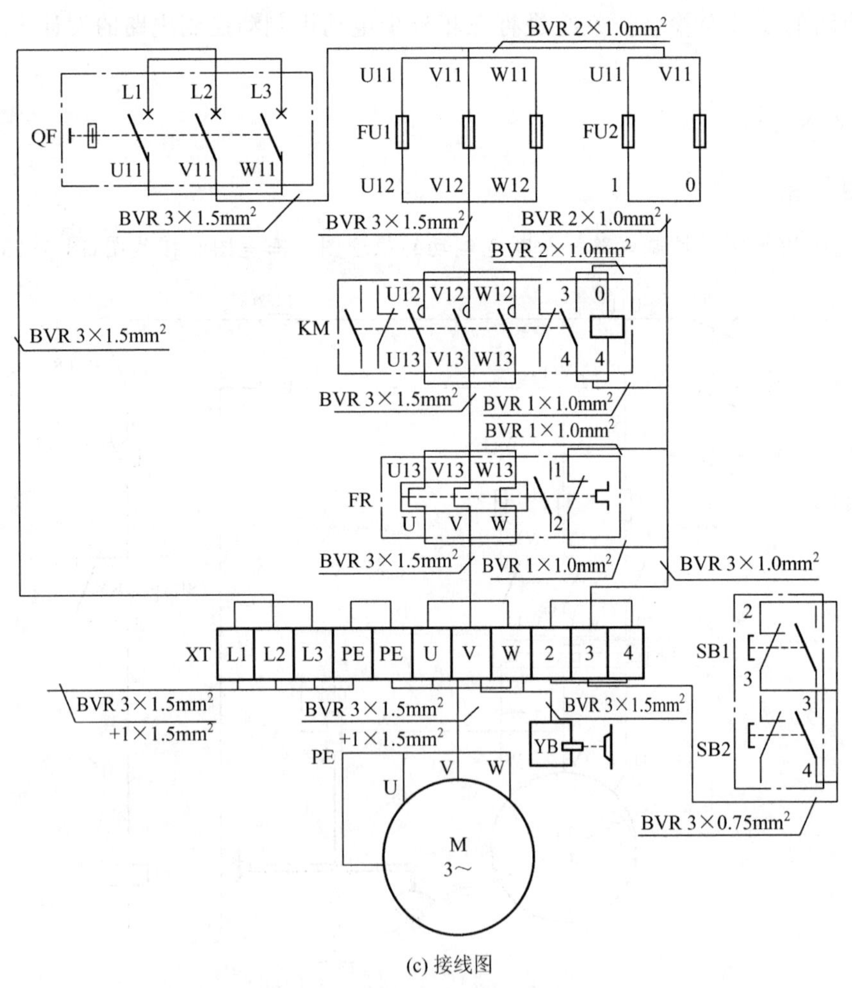

(c) 接线图

图 3-18　电磁抱闸制动控制电路——断电制动（续）

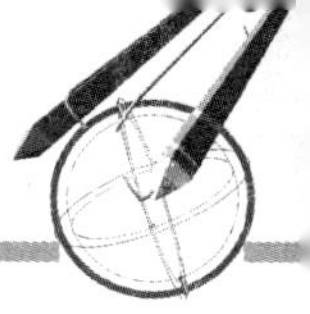

2. 单向起动反接制动控制电路的原理图、布置图和接线图(图 3-19)

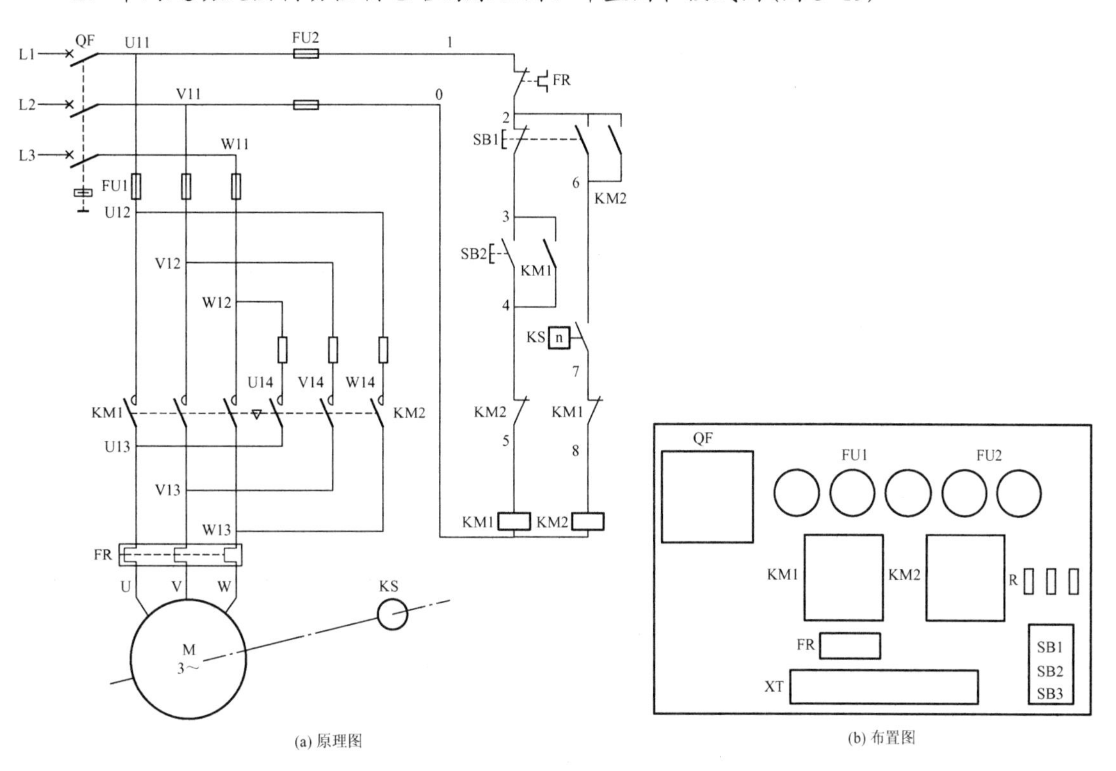

(a) 原理图

(b) 布置图

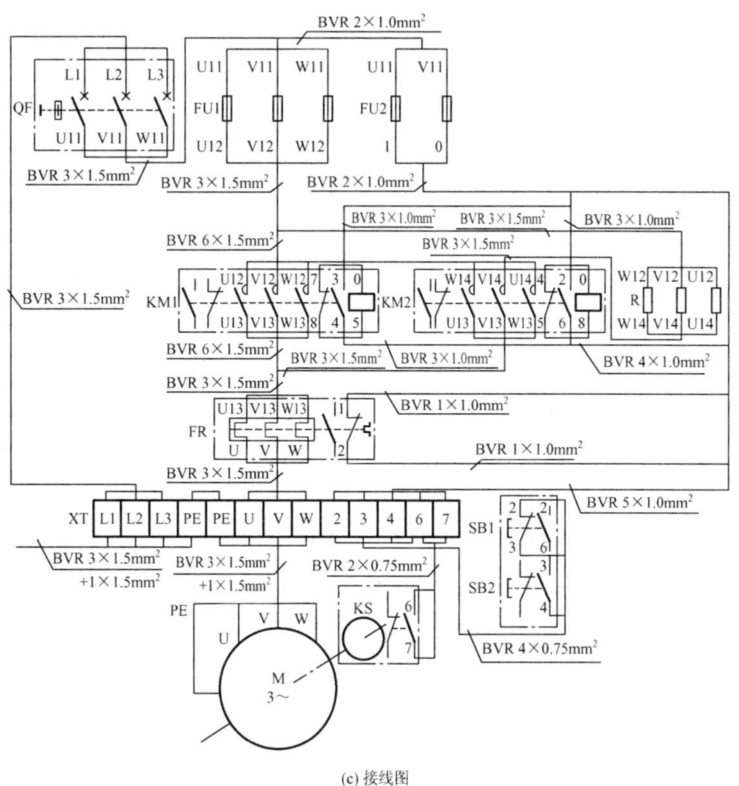

(c) 接线图

图 3-19　单向起动反接制动控制电路

3. 无变压器能耗制动控制电路的原理图、布置图和接线图(图 3-20)

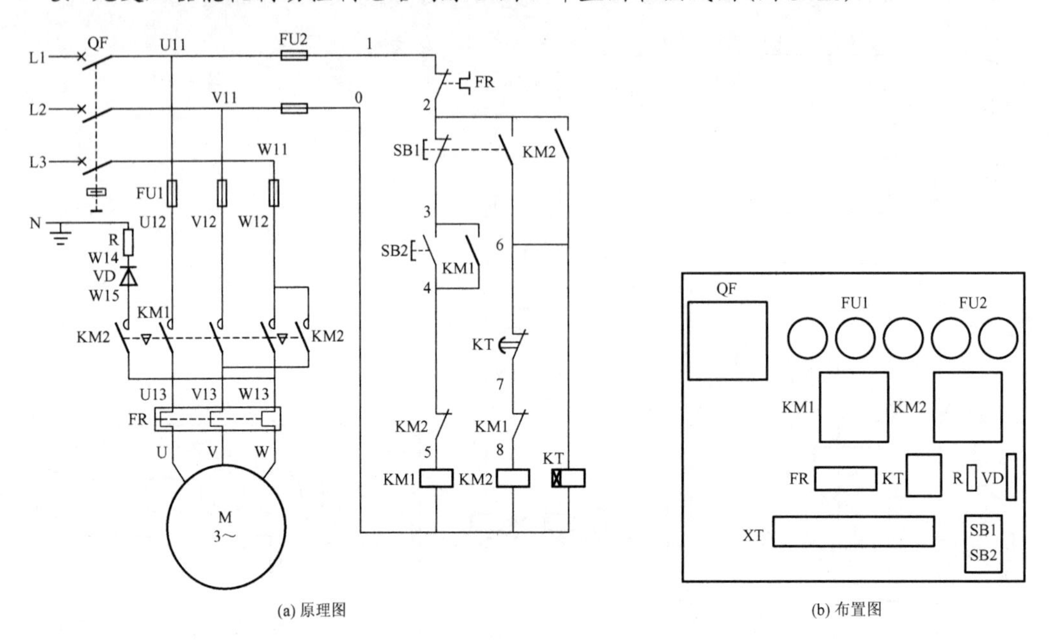

(a) 原理图 (b) 布置图

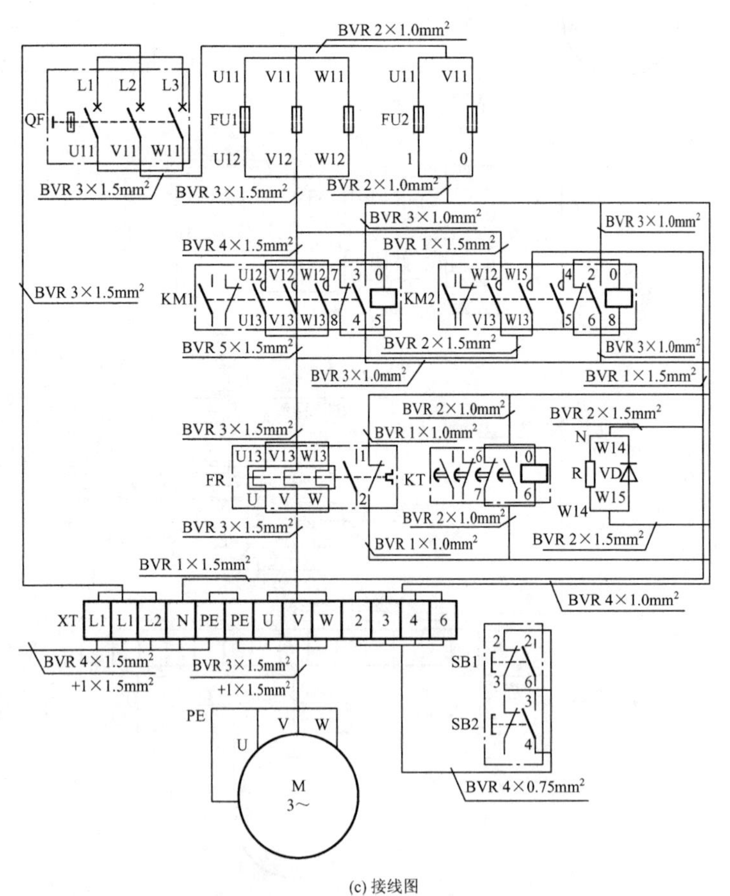

(c) 接线图

图 3-20 无变压器能耗制动控制电路

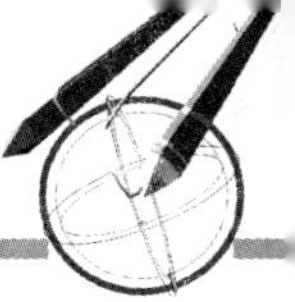

【二】学生实际操作——三相异步电动机的制动控制电路的设计、安装、调试及维修

教师根据每个学生的实际情况及学时安排，分配具体的控制任务，由学生独立完成三张图的绘制、材料及元器件的选择、工具仪表的借用等准备工作，并自主在规定时间内完成配盘、检测、调试及维修工作(即排除老师设定的故障)。

注意：在实际条件允许的情况下，每个学生都要尽量完成所有控制电路的安装调试及维修。

温馨提示

1. 安装步骤及工艺要求

第一步，根据控制要求绘制原理图、布置图和接线图。工艺要求：绘制的图纸在满足控制要求的前提下，必须符合现行国家标准。

第二步，在控制板上按布置图固定元件及线槽。工艺要求：电器元件安装应牢固，并符合工艺要求。

第三步，接线。工艺要求：槽内导线不得有接头及绝缘破损；一般应先接控制电路后接主电路及外部电路。

第四步，自检。工艺要求：通断检测；绝缘检测。

第五步，清理现场。工艺要求：符合 4S 管理规定。

第六步，交验。工艺要求：通知教师验检。

第七步，试车。工艺要求：在教师的监护下送电试车。

第八步，检修。工艺要求：教师设故障学生自行排除。

2. 评分标准

1）绘图(10 分)

(1) 未实现功能要求扣 10 分，且不能继续考核，应整改后继续。

(2) 未按国家标准每处扣 1 分，最高扣分为 10 分。

(3) 图面不整洁，每张扣 2 分。

2）元件检查(5 分)

(1) 电动机质量漏检，扣 5 分。

(2) 元件漏检或检错，每处扣 1 分。

3）安装(5 分)

(1) 元件安装位置与布置图不符，每处扣 1 分。

(2) 元件松动，每个扣 1 分。

(3) 线槽没做 45° 拼角，每处扣 1 分。

4）接线(30 分)

(1) 接线顺序错误，每根扣 5 分。

(2) 漏套线号套管，每处扣 5 分。

(3) 漏标线号或线号标错，每处扣 5 分。

(4) 不会接线或与接线图不符，扣 30 分。

(5) 导线及线号套管使用错误，每根扣 5 分。

5）自检(20 分)

(1) 通断检测。

① 不会检测或检测错误，扣 15 分。

② 漏检，每处扣 5 分。

(2) 绝缘检测。

① 不会检测或检测错误，扣 15 分。

② 漏检，每处扣 5 分。

6）交验试车(10 分)

(1) 未通知教师私自试车，扣 10 分。

(2) 一次校验不合格，扣 5 分。

(3) 二次校验不合格，扣 10 分。

7）检修(20 分)

(1) 检不出故障，扣 20 分。

(2) 查出故障但排除不了，扣 10 分。

(3) 制造出新故障，每处扣 5 分。

8）安全文明生产

违反安全文明生产规程，扣 5～40 分。

9）额定时间

额定时间请参照维修电工国家技能鉴定中的规定，每超过 10min(不足 10min 以 10min 计)扣 5 分。

备注：除额定时间和安全文明生产外，其他扣分不应超过配分。

【三】自评、教师评

温馨提示

完成【一】【二】后，进入总结评价阶段。总结评价分自评、教师评两种，主要是总结评价本次任务中做得好的地方及需要改进的地方等。根据评分的情况和本次任务的结果，填写表 3-7、表 3-8。

表 3-7　学生自评表格

任务完成进度	做得好的方面	不足、需要改进的方面

表 3-8　教师评价表格

在本次任务中的表现	学生进步的方面	学生不足、需要改进的方面

【四】写总结报告

温馨提示

报告可涉及内容为本次任务的心得体会等。总之，要学会随时记录工作过程，总结经验教训，为今后的工作打下良好的基础。

任 务 小 结

本任务主要是熟悉三相异步电动机制动控制的种类及方法；掌握三相异步电动机制动控制的三张图的绘制方法；掌握三相异步电动机制动控制电路的配盘；掌握三相异步电动机制动控制电路的安装及检修。

问题探究

有变压器能耗制动控制电路的原理图、布置图和接线图(图 3-21)。

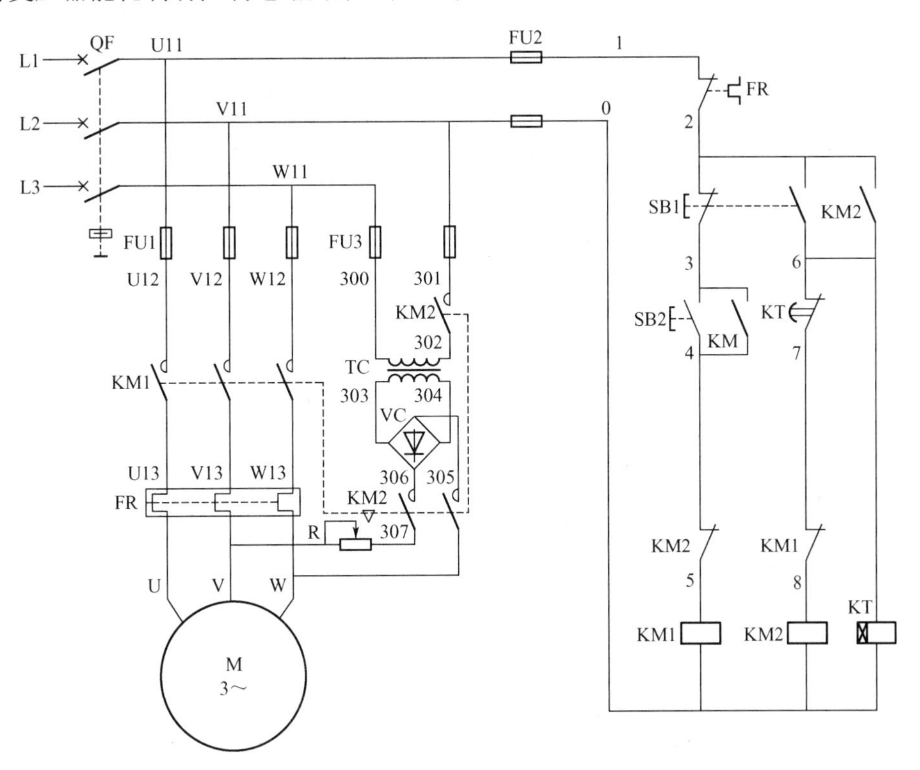

(a) 原理图

图 3-21　有变压器能耗制动控制电路

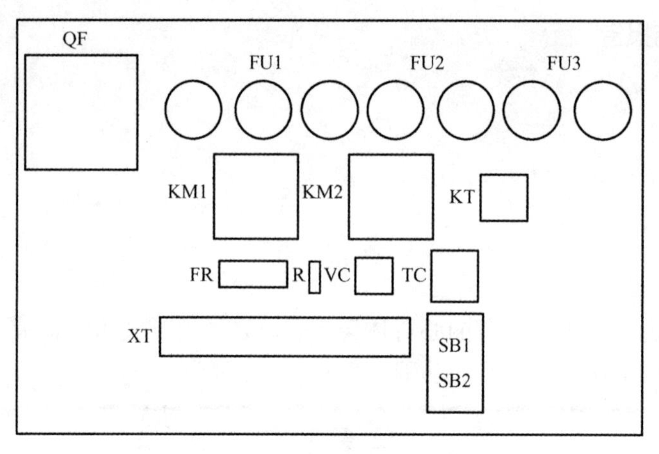

(b) 布置图

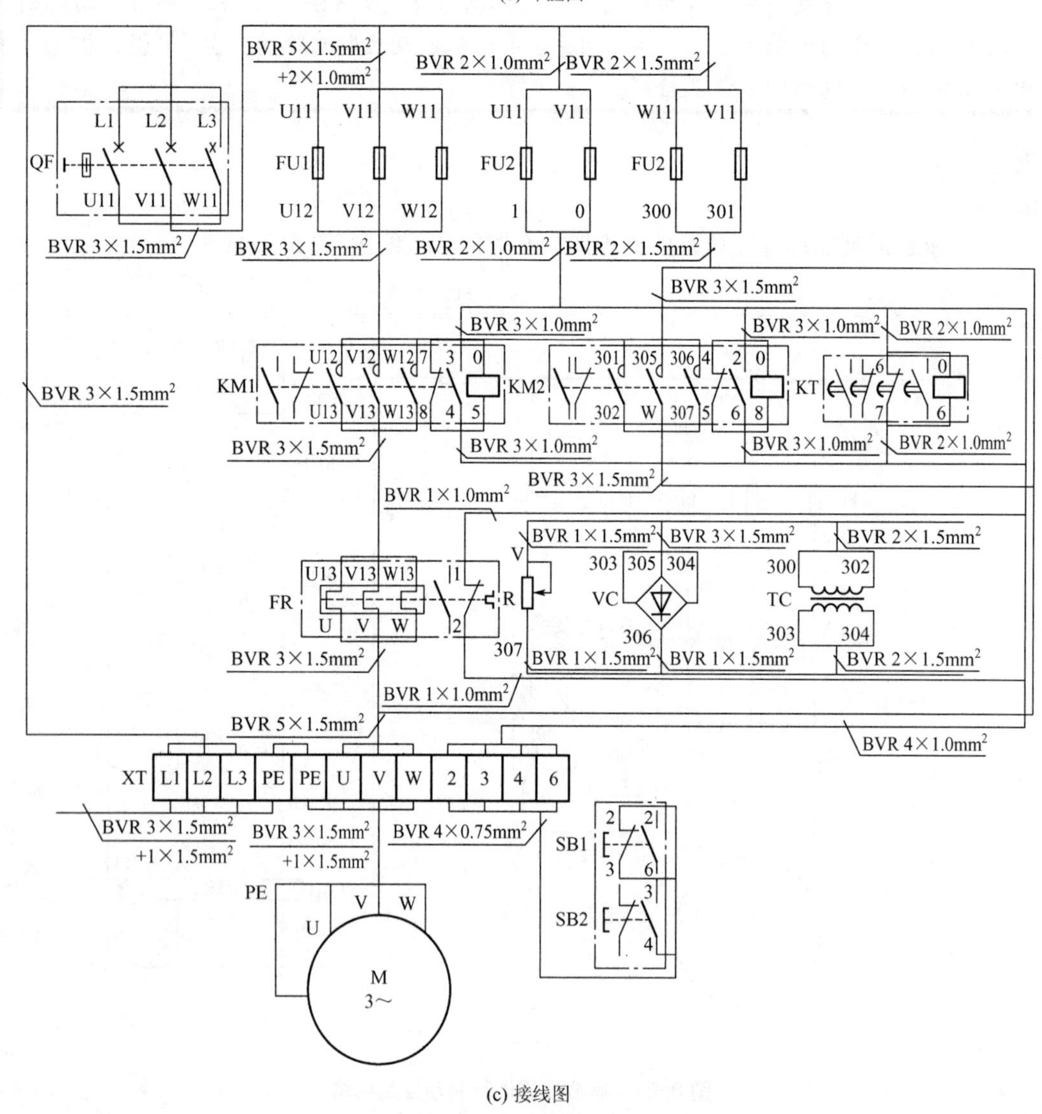

(c) 接线图

图 3-21　有变压器能耗制动控制电路(续)

项目 4

单相电动机基本控制电路

任务 4.1　单相电动机的正转控制

学习目标

（1）熟悉单相电动机正转控制的种类及方法；
（2）掌握单相电动机正转控制的三张图的绘制方法；
（3）掌握单相电动机正转控制电路的配盘；
（4）掌握单相电动机正转控制电路的安装及检修。

工作任务

学习单相电动机正转控制的种类及方法；掌握单相电动机正转控制的三张图的绘制方法；掌握单相电动机正转控制电路的配盘；掌握单相电动机正转控制电路的安装及检修；熟练进行单相电动机正转控制电路的设计、安装、调试及维修。

任务实施

【一】准备

1. 单相电阻起动异步电动机的正转控制

1）单相电阻起动异步电动机的起动绕组的控制方式（图 4-1）

2）单相电阻起动异步电动机（离心开关控制起动绕组）正转控制的原理图、布置图及接线图（图 4-2）

2. 单相电容起动异步电动机正转控制

1）单相电容起动异步电动机的起动绕组的控制方式（图 4-3）

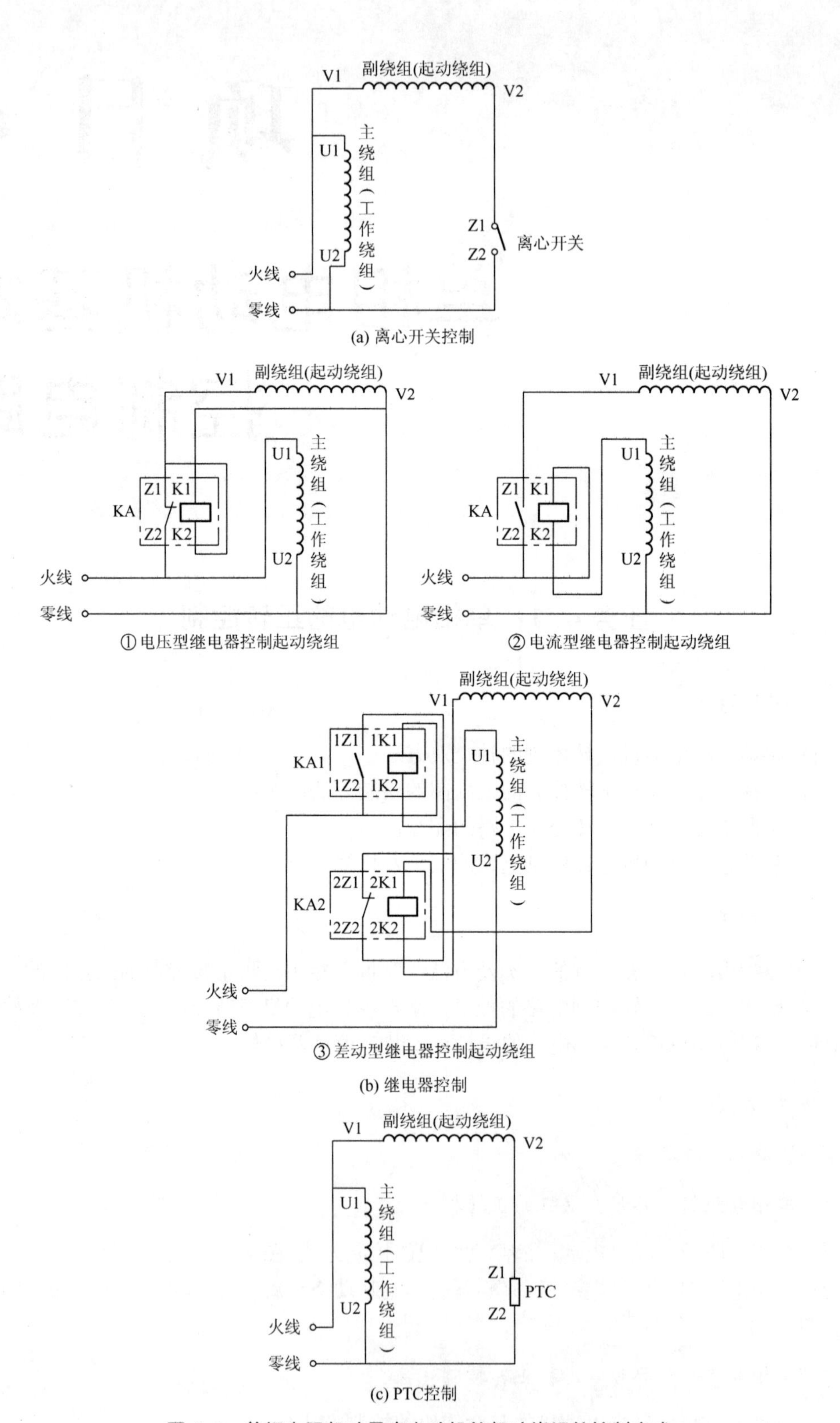

图 4-1　单相电阻起动异步电动机的起动绕组的控制方式

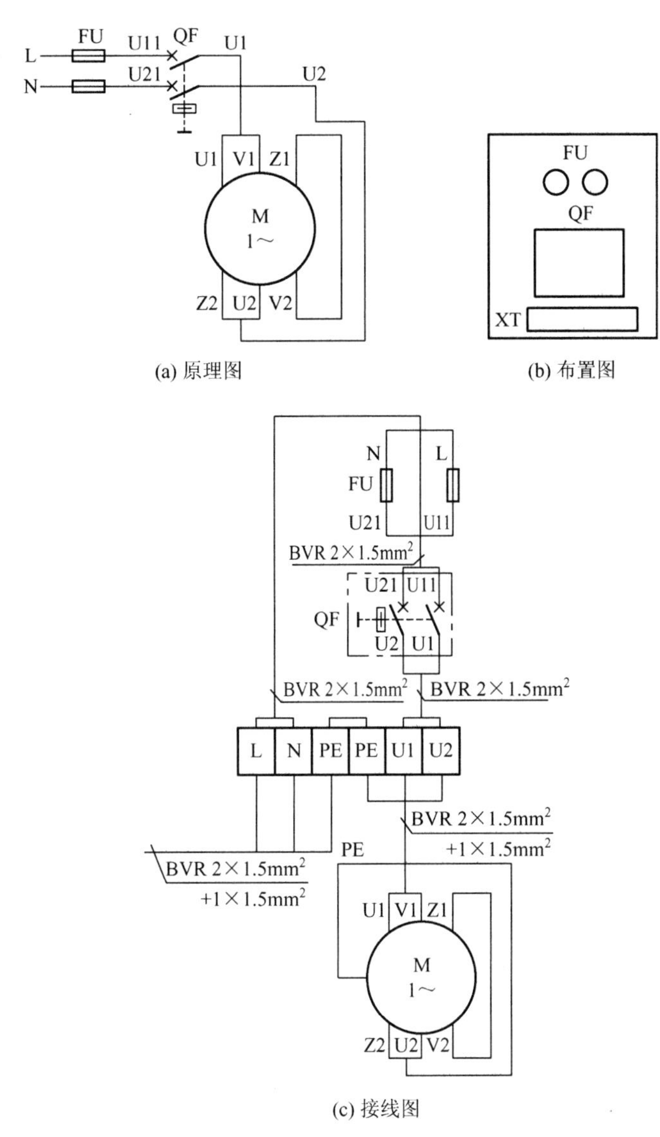

(a) 原理图　　(b) 布置图

(c) 接线图

图 4-2　单相电阻起动异步电动机(离心开关控制起动绕组)正转控制电路

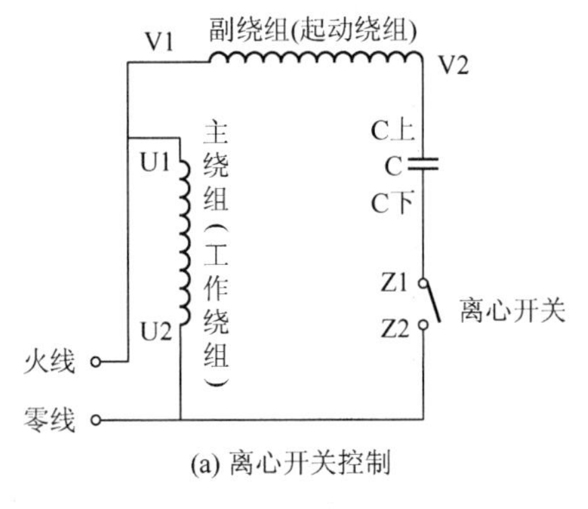

(a) 离心开关控制

图 4-3　单相电容起动异步电动机的起动绕组的控制方式

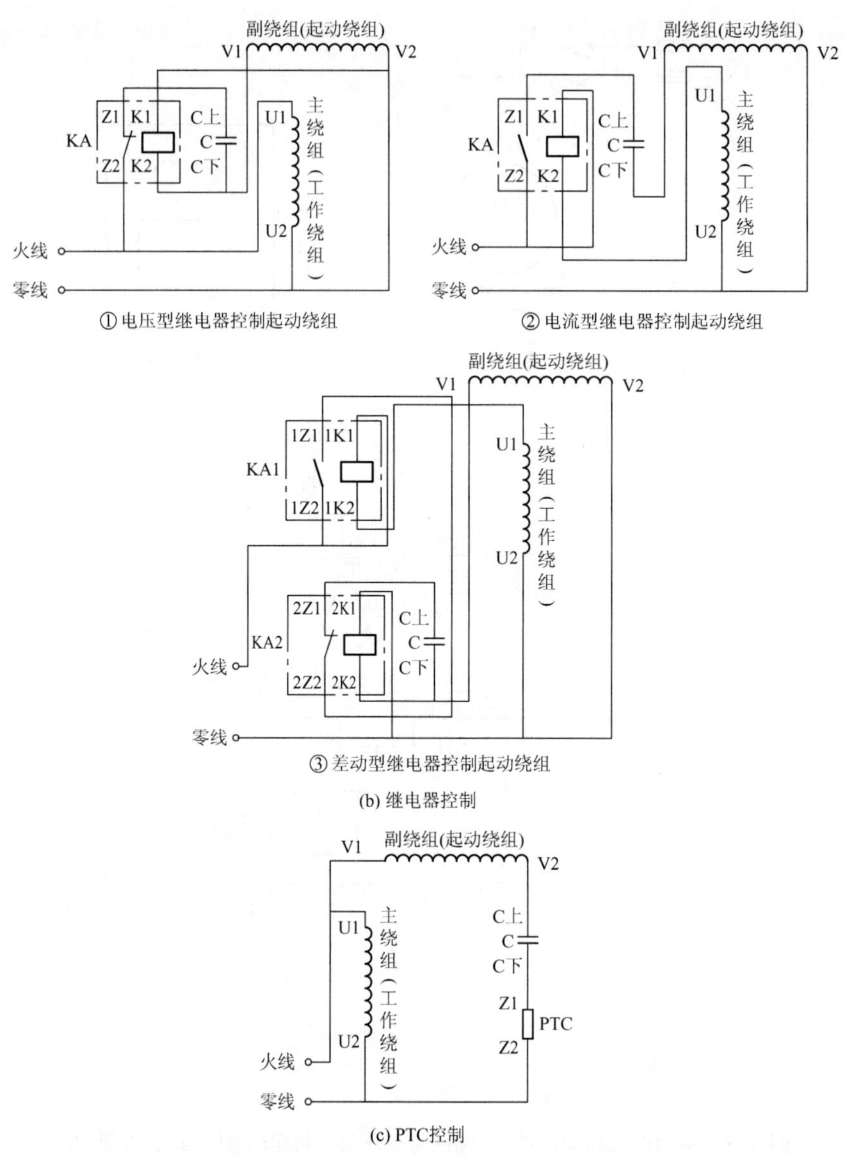

图 4-3　单相电容起动异步电动机的起动绕组的控制方式(续)

2）单相电容起动异步电动机(离心开关控制控制起动绕组)正转控制的原理图、布置图及接线图(图 4-4)

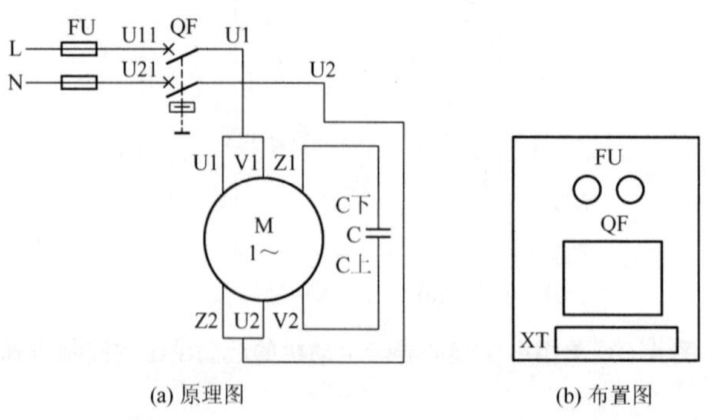

图 4-4　单相电容起动异步电动机(离心开关控制起动绕组)正转控制电路

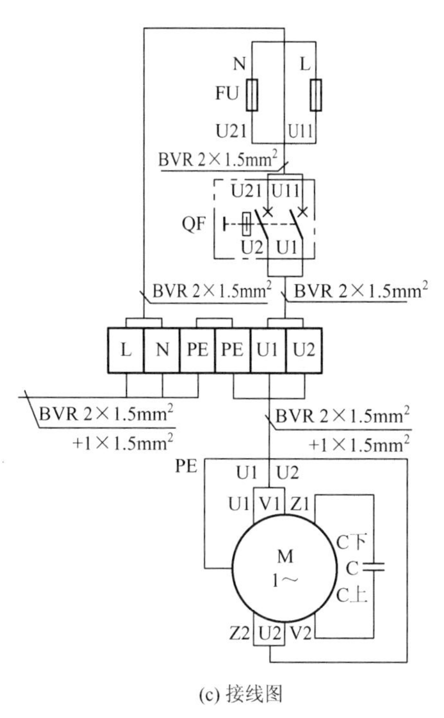

(c) 接线图

图 4-4　单相电容起动异步电动机(离心开关控制起动绕组)正转控制电路(续)

3. 单相电容运转异步电动机正转控制

1) 单相电容运转异步电动机的起动绕组的接线方式(图 4-5)

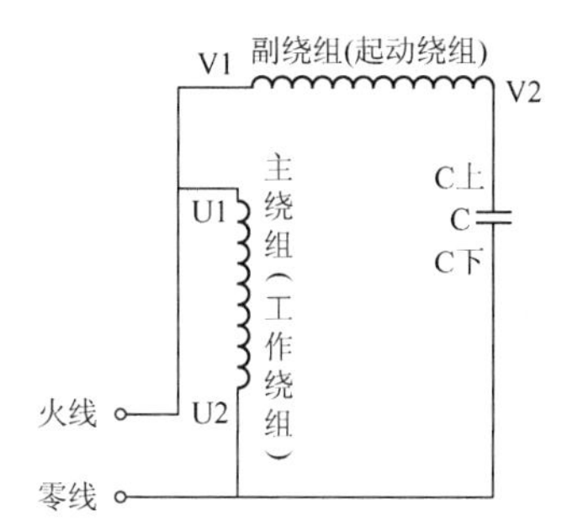

图 4-5　单相电容运转异步电动机的起动绕组的接线方式

2) 单相电容运转异步电动机正转控制(离心开关控制起动绕组)的原理图、布置图及接线图(图 4-6)

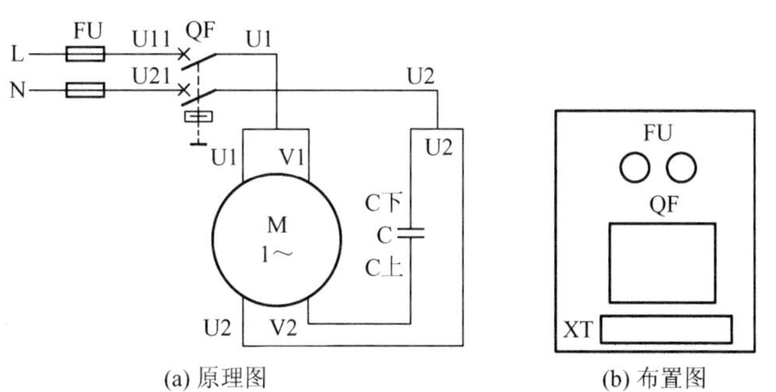

(a) 原理图　　(b) 布置图

图 4-6　单相电容运转异步电动机(离心开关控制起动绕组)正转控制电路

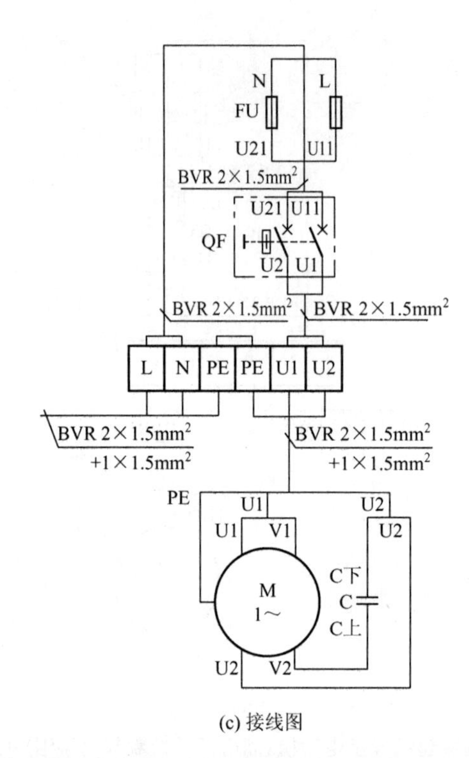

(c) 接线图

图 4-6　单相电容运转异步电动机(离心开关控制起动绕组)正转控制电路(续)

4. 单相电容起动和运转异步电动机正转控制

1）单相电容起动和运转异步电动机的起动绕组的控制方式(图 4-7)

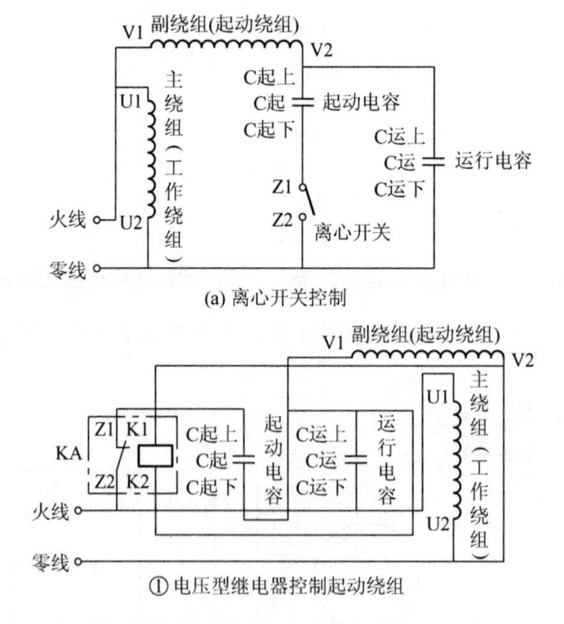

图 4-7　单相电容起动和运转异步电动机的起动绕组的控制方式

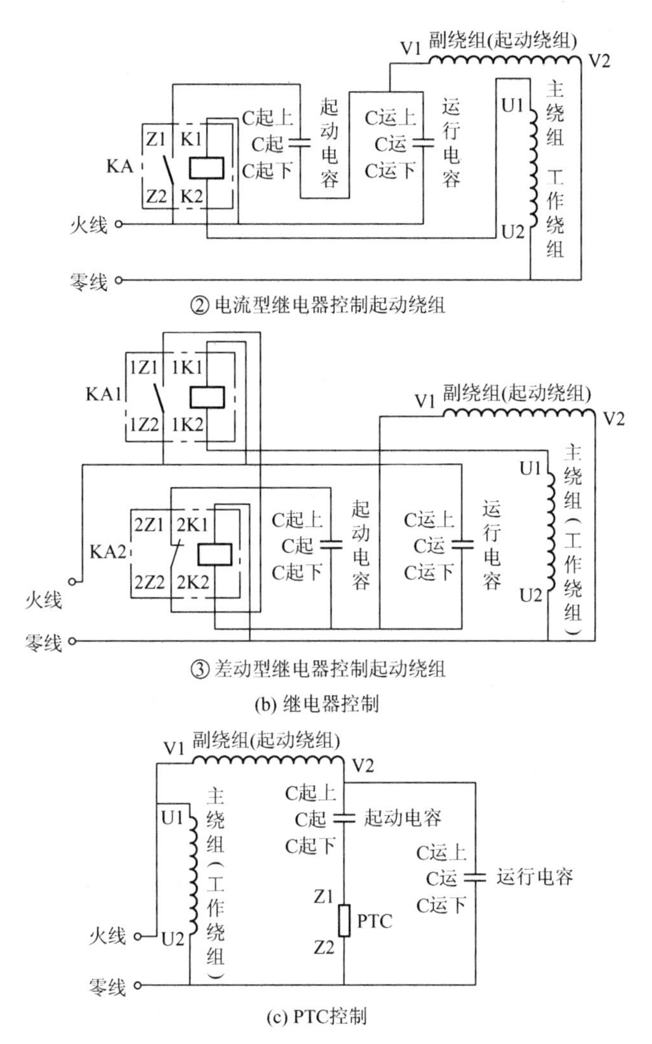

② 电流型继电器控制起动绕组

③ 差动型继电器控制起动绕组

(b) 继电器控制

(c) PTC控制

图 4-7　单相电容起动和运转异步电动机的起动绕组的控制方式(续)

2）单相电容起动和运转异步电动机(离心开关控制起动电容)正转控制的原理图、布置图及接线图(图 4-8)

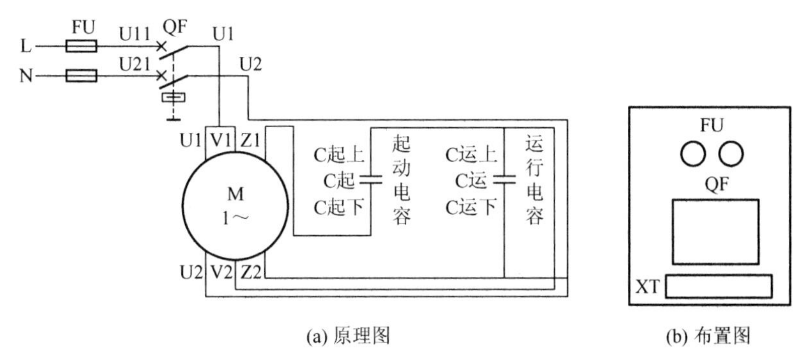

(a) 原理图　　(b) 布置图

图 4-8　单相电容起动和运转异步电动机(离心开关控制起动电容)正转控制电路

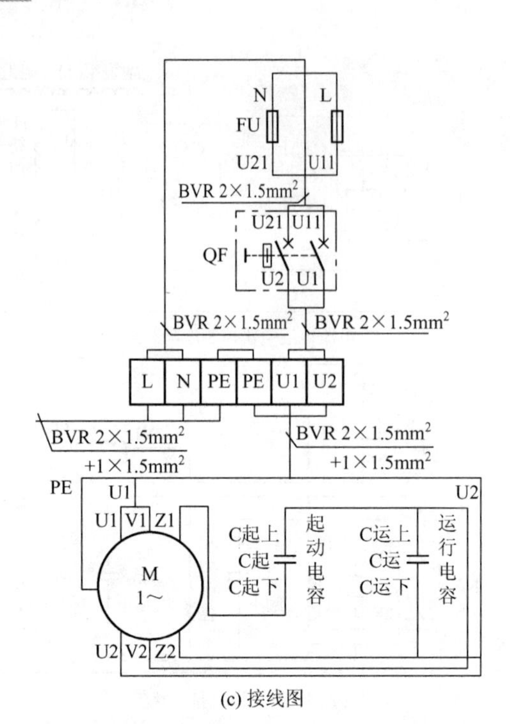

(c) 接线图

图 4-8　单相电容起动和运转异步电动机(离心开关控制起动电容)正转控制电路(续)

5. 单相罩极式异步电动机正转控制的原理图、布置图及接线图(图 4-9)

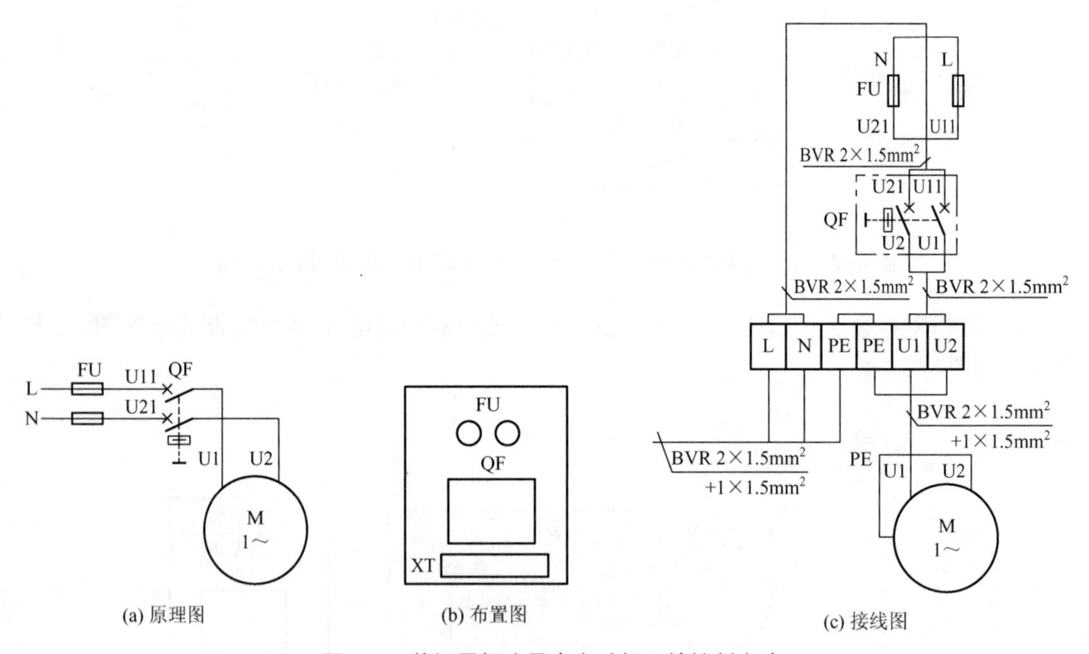

(a) 原理图　　(b) 布置图　　(c) 接线图

图 4-9　单相罩极式异步电动机正转控制电路

6. 单相串励异步电动机正转控制

1）单相串励异步电动机的绕组(图 4-10)

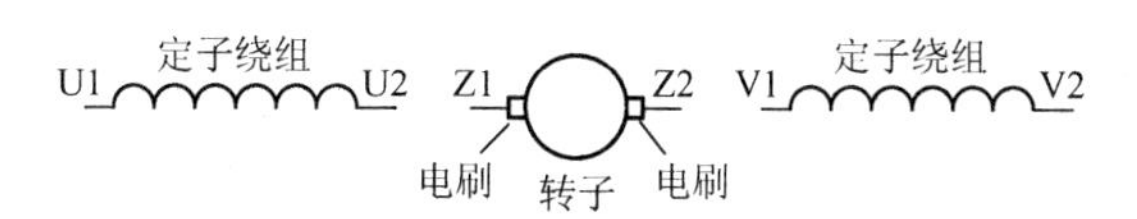

图 4-10　单相串励异步电动机的绕组

2）单相串励异步电动机正转控制的原理图、布置图及接线图(图 4-11)

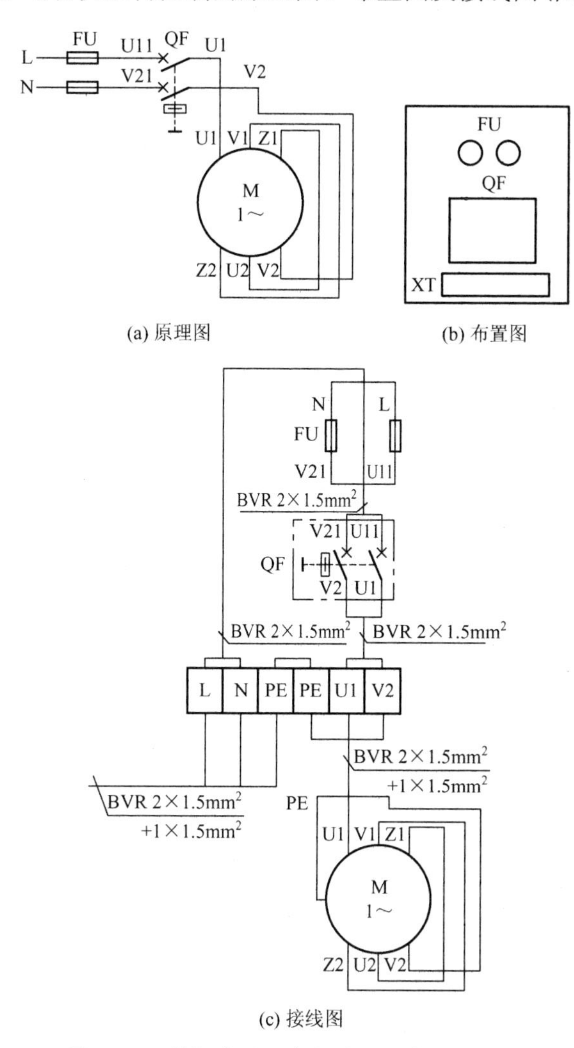

图 4-11　单相串励异步电动机正转控制电路

【二】学生实际操作——单相电动机正转控制电路的设计、安装、调试及维修

教师根据每个学生的实际情况及学时安排，分配具体的控制任务，由学生独立完成三张图的绘制、材料及元器件的选择、工具仪表的借用等准备工作，并自主在规定时间内完成配盘、检测、调试及维修工作(即排除老师设定的故障)。

注意：在实际条件允许的情况下，每个学生都要尽量完成所有控制电路的安装调试及维修。

温馨提示

1. 安装步骤及工艺要求

第一步，根据控制要求绘制原理图、布置图和接线图。工艺要求：绘制的图纸在满足控制要求的前提下，必须符合现行国家标准。

第二步，在控制板上按布置图固定元件及线槽。工艺要求：电器元件安装应牢固，并符合工艺要求。

第三步，接线。工艺要求：槽内导线不得有接头及绝缘破损；一般应先接控制电路后接主电路及外部电路。

第四步，自检。工艺要求：通断检测；绝缘检测。

第五步，清理现场。工艺要求：符合 4S 管理规定。

第六步，交验。工艺要求：通知教师验检。

第七步，试车。工艺要求：在教师的监护下送电试车。

第八步，检修。工艺要求：教师设故障学生自行排除。

2. 评分标准

1）绘图(10 分)

(1) 未实现功能要求扣 10 分，且不能继续考核，应整改后继续。

(2) 未按国家标准每处扣 1 分，最高扣分为 10 分。

(3) 图面不整洁，每张扣 2 分。

2）元件检查(5 分)

(1) 电动机质量漏检，扣 5 分。

(2) 元件漏检或检错，每处扣 1 分。

3）安装(5 分)

(1) 元件安装位置与布置图不符，每处扣 1 分。

(2) 元件松动，每个扣 1 分。

(3) 线槽没做 45° 拼角，每处扣 1 分。

4）接线(30 分)

(1) 接线顺序错误，每根扣 5 分。

(2) 漏套线号套管，每处扣 5 分。

(3) 漏标线号或线号标错，每处扣 5 分。

(4) 不会接线或与接线图不符，扣 30 分。

(5) 导线及线号套管使用错误，每根扣 5 分。

5）自检(20 分)

(1) 通断检测。

① 不会检测或检测错误，扣 15 分。

② 漏检，每处扣 5 分。

(2) 绝缘检测。

① 不会检测或检测错误，扣 15 分。

② 漏检，每处扣 5 分。

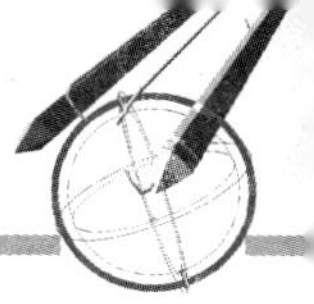

6）交验试车(10 分)

(1）未通知教师私自试车，扣 10 分。

(2）一次校验不合格，扣 5 分。

(3）二次校验不合格，扣 10 分。

7）检修(20 分)

(1）检不出故障，扣 20 分。

(2）查出故障但排除不了，扣 10 分。

(3）制造出新故障，每处扣 5 分。

8）安全文明生产

违反安全文明生产规程，扣 5～40 分。

9）额定时间

额定时间请参照维修电工国家技能鉴定中的规定，每超过 10min(不足 10min 以 10min 计)扣 5 分。

备注：除额定时间和安全文明生产外其他扣分不应超过配分。

【三】自评、教师评

温馨提示

完成【一】【二】后，进入总结评价阶段。总结评价分自评、教师评两种，主要是总结评价本次任务中做得好的地方及需要改进的地方等。根据评分的情况和本次任务的结果，填写表 4-1、表 4-2。

表 4-1　学生自评表格

任务完成进度	做得好的方面	不足、需要改进的方面

表 4-2　教师评价表格

在本次任务中的表现	学生进步的方面	学生不足、需要改进的方面

【四】写总结报告

温馨提示

报告可涉及内容为本次任务的心得体会等。总之，要学会随时记录工作过程，总结经验教训，为今后的工作打下良好的基础。

任务小结

本任务主要是熟悉单相电动机正转控制的种类及方法；掌握单相电动机正转控制的三张图的绘制方法；掌握单相电动机正转控制电路的配盘；掌握单相电动机正转控制电路的安装及检修。

 问题探究

1. 单相电动机的工作电容

$$C = 1950\times\cos\phi\times I/U = 1950\times\cos\phi\times P/U^2\approx 0.03P(\mu\text{F})$$

式中，C——单相电动机工作电容，单位μF；

I——电动机电流；

U——单相电源电压，常用 220V；

$\cos\phi$——功率因数，可参见具体电动机说明书，但一般取 0.75；

1950——常数；

P——电动机功率。

2. 单相电动机起动电容

单相电动机起动电容等于工作电容的 1～4 倍；起动电容越大，则起动电流越大(对外面电网干扰也越大)、起动扭矩增大，起动越快；反之，如果起动电容越小，则起动电流越小(对外面电网干扰也越小)、起动扭矩越小，起动越慢。

3. 电容的耐压

耐压必须大于交流输入电压最大峰值(我国单相交流最大峰值电压=220V×1.414≈311V)，所以一般取 400V 耐压或更高的耐压。

4. 示例

对于电风扇，考虑到对电网的干扰，且用户对风扇起动速度要求不高，所以一般取的起动电容就比较小，例如有些 60W 的风扇的起动电容只有 1.5μF400V，这与计算的工作电容 $C\approx P\times 0.03=1.8\mu\text{F}$ 很接近，但是电容使用时间长了会有损耗，所以有些电风扇用的时间长了、电容变小，使得风扇不能起动，换上容量大点的电容就可以起动了，但是电容不能太大，因为风扇的这个电容不仅是在起动时接入的起动电容，起动后也是一直接入工作的运行电容，如果过大，会导致绕组电流过大烧坏电动机。

任务 4.2　单相电动机的正反转控制

学习目标

(1) 熟悉单相电动机正反转控制的种类及方法；

(2) 掌握单相电动机正反转控制的三张图的绘制方法；

(3) 掌握单相电动机正反转控制电路的配盘；

(4) 掌握单相电动机正反转控制电路的安装及检修。

工作任务

学习单相电动机正反转控制的种类及方法；掌握单相电动机正反转控制的三张图的绘制方法；掌握单相电动机正反转控制电路的配盘；掌握单相电动机正反转控制电路的安装及检修；熟练进行单相电动机正反转控制电路的设计、安装、调试及维修。

任务实施

【一】准备

1. 单相电阻起动异步电动机(离心开关控制起动绕组)正反转控制

1) 单相电阻起动异步电动机的起动绕组的控制方式(图 4-12)

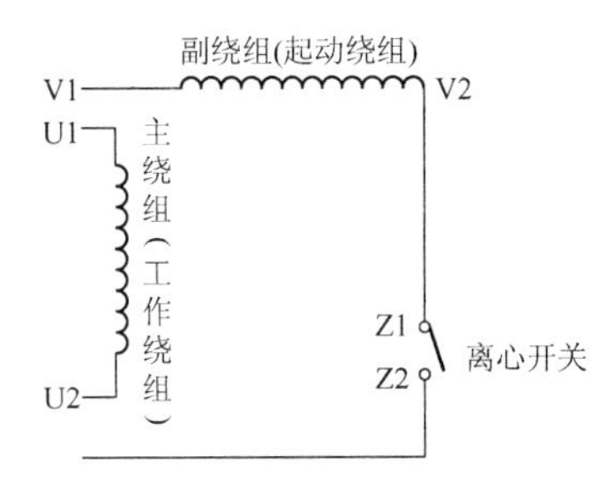

图 4-12　单相电阻起动异步电动机(离心开关控制起动绕组)的控制方式

2) 单相电阻起动异步电动机(离心开关控制起动绕组)正反转控制的原理图、布置图及接线图(图 4-13)

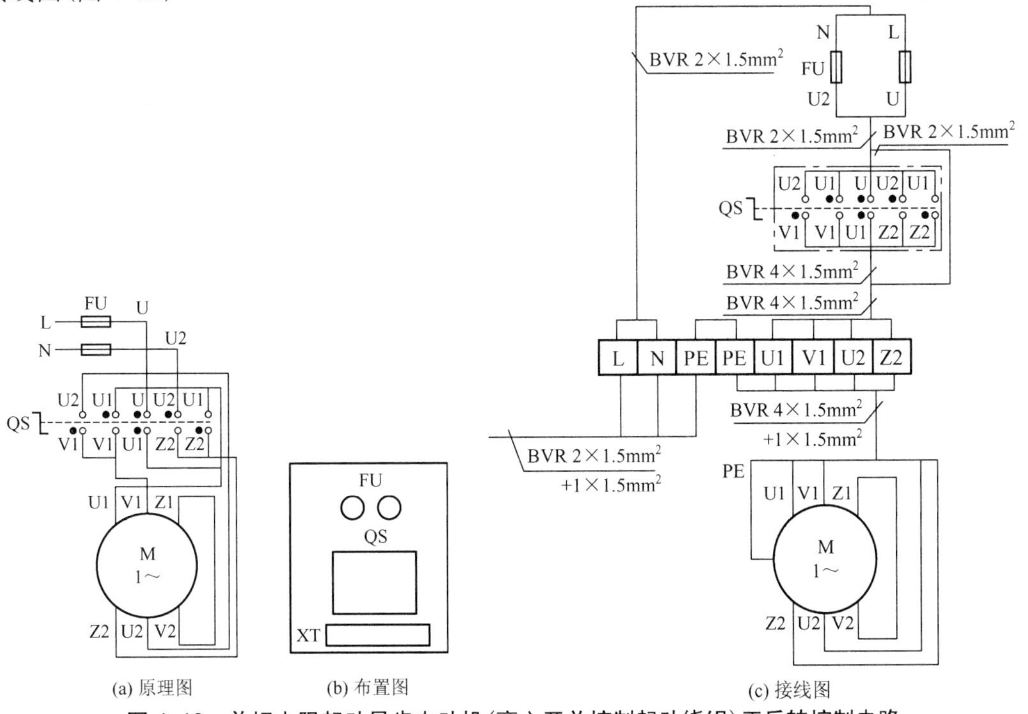

图 4-13　单相电阻起动异步电动机(离心开关控制起动绕组)正反转控制电路

2. 单相电容起动异步电动机(离心开关控制起动绕组)正反转控制

1）单相电容起动异步电动机的起动绕组的控制方式(图 4-14)

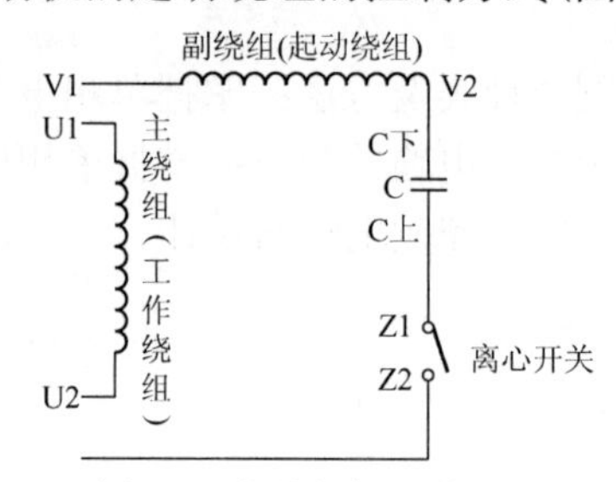

图 4-14 （离心开关控制起动绕组）的控制方式

2）单相电容起动异步电动机(离心开关控制起动绕组)正反转控制的原理图、布置图及接线图(图 4-15)

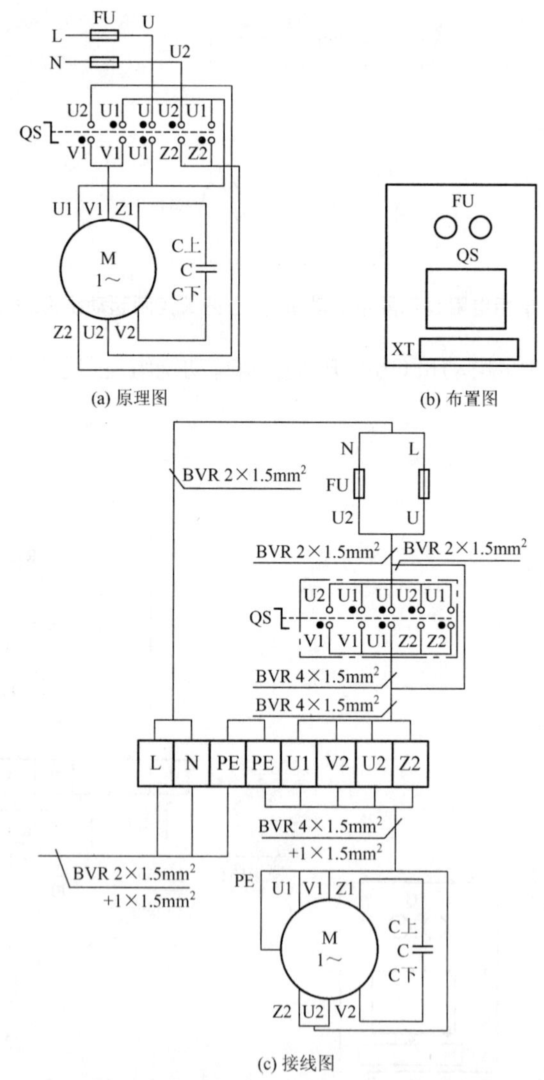

图 4-15 单相电容起动异步电动机(离心开关控制起动绕组)正反转控制电路

3. 单相电容运转异步电动机正反转控制

1）单相电容运转异步电动机的起动绕组的接线方式（图 4-16）

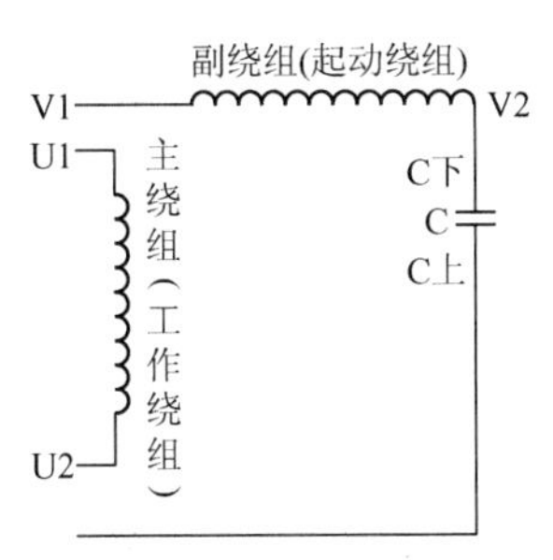

图 4-16　单相电容运转异步电动机的起动绕组的接线方式

2）单相电容运转异步电动机正反转控制的原理图、布置图及接线图（图 4-17）

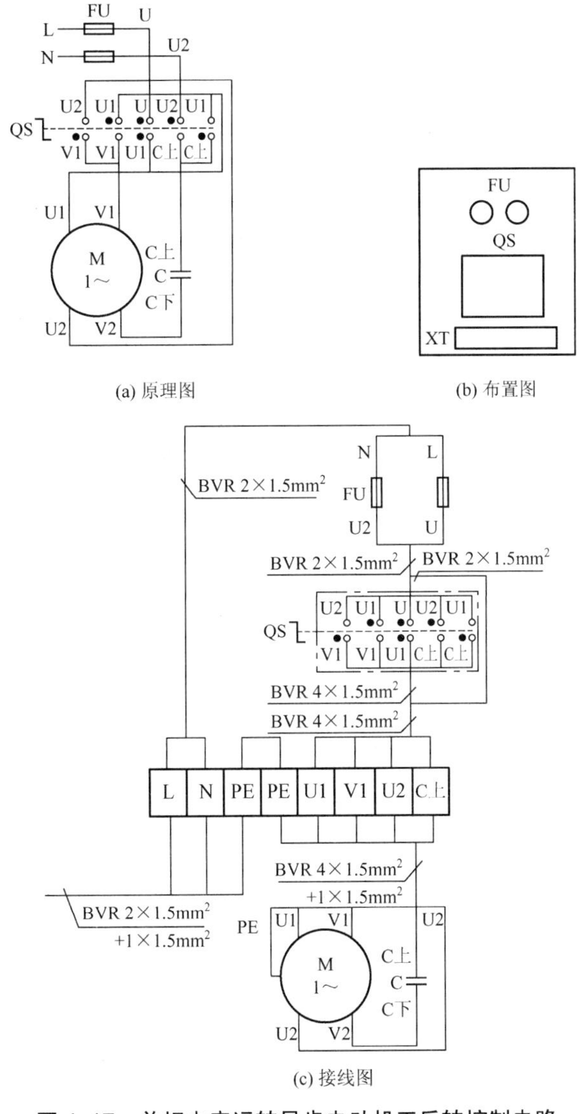

图 4-17　单相电容运转异步电动机正反转控制电路

4. 单相电容起动和运转异步电动机正反转控制

1）单相电容起动和运转异步电动机的起动绕组的控制方式(图 4-18)

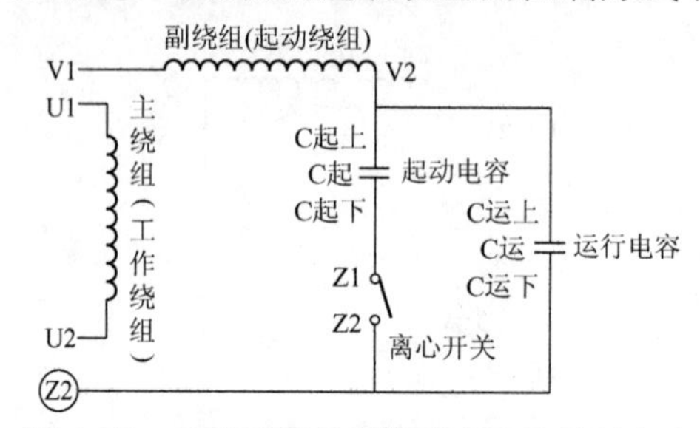

图 4-18 离心开关控制起动电容的控制方式

2）单相电容起动和运转异步电动机(离心开关控制起动电容)正反转控制的原理图、布置图及接线图(图 4-19)

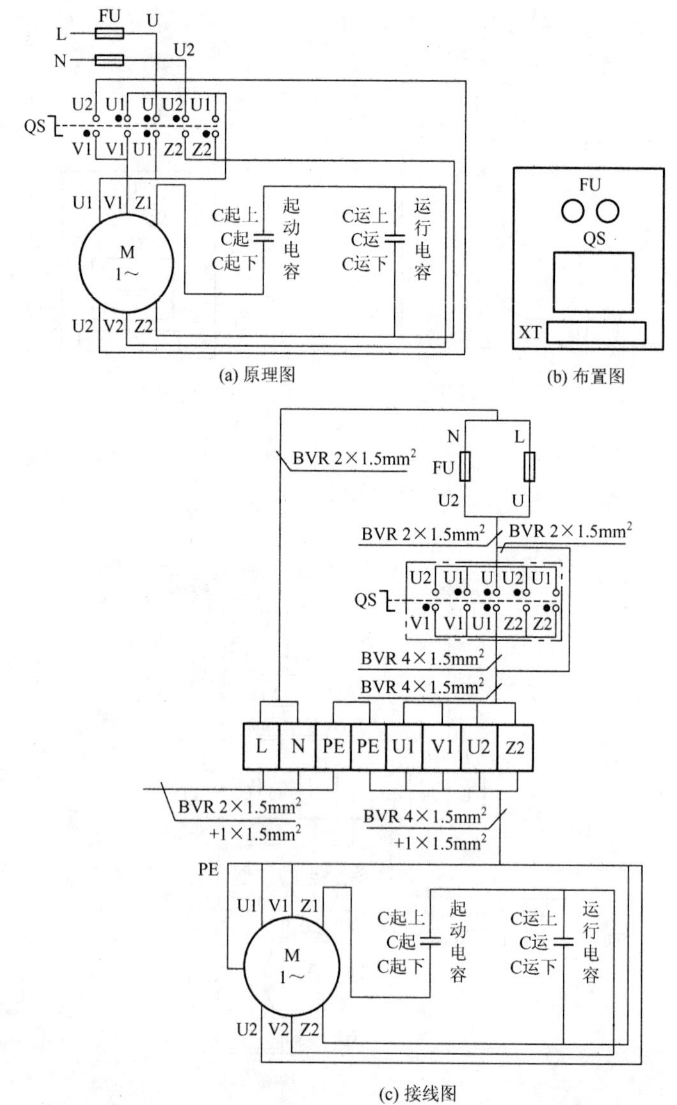

(a) 原理图 (b) 布置图

(c) 接线图

图 4-19 单相电容起动和运转异步电动机(离心开关控制起动电容)正反转控制电路

5. 单相串励异步电动机正反转控制

1）单相串励异步电动机的绕组(图 4-10)

2）单相串励异步电动机正反转控制的原理图、布置图和接线图(图 4-20)

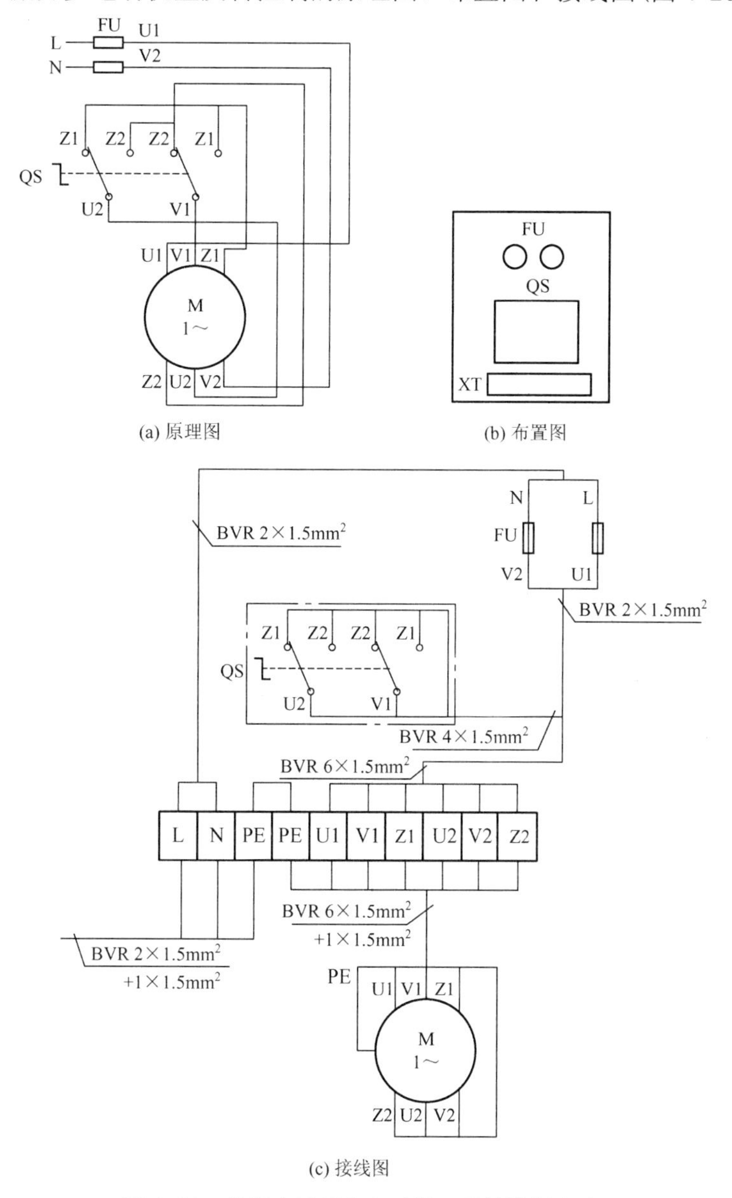

图 4-20　单相串励异步电动机正反转控制电路

【二】学生实际操作——单相电动机正反转控制电路的设计、安装、调试及维修

教师根据每个学生的实际情况及学时安排，分配具体的控制任务，由学生独立完成三张图的绘制、材料及元器件的选择、工具仪表的借用等准备工作，并自主在规定时间内完成配盘、检测、调试及维修工作(即排除老师设定的故障)。

注意：在实际条件允许的情况下，每个学生都要尽量完成所有控制电路的安装调试及维修。

温馨提示

1. 安装步骤及工艺要求

第一步，根据控制要求绘制原理图、布置图和接线图。工艺要求：绘制的图纸在满足控制要求的前提下，必须符合现行国家标准。

第二步，在控制板上按布置图固定元件及线槽。工艺要求：电器元件安装应牢固，并符合工艺要求。

第三步，接线。工艺要求：槽内导线不得有接头及绝缘破损；一般应先控制电路后主电路及外部电路。

第四步，自检。工艺要求：通断检测；绝缘检测。

第五步，清理现场。工艺要求：符合4S管理规定。

第六步，交验。工艺要求：通知教师验检。

第七步，试车。工艺要求：在教师的监护下送电试车。

第八步，检修。工艺要求：教师设故障学生自行排除。

2. 评分标准

1）绘图(10分)

(1) 未实现功能要求扣10分，且不能继续考核，应整改后继续。

(2) 未按国家标准每处扣1分，最高扣分为10分。

(3) 图面不整洁，每张扣2分。

2）元件检查(5分)

(1) 电动机质量漏检，扣5分。

(2) 元件漏检或检错，每处扣1分。

3）安装(5分)

(1) 元件安装位置与布置图不符，每处扣1分。

(2) 元件松动，每个扣1分。

(3) 线槽没做45°拼角，每处扣1分。

4）接线(30分)

(1) 接线顺序错误，每根扣5分。

(2) 漏套线号套管，每处扣5分。

(3) 漏标线号或线号标错，每处扣5分。

(4) 不会接线或与接线图不符，扣30分。

(5) 导线及线号套管使用错误，每根扣5分。

5）自检(20分)

(1) 通断检测。

① 不会检测或检测错误，扣15分。

② 漏检，每处扣5分。

(2) 绝缘检测。

① 不会检测或检测错误，扣15分。

② 漏检，每处扣 5 分。

6）交验试车(10 分)

(1) 未通知教师私自试车，扣 10 分。

(2) 一次校验不合格，扣 5 分。

(3) 二次校验不合格，扣 10 分。

7）检修(20 分)

(1) 检不出故障，扣 20 分。

(2) 查出故障但排除不了，扣 10 分。

(3) 制造出新故障，每处扣 5 分。

8）安全文明生产

违反安全文明生产规程，扣 5～40 分。

9）额定时间

额定时间请参照维修电工国家技能鉴定中的规定，每超过 10min(不足 10min 以 10min 计)扣 5 分。

备注：除额定时间和安全文明生产外其他扣分不应超过配分。

【三】自评、教师评

温馨提示

完成【一】【二】后，进入总结评价阶段。总结评价分自评、教师评两种，主要是总结评价本次任务中做得好的地方及需要改进的地方等。根据评分的情况和本次任务的结果，填写表 4-3、表 4-4。

表 4-3　学生自评表格

任务完成进度	做得好的方面	不足、需要改进的方面

表 4-4　教师评价表格

在本次任务中的表现	学生进步的方面	学生不足、需要改进的方面

【四】写总结报告

温馨提示

报告可涉及内容为本次任务的心得体会等。总之，要学会随时记录工作过程，总结经验教训，为今后的工作打下良好的基础。

任务小结

本任务主要是熟悉单相电动机正反转控制的种类及方法；掌握单相电动机正反转控制的三张图的绘制方法；掌握单相电动机正反转控制电路的配盘；掌握单相电动机正反转控制电路的安装及检修。

问题探究

等值单相异步电动机的正反转控制(图 4-21)。

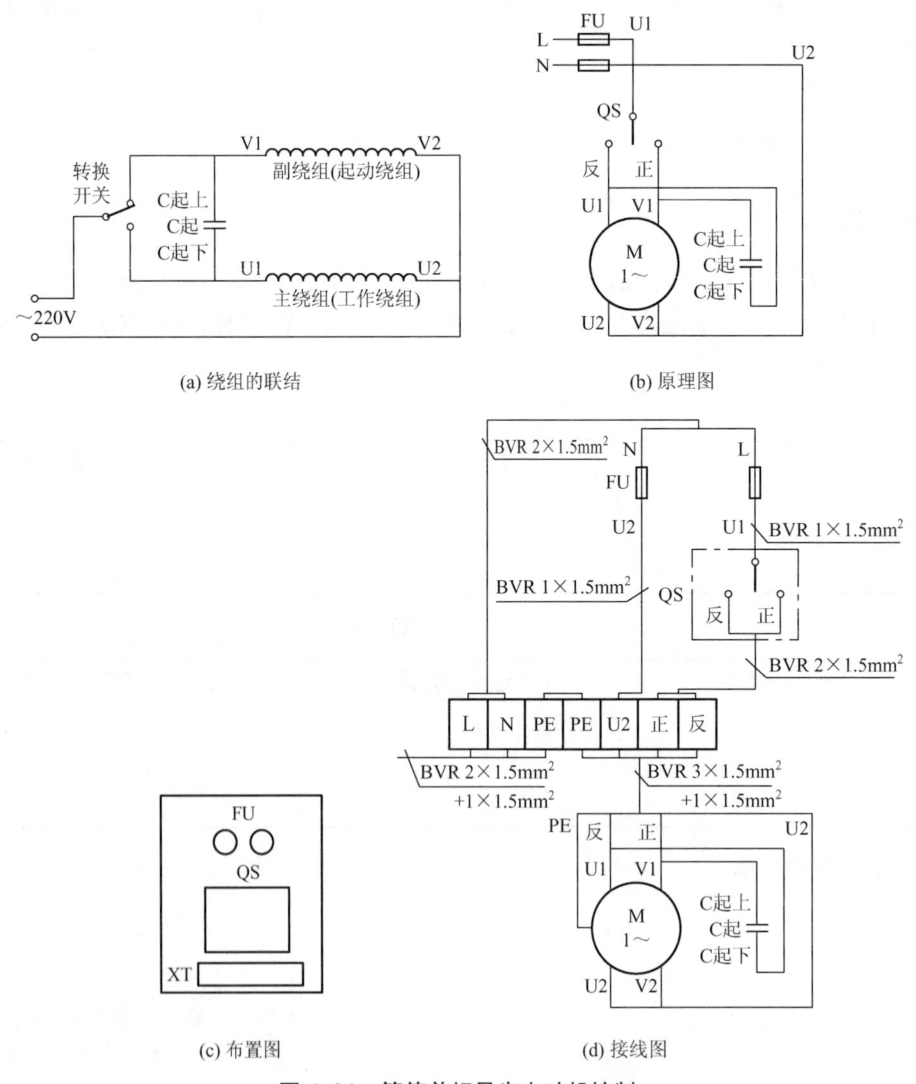

(a) 绕组的联结　(b) 原理图　(c) 布置图　(d) 接线图

图 4-21　等值单相异步电动机控制

项目5

电动机的调速控制

任务5.1　三相异步电动机的调速

学习目标

(1) 学习掌握三相异步电动机的调速原理和分类；
(2) 了解三相异步电动机的调速方法和适用场合；
(3) 熟练掌握三相异步电动机的变频调速。

工作任务

学习掌握三相异步电动机的调速原理和分类；了解三相异步电动机的调速方法和适用场合；熟练掌握三相异步电动机的变频调速。

任务实施

【一】准备

从三相异步电动机调速的本质来看，调速方式有改变交流电动机的同步转速和不改变同步转速两种。改变同步转速的有：改变定子极对数调速(需多速电动机)；改变定子电压、频率的变频调速；有能无换向电动机调速等。不改变同步转速的调速方法有：绕线式电动机的转子串电阻调速；斩波调速；串级调速；应用电磁转差离合器调速；应用液力耦合器调速；应用油膜离合器调速。

从三相异步电动机调速时的能耗观点来看，调速方式有高效调速和低效调速两种。高效调速转差率不变，因此无转差损耗，如多速电动机、变频调速以及能将转差损耗回收的调速方法(如串级调速等)。低效调速改变转差率，因此有转差损耗，如转子串电阻调速方法，能量就损耗在转子回路中；电磁离合器的调速方法，能量损耗在离合器线圈中；液力耦合器调速，能量损耗在液力耦合器的油中。一般来说，转差损耗随调速范围扩大而增加，如果调速范围不大，能量损耗是很小的。

目前广泛使用的三相异步电动机的调速方法有以下几种。

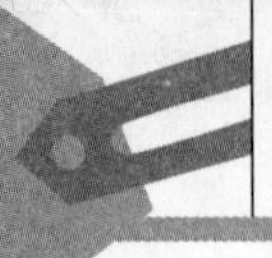

1. 变极对数调速

1）定义

变极对数调速通过改变定子绕组的接线方式来改变笼型电动机定子极对数达到调速目的。

2）原理

由三相异步电动机转速公式 $n_2 = (1-s)60f/P$，三相异步电动机的同步转数公式 $n_1 = 60f/P$，转差率公式 $s = (n_1-n_2)/n_1$ 可知，当定子绕组磁极对数 P 增加一倍时，同步转速 n_1 就减小一半，因而转子的转速 n_2 也减小一半。这种改变磁极获得变速的方法就称为变极调速。用变极调速法调节转速时，由于磁极对数只能成对改变，所以这种调速只能一级一级的进行。改变定子绕组的连接方式，就能改变磁极对数，如图 5-1(a)所示，将每相定子绕组中两组线圈串联，就产生四极磁场(共两对，所以 P=2)，此时，电动机的旋转磁场转速(也称为同步转速) $n_1 = 60f_1/P = 60×50/2$=1500(r/min)。若改成并联，如图 5-1(b)所示，就成为两极磁场(P = 1)，此时电动机的转速已成为 3000r/min，增加了一倍。

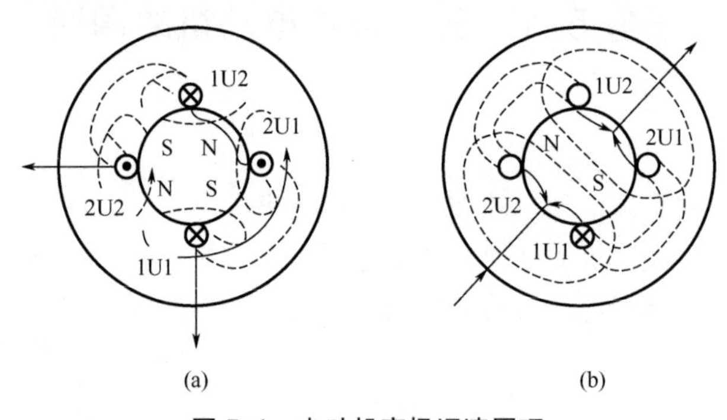

图 5-1　电动机变极调速原理

这种可以改变绕组磁极对数的电动机，称为多速电动机。最常见的是双速电动机，例如其同步转速为 750r/min/1500r/min 或者 1500r/min/3000r/min。

3）双速电动机的最常用接线方式

(1) 绕组从单星形改接成双星形(图 5-2)。

当用这种接线方式时，电动机由星形连接接改为双星形连接，每相的绕组均由串联改为并联，这样使磁极对数较少了一半。利用这种换接法，电动机在变极调速后，其额定转矩基本上保持不变，所以适合与拖动恒转矩性质的负载，如起重机和皮带传输机等。

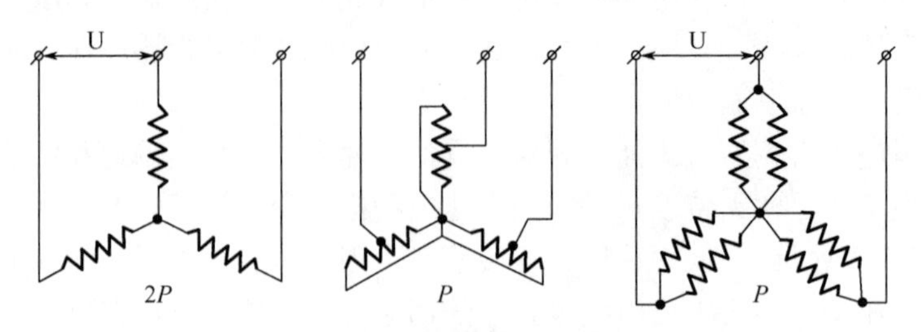

图 5-2　星形改成双星形

(2) 绕组从三角形改为双星形(图 5-3)。

当用这种接线方式时，电动机由三角形连接接改为双星形连接，也使磁极对数减小一

半，而得到调速效果。这种变极调速后，电动机的额定功率基本上不变，但是额定转矩几乎要减小一半，所以这种接法适合用于拖动恒功率性质的负载，如各种金属切削机床。

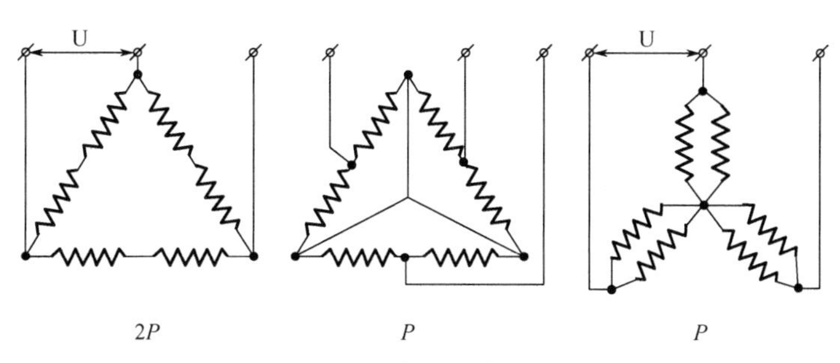

图 5-3　三角形改为双星形

注意：当利用磁极对数的变换对三相异步电动机进行调速时，由于改接后绕组旋转磁场的旋转方向不会改变，在改变极数时，应改变接到电动机进线端子上的电源的相序。

如果定子上装有两套独立的三相绕组，其中一套绕组可以用以上换接法产生两种磁极对数，那么就可以得到三种同步转速，例如 750r/min/100r/min/1500r/min，或 1000r/min/1500r/min/3000r/min，这种电动机称为三速电动机。同理，也可以通过不同的绕组换接获得多种速度，称多速电动机。

(3) 双速电动机控制原理图(图 5-4)。

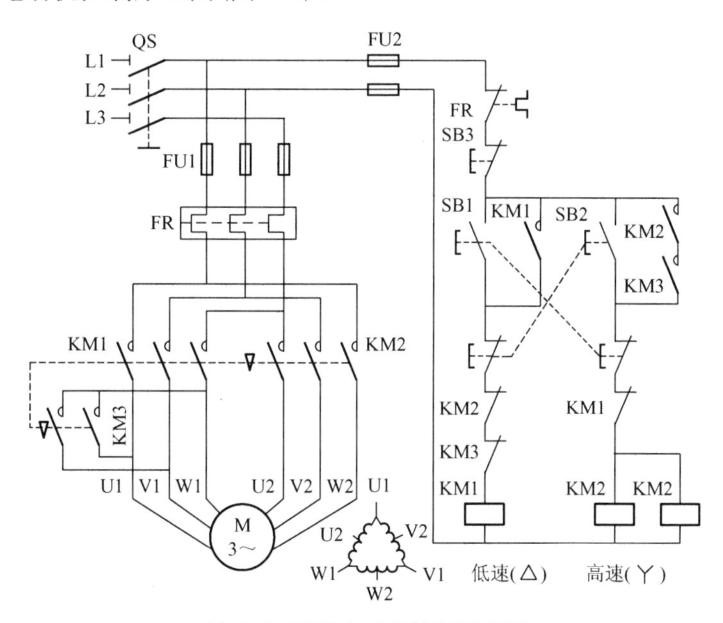

图 5-4　双速电动机控制原理图

4) 特点

(1) 优点。

变极对数调速具有较硬的机械特性，稳定性良好；无转差损耗，效率高；接线简单、控制方便、价格低。

(2) 缺点。

变极对数调速需要专用电动机，而且调速级数不可改变；有级调速，级差较大，不能获得平滑调速，但是可以与调压调速、电磁转差离合器配合使用，获得较高效率的平滑调速特性。

2. 变频调速

1）定义

变频调速是改变电动机定子电源的频率，从而改变其同步转速的调速方法。

2）原理

变频调速是利用变频器提供变频电源，进而改变电动机的转数。变频器可分成交流-直流-交流变频器和交流-交流变频器两大类，目前国内大都使用交流-直流-交流变频器。本方法适用于要求精度高、调速性能较好的场合。

3）常用接线方式

（1）变频器的基本控制电路(图 5-5)。

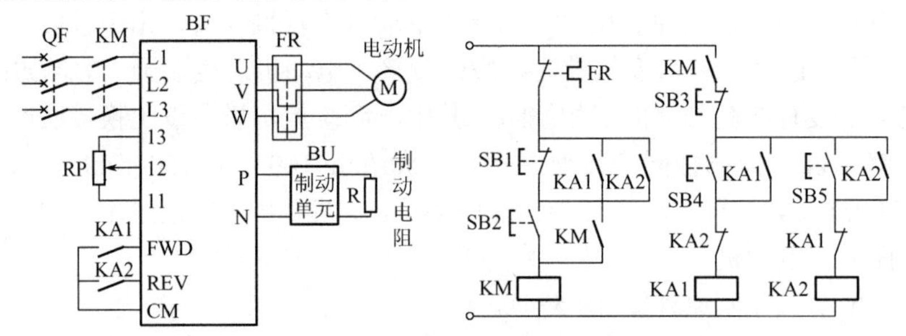

图 5-5　变频器的基本控制电路

(2) PLC 控制变频器和电动机单向运转(图 5-6、图 5-7)。

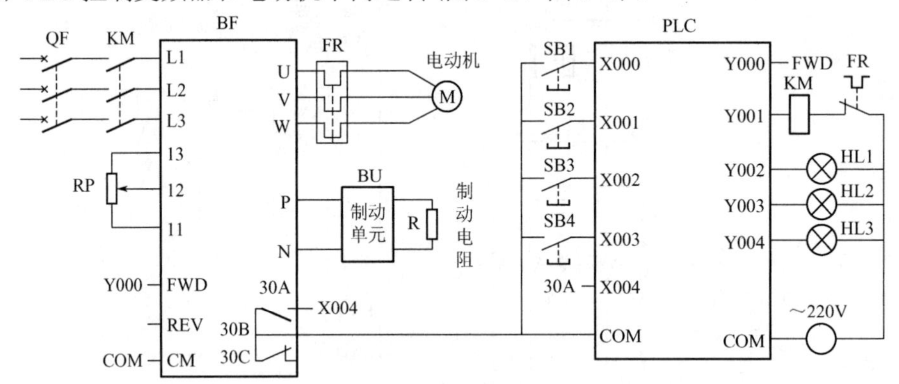

图 5-6　PLC 控制变频器和电动机单向运转电路

I/O接口分配表

输入			输出		
变频器停止按钮	SB1	X000	Y000	FWD	电动机正转运行
变频器起动按钮	SB2	X001	Y001	KM	变频器得电运行
电动机停止按钮	SB3	X002	Y002	HL1	变频器电源指示灯
电动机起动按钮	SB4	X003	Y003	HL2	变频器工作指示灯
变频器保护接点	30A～30B	X004	Y004	HL3	变频器故障指示灯

图 5-7　PLC 控制变频器和电动机单向运转电路程序及 I/O 接口分配

(3) PLC 控制变频器和电动机可逆运转(图 5-8、图 5-9)。

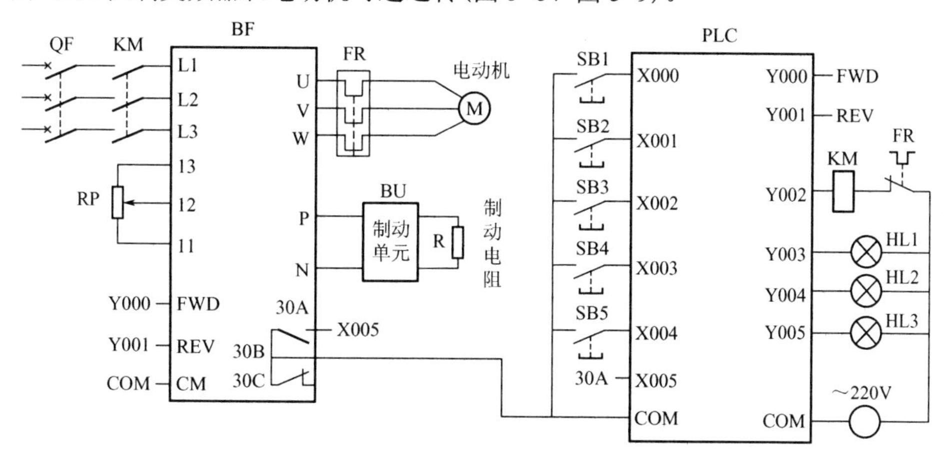

图 5-8 PLC 控制变频器和电动机可逆运转电路

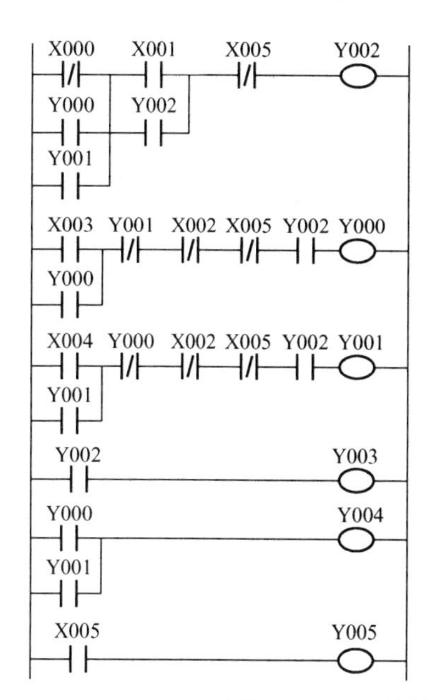

I/O接口分配表

输　入			输　出		
变频器停止按钮	SB1	X000	Y000	FWD	电动机正转运行
变频器起动按钮	SB2	X001	Y001	REV	电动机反转运行
电动机停止按钮	SB3	X002	Y002	KM	变频器得电运行
电动机起动按钮（正传）	SB4	X003	Y003	HL1	变频器电源指示灯
电动机起动按钮（反传）	SB5	X004	Y004	HL2	变频器工作指示灯
变频器保护接点	30A～30B	X005	Y005	HL3	变频器故障指示灯

图 5-9 PLC 控制变频器和电动机可逆运转电路程序及 I/O 分配

4）特点

(1) 优点。

效率高，调速过程中没有附加损耗；应用范围广，可用于笼型异步电动机；调速范围大，特性硬，精度高。

(2) 缺点。

技术复杂，造价高，维护检修困难。

3. 串级调速

1）定义

串级调速是指绕线式电动机转子回路中串入可调节的附加电势来改变电动机的转差，达到调速的目的。

2）原理

在转子回路中串入与转子电势同频率的附加电势，通过改变附加电势的幅值和相位实现调速。本方法适合于风机、水泵及轧钢机、矿井提升机、挤压机上使用。

3）常用接线方式

（1）电气串级调速(图 5-10)。

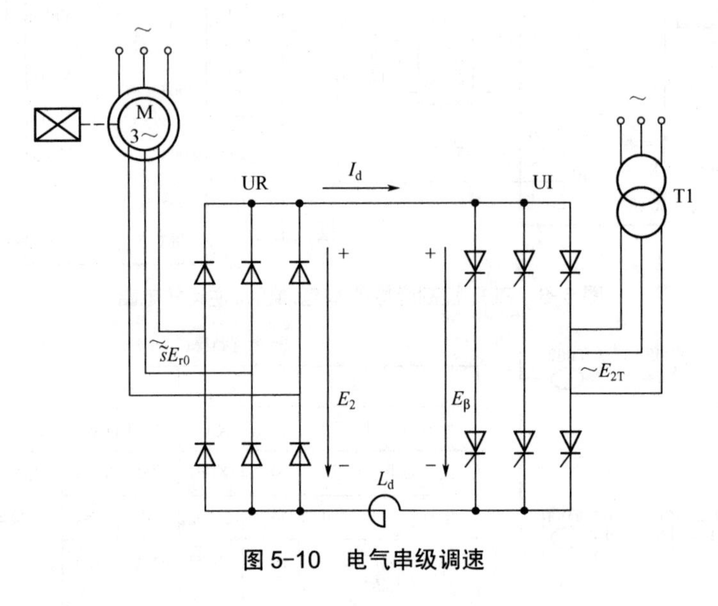

图 5-10　电气串级调速

（2）机械串级调速(图 5-11)。

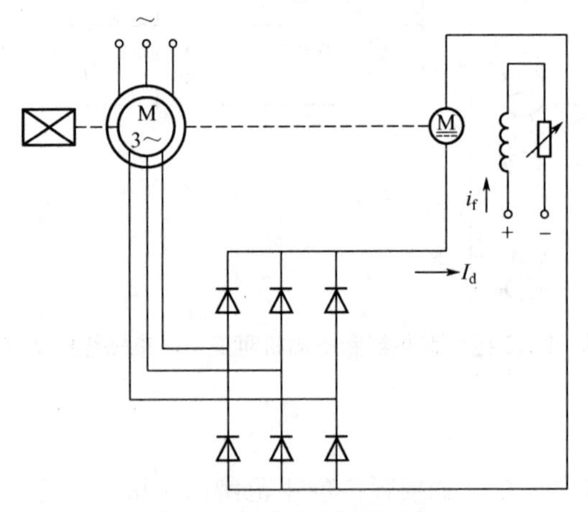

图 5-11　机械串级调速

4）特点

（1）优点。

可将调速过程中的转差损耗回馈到电网或生产机械上，效率较高；装置容量与调速范围成正比，投资省，适用于调速范围在额定转速 70%～90%的生产机械上；调速装置故障时可以切换至全速运行，避免停产。

(2) 缺点。

必须使用专用电动机。

4. 绕线式电动机转子串电阻调速

1) 定义

绕线式电动机转子串电阻调速是指绕线式异步电动机转子串入附加电阻，使电动机的转差率加大，电动机在较低的转速下运行。

2) 原理

绕线式异步电动机转子串入附加电阻，使电动机的转差率加大，电动机在较低的转速下运行。串入的电阻越大，电动机的转速越低。

3) 常用接线方式(图 5-12)

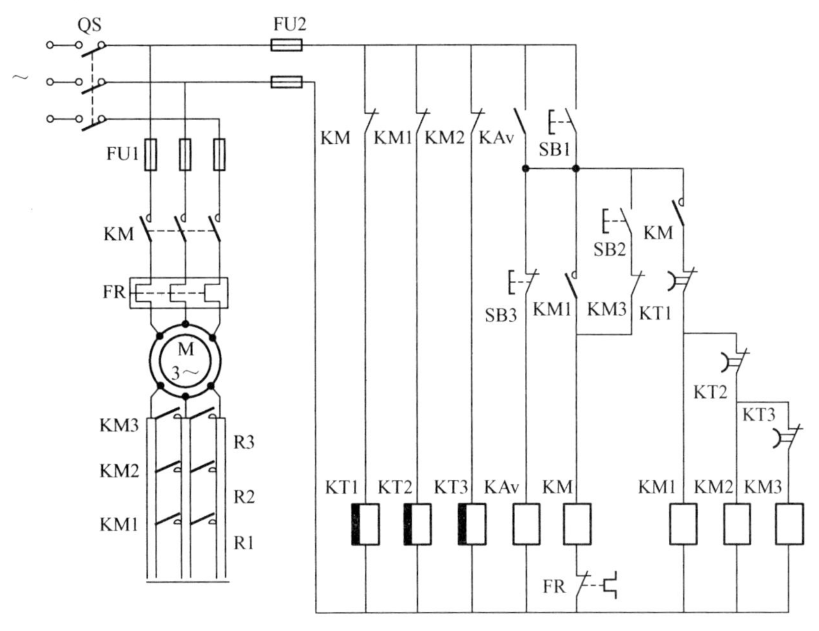

图 5-12　绕线式电动机转子串电阻调速

4) 特点

设备简单，控制方便，但转差功率以发热的形式消耗在电阻上；属于有级调速，机械特性较软。

5. 定子调压调速

1) 定义

定子调压调速是指改变电动机的定子电压，可以得到一组不同的机械特性曲线，从而获得不同转速。

2) 原理

定子调压调速的全称为晶闸管定子调压调速，它的调速系统由控制器和外围电气部分断路器、主令控器、换向接触器、过电流继电器、转子外接电阻等组成，其中控制器又分为控制单元和晶闸管单元两部分。控制器的晶闸管串接在电动机的定子回路，其转子回路串接适当的电阻器，通过调节三相反并联晶闸管导通角的大小，来控制晶闸管的开放程度，

从而增大或减少定子电压，因电动机转矩与定子电压平方成比例，从而达到控制电动机转速的目的。电动机转速由人工通过主令控制器设定，由速度反馈实现闭环控制，电动机运转方向通过切换换向交流接触器实现。主令控制器挡位分为四挡，其中挡位 1、2、3 挡是闭环控制的，属于调速挡，挡位 4 是开环控制，称为高速挡或者全速挡。

3）常用系统图（图 5-13）

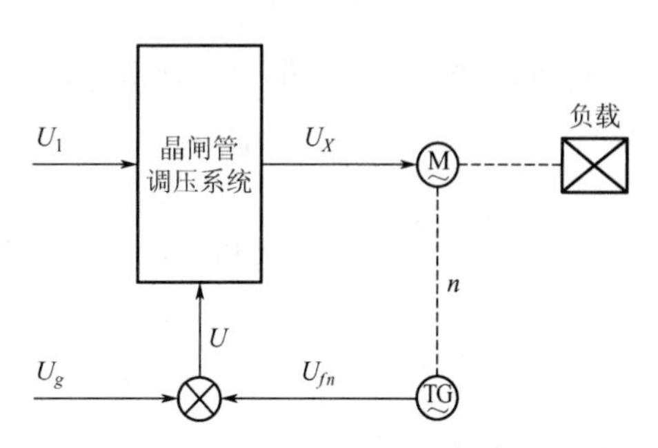

图 5-13　定子调压调速框图

4）特点

（1）优点。

平稳地加速减速，减少对电动机及机械构件的冲击；电制动和机械制动合理配合，减少了制动器的磨损；先电制动后机械制动；故障判断与处理方便。

（2）缺点。

由于电动机的转矩与电压平方成正比，因此最大转矩下降很多，其调速范围较小，使一般笼型电动机难以应用。为了扩大调速范围，调压调速应采用转子电阻值大的笼型电动机，如专供调压调速用的力矩电动机，或者在绕线式电动机上串联频敏电阻。为了扩大稳定运行范围，调速在 2∶1 以上的场合应采用反馈控制以达到自动调节转速目的。

6. 电磁调速电动机调速

电磁调速电动机由笼型电动机、电磁转差离合器和直流励磁电源（控制器）三部分组成。直流励磁电源功率较小，通常由单相半波或全波晶闸管整流器组成，改变晶闸管的导通角，可以改变励磁电流的大小。电磁转差离合器由电枢、磁极和励磁绕组三部分组成。电枢和后两者没有机械联系，都能自由转动。电枢与电动机转子同轴连接称为主动部分，由电动机带动；磁极用联轴节与负载轴对接称为从动部分。当电枢与磁极均为静止时，如励磁绕组通以直流，则沿气隙圆周表面将形成若干对 N、S 极性交替的磁极，其磁通经过电枢。当电枢随拖动电动机旋转时，由于电枢与磁极间相对运动，因而使电枢感应产生涡流，此涡流与磁通相互作用产生转矩，带动有磁极的转子按同一方向旋转，但其转速恒低于电枢的转速 N_1，这是一种转差调速方式，改变转差离合器的直流励磁电流，便可改变离合器的输出转矩和转速。电磁调速电动机适用于中、小功率，要求平滑动、短时低速运行的生产机械。电磁调速电动机的调速特点：装置结构及控制线路简单、运行可靠、维修方便；调速平滑、无级调速；对电网无谐波影响；速度损失大、效率低。电磁调速电动机调速控制原理如图 5-14 所示。

7. 液力耦合器调速

液力耦合器是一种液力传动装置，一般由泵轮和涡轮组成，它们统称为工作轮，放在密封壳体中。壳中充入一定量的工作液体，当泵轮在原动机带动下旋转时，处于其中的液体受叶片推动而旋转，在离心力的作用下沿着泵轮外环进入涡轮时，就在同一转向上给涡轮叶片以推力，使其带动生产机械运转。液力耦合器的动力传输能力与壳内相对充液量的大小一致。在工作过程中，改变充液率就可以改变耦合器的涡轮转速，做到无级调速。液力耦合器适用于风机、水泵的调速，其特点为：功率适应范围大，可满足从几十千瓦至数千千瓦不同功率的需要；结构简单，工作可靠，使用及维修方便，且造价低；尺寸小，能容大；控制调节方便，容易实现自动控制。

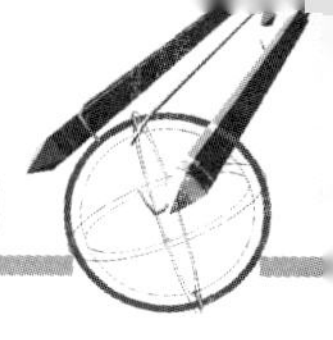

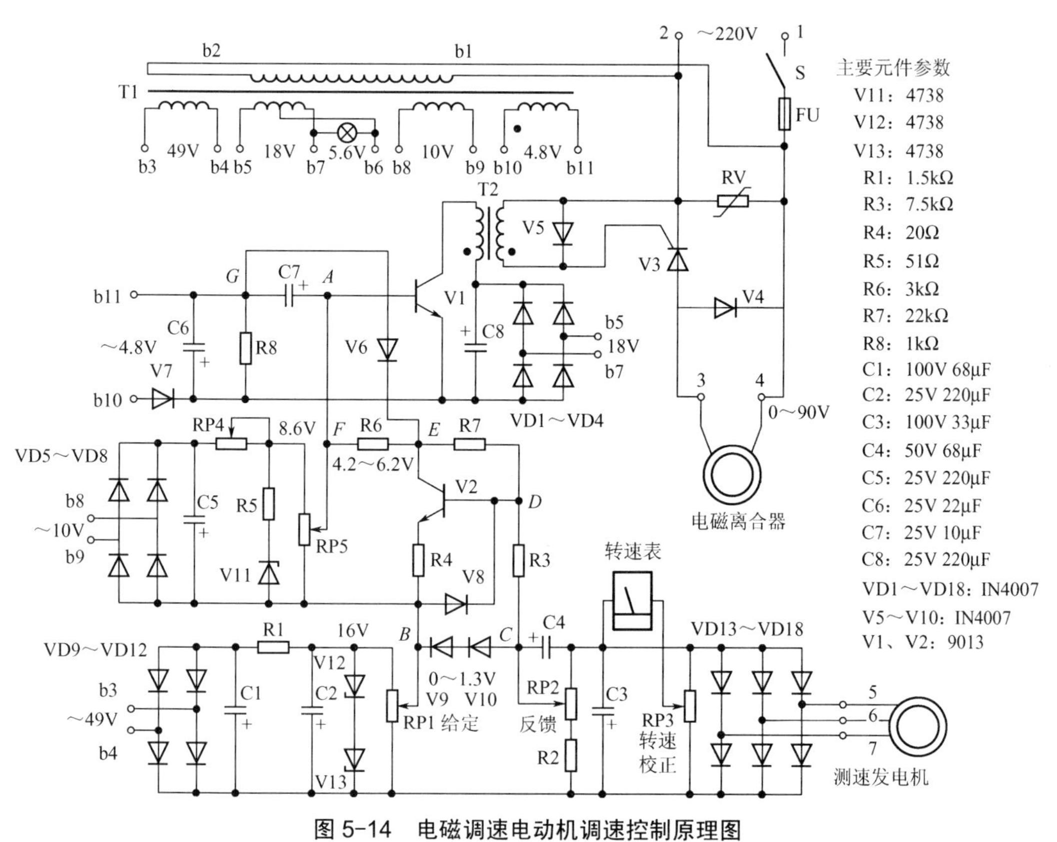

图 5-14　电磁调速电动机调速控制原理图

【二】学生实际操作——三相异步电动机的变频调速

1. 工具、仪表及材料

1）工具

钢锯、验电笔、螺丝刀、尖嘴钳、斜口钳、剥线钳、电工刀等用工具。

2）仪表

ZC35-3 型兆欧表(500V、0～500MΩ)、MG3-1 型钳流表、MF47 型万用表。

3）器材

(1) M→三相笼型异步电动机(WDJ26，40W、380V、0.2A、△、1430r/min) 1 台。

(2) QF→空气开关(DZ47-60，三极、380V、1A) 1 个。

(3) 西门子变频器(MM440) 1 台。

(4) SB→按钮(LA4-2H，保护式、按钮数 2) 6 个。

(5) XT→端子板(YDG-603)若干节并配导轨。

(6) 三相四线插头 1 个。

(7) 线号套管(配 BVR1.5mm^2、BVR1.0mm^2 及 BVR0.75mm^2 导线用)若干。

(8) 油性记号笔 1 支。

(9) 网孔板(700mm×590mm) 1 块。

(10) 胀销及配套自攻钉若干，规格是与网孔板配套。

(11) 导线(BVR1.5mm^2、BVR1.0mm^2、BVR0.75mm^2)若干。

(12) 接地线(BVR1.5mm^{2}黄绿)若干。
(13) 线槽(VDR2030F，20mm×30mm)若干。

2. 工具、仪表及器材的质检要求

(1) 根据电动机规格检验工具、仪表、器材等是否满足要求。
(2) 电气元件外观应完整无损，附件备件齐全。
(3) 用万用表、兆欧表检测元件及电动机的技术数据是否符合要求。

3. 安装步骤及工艺要求

第一步，根据控制要求绘制原理图、布置图和接线图。工艺要求：绘制的图纸在满足控制要求的前提下，必须符合现行国家标准。

第二步，在控制板上按布置图固定元件及线槽。工艺要求：电气元件安装应牢固，并符合工艺要求。

第三步，接线。工艺要求：槽内导线不得有接头及绝缘破损；一般应先接控制电路后接主电路及外部电路。

第四步，自检。工艺要求：通断检测；绝缘检测。

第五步，清理现场。工艺要求：符合4S管理规定。

第六步，交验。工艺要求：通知教师验检。

第七步，试车。工艺要求：在教师的监护下送电试车。

第八步，检修。工艺要求：教师设故障学生自行排除。

4. 评分标准

1) 绘图(10分)
(1) 未实现功能要求扣10分，且不能继续考核，应整改后继续。
(2) 未按国家标准每处扣1分，最高扣分为10分。
(3) 图面不整洁，每张扣2分。
2) 元件检查(5分)
(1) 电动机质量漏检扣5分。
(2) 元件漏检或检错，每处扣1分。
3) 安装(5分)
(1) 元件安装位置与布置图不符，每处扣1分。
(2) 元件松动，每个扣1分。
(3) 线槽没做45°拼角，每处扣1分。
4) 接线(30分)
(1) 接线顺序错误，每根扣5分。
(2) 漏套线号套管，每处扣5分。
(3) 漏标线号或线号标错，每处扣5分。
(4) 不会接线或与接线图不符，扣30分。
(5) 导线及线号套管使用错误，每根扣5分。
5) 自检(20分)
(1) 通断检测。

① 不会检测或检测错误，扣 15 分。
② 漏检，每处扣 5 分。
(2) 绝缘检测。
① 不会检测或检测错误，扣 15 分。
② 漏检，每处扣 5 分。
6) 交验试车(10 分)
(1) 未通知教师私自试车，扣 10 分。
(2) 一次校验不合格，扣 5 分。
(3) 二次校验不合格，扣 10 分。
7) 检修(20 分)
(1) 检不出故障，扣 20 分。
(2) 查出故障但排除不了，扣 10 分。
(3) 制造出新故障，每处扣 5 分。
8) 安全文明生产
违反安全文明生产规程，扣 5～40 分。
9) 额定时间
60min。每超过 10min(不足 10min 以 10min 计)扣 5 分。
备注：除额定时间和安全文明生产外，其他扣分不应超过配分。

温馨提示

注意不要损坏元件。

【三】自评、教师评

温馨提示

完成【一】【二】后，进入总结评价阶段。总结评价分自评、教师评两种，主要是总结评价本次安装、调试、演示过程中做得好的地方及需要改进的地方等。根据评分的情况和本次任务的结果，填写表 5-1、表 5-2。

表 5-1　学生自评表格

任务完成进度	做得好的方面	不足、需要改进的方面

表 5-2　教师评价表格

在本次任务中的表现	学生进步的方面	学生不足、需要改进的方面

【四】写总结报告

温馨提示

报告可涉及内容为本次任务，本次实训的心得体会等。总之，要学会随时记录工作过程，总结经验教训，为今后的工作打下良好的基础。

任 务 小 结

本任务主要是学习掌握三相异步电动机的调速原理和分类；了解三相异步电动机的调速方法和适用场合；熟练掌握三相异步电动机的变频调速。

问题探究

1. 西门子变频器(图 5-15)

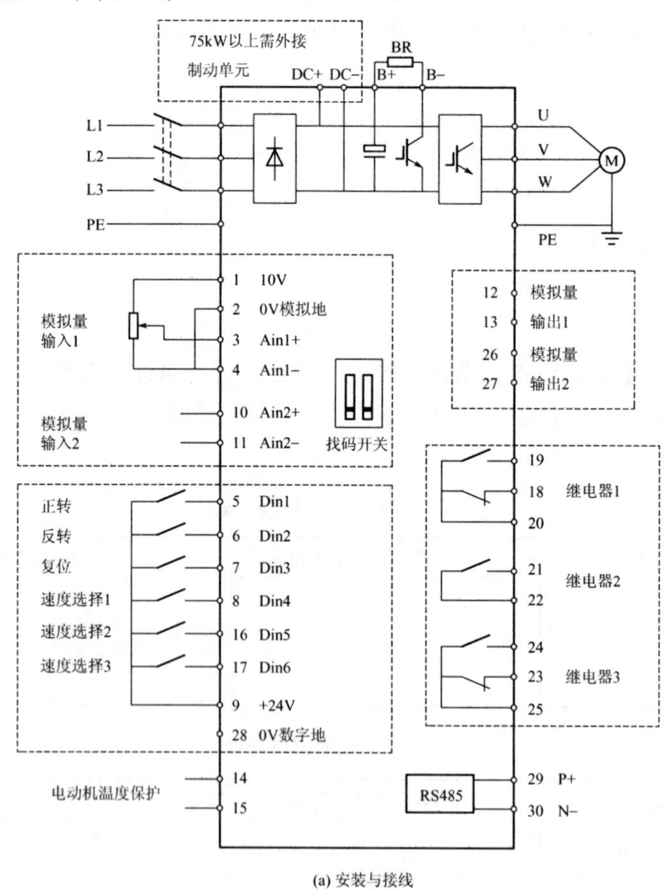

(a) 安装与接线

图 5-15　西门子变频器

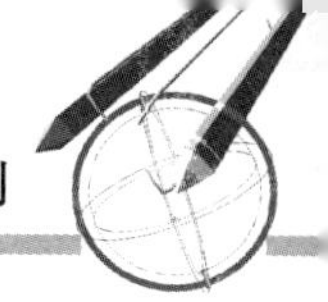

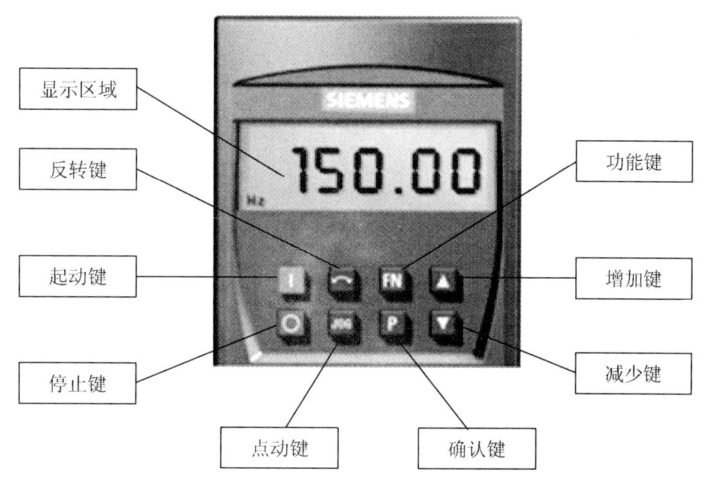

(b) 基本操作面板

图 5-15　西门子变频器(续)

西门子变频器的特点：效率高，调速过程中没有附加损耗；应用范围广，可用于笼型异步电动机；调速范围大，特性硬，精度高；技术复杂，造价高，维护检修困难。

2. 西门子变频器参数设置

1）复位为工厂的缺省设置值

设定(1) P0010=30;

(2) P0970=1;

0—禁止复位；1—参数复位。

保留参数：P0918(CB 地址)，P2010(USS 波特率)和 P2011(USS 地址)。

2）基本参数

(1) P0003 用户访问级。

0—用户定义的参数表；1—标准级：可以访问最经常使用的一些参数；2—扩展级：允许扩展访问参数的范围，如变频器的 I/O 功能；3—专家级：只供专家使用；4—维修级：只供授权的维修人员使用——具有密码保护。

(2) P0004 参数过滤器。

0—全部参数；2—变频器参数；3—电动机参数；4—速度传感器；5—工艺应用对象/装置；7—命令，二进制 I/O 命令和数字 I/O；8—ADC(模-数)和 DAC(数-模)模拟 I/O；10—设定值通道/RFG(斜坡函数发生器)；12—驱动装置的特征；13—电动机的控制；20—通信(P918 CB 通信板地址)；21—报警/警告/监控；22—工艺参数控制器(如 PID)。

(3) P0010 调试参数过滤器。

0—准备调试；1—快速调试；2—变频器；29—下载；30—工厂的设定值。

(4) P0100。

0—欧美-【KW】，频率默认值为 50Hz；1—北美-【hp】，频率默认值 60Hz；2—北美-【KW】，频率缺省值 60Hz。

(5) P0205 变频器应用。

0—恒转矩；1—变转矩。

(6) P0300 选择电动机类型。

1—同步；2—异步。

(7) P0304 电机额定电压。

(8) P0305 额定电流。

(9) P0307 额定功率。

(10) P0308 额定功率因数。

(11) P0309 额定效率(P0100=1)。

(12) P0310 额定频率。

(13) P0311 额定速度。

(14) P0320 电机磁化电流，P3900=1 或=2 有变频器内部计算。

(15) P0335 电动机冷却。

0—自冷；1—强制；2—自冷和内置冷却风机；3—强制和内置。

(16) P0640 过载因数。

(17) P0700 选择命令源。

0—工厂的默认值设定；1—BOP(键盘)设置；2—有端子排输入；4—BOP 链路的 USS 设置；5—COM 链路的 USS 设置；6—COM 链路的通信板(CB)设置。

(18) P1000 频率设定值选择。

0—无主设定值；1—MOP 设定值；2—模拟设定值；3—固定频率。

(19) P1080 最低频率。

(20) P1082 最高频率。

(21) P1120 斜坡上升时间。

(22) P31121 斜坡下降时间。

(23) P1135 OFF3 的斜坡下降时间。

(24) 24、P1300 变频器控制方式。

(25) P1500 选择转矩设定值。

(26) P1910 是否自检测 =1。

(27) P3900 结束快速调试。

0—不用快速调试；1—结束，并按工厂设置室参数复位；2—结束；3—结束，只进行电动机数据计算。

(28) P0700 选择命令源。

0—工厂的默认值设定；1—BOP(键盘)设置；2—有端子排输入；4—BOP 链路的 USS 设置；5—COM 链路的 USS 设置；6—COM 链路的通信板(CB)设置。

3) 使用状态显示板操作时变频器的默认设置(表 5-3)

表 5-3 使用状态显示板操作时变频器的默认设置

	端子号	参数设置值	默认的操作
数字输入 1	5	P0701=‘1’	ON，正向运行
数字输入 2	6	P0702=‘12’	反向运行
数字输入 3	7	P0703=‘9’	故障确认
数字输入 4	8	P0704=‘15’	固定频率

（续）

	端子号	参数设置值	默认的操作
数字输入 5	16	P0705=‘15’	固定频率
数字输入 6	17	P0706=‘15’	固定频率
数字输入 7	经由 AIN1	P0707=‘0’	不激活
数字输入 8	经由 AIN2	P0708=‘0’	不激活

任务 5.2 单相异步电动机的调速

学习目标

(1) 学习掌握单相异步电动机的调速原理和分类；

(2) 了解单相异步电动机的调速方法和适用场合；

(3) 熟练掌握单相异步电动机的外电路降压调速。

工作任务

学习单相异步电动机的调速原理和分类；了解单相异步电动机的调速方法和适用场合；熟练掌握单相异步电动机的外电路降压调速。

任务实施

【一】准备

常用的单行异步电动机调速方法有两种：第一种是外电路降压法，第二种是通过改变定子绕组的匝数调速。

1. 外电路降压调速

1) 串联电抗器法(图 5-16)

将电动机主、副绕组并联后再与电抗器串联。调速开关接高速挡，电动机绕组直接接电源，转速最高；调速开关接中、低速挡，电动机绕组串联不同的电抗器，总电抗增大，转速降低。

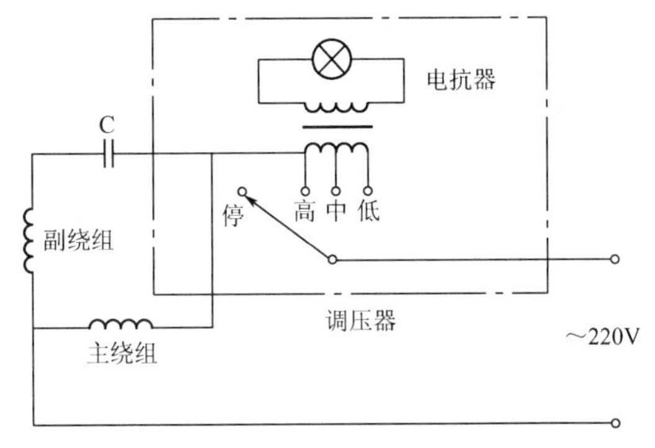

图 5-16 串联电抗器法

用此方法调速比较灵活，电路结构简单，维修方便，但需要专用电抗器，且调速器体积大，消耗的材料多，成本高，耗能大，低速起动性能差。

2）采用 PTC 元件调速

图 5-17 所示为具有微风挡的电风扇调速电路。

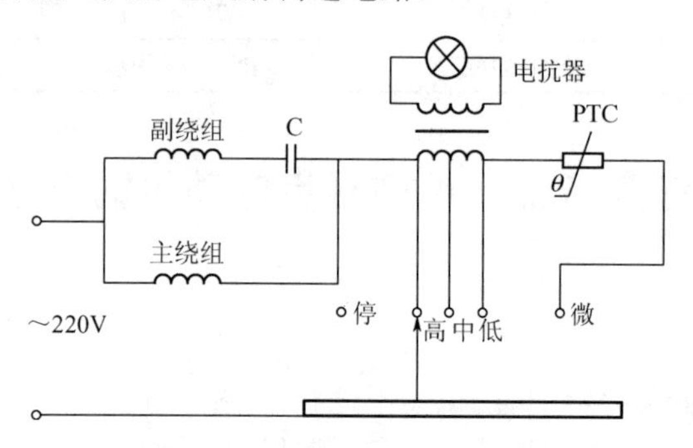

图 5-17　具有微风挡的电风扇调速电路

微风是指风扇在 500r/min 以下送出的风，如采用一般的调速方法，电动机在这样低的转速下很难起动，电路利用常温下 PTC 电阻很小，电动机在微风挡直接起动，起动后，PTC 阻值增大，使电动机进入微风挡运行。

3）晶闸管调压调速

晶闸管调压调速是通过改变晶闸管的导通角 α 来改变电动机的电压波形，从而改变电压的有效值以达到调速的目的，如图 5-18 所示。

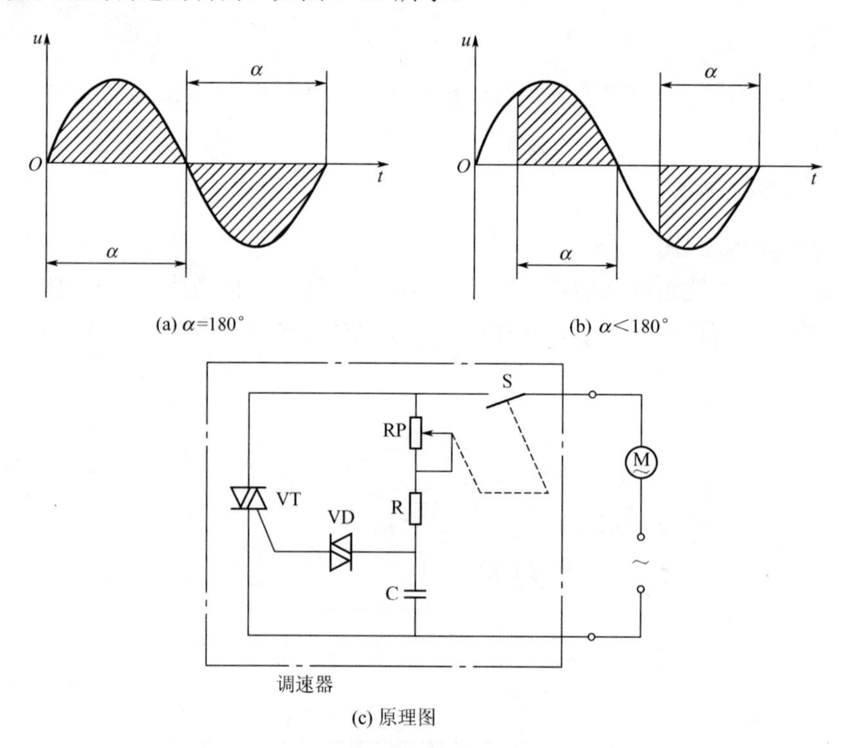

图 5-18　晶闸管调压调速

晶闸管调压调速法能实现无级调速，缺点是会产生一些电磁干扰，目前常用在吊式风扇的调速上。

2. 改变定子绕组的匝数调速——绕组抽头法调速

如果将电抗器和电动机结合在一起，在电动机定子铁心上嵌入一个中间绕组(或称调速绕组)，通过调速开关改变电动机气隙磁场的大小及椭圆度，可达到调速的目的。根据中间绕组与工作绕组和起动绕组的接线不同，常用的有 T 形接法和 L 形接法，如图 5-19 所示。

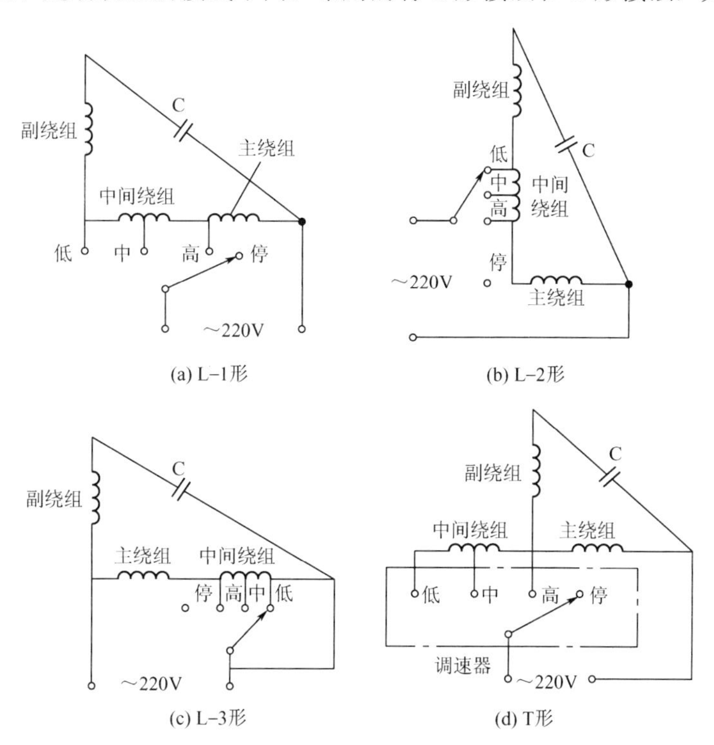

图 5-19　绕组抽头法调速

抽头法调速与串电抗器调速相比较，具有节省电抗器。成本低、功耗小、性能好的优点，但绕组嵌线和接线工艺较复杂。

3. 其他调速方法

其他调速方法还有自耦变压器调压调速、串电容器调速和变极调速等，因应用不多，在此不做介绍。

【二】学生实际操作——单相异步电动机的外电路降压调速

教师根据每个学生的实际情况及学时安排，分配具体的控制任务，由学生独立完成。

注意：在实际条件允许的情况下，每个学生都要尽量完成所有的控制电路的安装调试及维修。

温馨提示

注意不要损坏元件。

【三】自评、教师评

温馨提示

完成【一】【二】后，进入总结评价阶段。总结评价分自评、教师评两种，主要是总结评价本次安装、调试、演示过程中做得好的地方及需要改进的地方等。根据评分的情况和本次任务的结果，填写表 5-4、表 5-5。

表 5-4 学生自评表格

任务完成进度	做得好的方面	不足、需要改进的方面

表 5-5 教师评价表格

在本次任务中的表现	学生进步的方面	学生不足、需要改进的方面

【四】写总结报告

温馨提示

报告可涉及内容为本次任务，本次实训的心得体会等。总之，要学会随时记录工作过程，总结经验教训，为今后的工作打下良好的基础。

任 务 小 结

本任务主要是学习掌握单相异步电动机的调速原理和分类；了解单相异步电动机的调速方法和适用场合；熟练掌握单相异步电动机的外电路降压调速。

问题探究

单相电动机变频调速

单相电动机不能用通用变频器调速，应使用专用变频器。但是，从长远观点看，单相电动机用通用变频器调速是未来的发展方向，故本课以 ADS310S 变频器为例做一简单介绍。

1. 基本接线图(图 5-20)

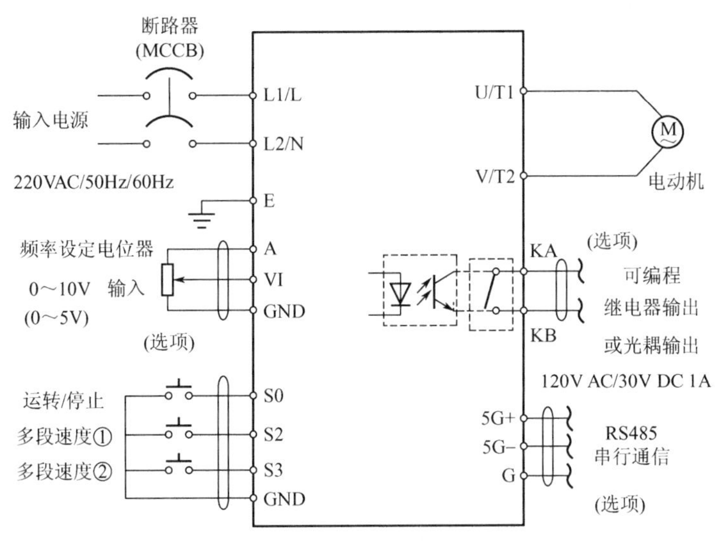

图 5-20　单相电动机变频器调速基本接线图

注：模拟输入与多段速为选项。

2. 变频器电源端子(表 5-6 和图 5-21)

表 5-6　变频器电源端子

E	L1/L	L2/N	U/T1	V/T2

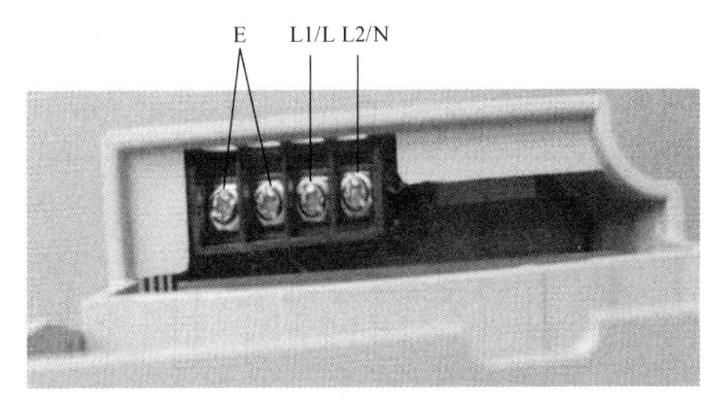

(a) 电源端

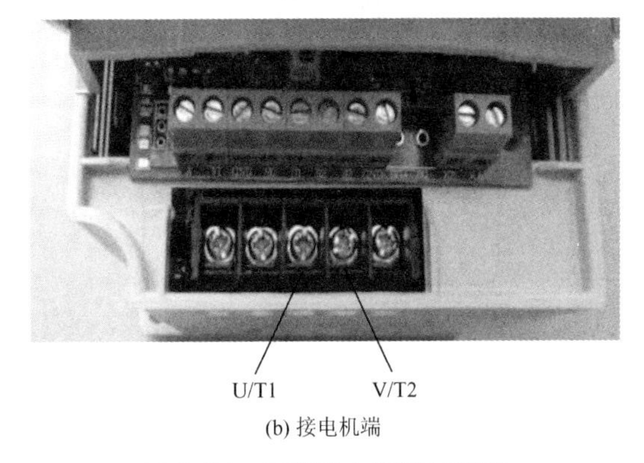

(b) 接电机端

图 5-21　变频器电源端子说明

注：图 5-21 中，E 为变频器机壳的接地端子，不要和电网的工作地相连；L1/L、L2/N 为 220V 电源输入端子，连接单相交流输入电源；U/T1、V/T2 为变频器输出端子，与电动机连接；严禁把变频器的输入、输出端子接反，否则将导致变频器内部的损坏；PB、P、W/T2 端悬空，禁止接线。

3. 变频器控制端子(表 5-7)

表 5-7　变频器控制端子

A	VI	GND	S0	S2	S3	GND	SG+	SG−		

4. 变频器端子功能(表 5-8)

表 5-8　变频器端子功能

类　别	端子符号	端子名称	端子功能	备　注
电源端子	L1/L、L2/N	主电源输入	连接单相 220V 电源到变频器	连接时务必小心，输入、输出切勿接反
	U/T1、V/T2	变频器输出	输出连接电动机	
模拟频率设定	A	频率设定电源	10V/5V 电压源输出	
	VI	模拟电压给定输入	电压输入(DC0～10V/5V)	选件
	GND	频率给定用公共端子　A、VI、S0、S2、S3、SG+、SG−	用公共端子	
输入信号	S0	功能辅助端子	运转/停止功能辅助端子	
	S2	功能辅助端子	多段速度 1	
	S3	功能辅助端子	多段速度 2	
RS485 通信	SG+	通信+	RS485 的通信端子	选件
	SG−	通信−		

5. 键盘(图 5-22)及操作说明

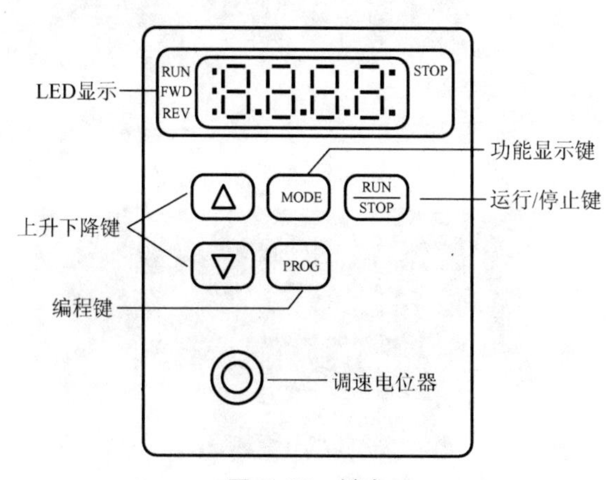

图 5-22　键盘

1）指示灯

RUN—红灯亮表示运转；FWD—红灯亮表示正转；REV—红灯亮表示反转；STOP—红灯亮表示停止。

2）MODE 键

出现故障时，按 MODE 键可复位。

3）显示内容(表 5-9)

表 5-9　显示内容

显示	说　　明	显示	说　　明
F60.0	显示变频器目前的设定频率	H60.0	显示变频器实际输出到电动机的频率
A4.2	显示变频器输出侧的输出电流	U60.0	显示用户定义的物理量(v)
0–	显示参数群名称	0-00	显示参数群下各项参数项
d　0	显示参数内容值	End	若在显示区读到 End 的信息，大约 1s，表示资料已被接受并自动存入内部存储器
Err	若设定的资料不被接受或数值超出即会显示		

4）键盘操作说明(图 5-23)

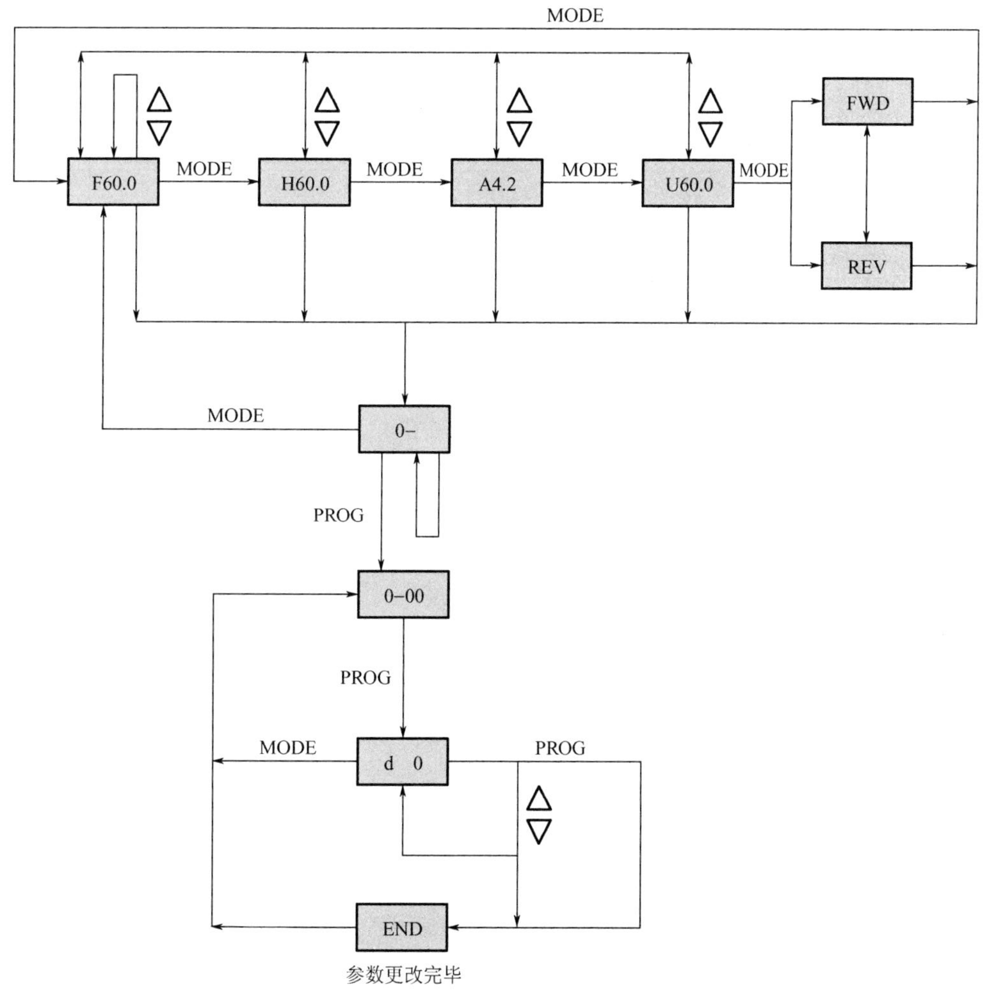

图 5-23　键盘操作说明

5）功能/参数（表 5-10）

表 5-10　功能/参数

参数	参数功能	设定范围	出厂值
0-01	额定电流显示，仅供读取	400W: 2.5A	工厂设定
0-03	开机显示	0：F（频率指令） 1：H（输出频率） 2：U（使用者定义） 3：A（输出电流）	0
1-00	最高操作频率设定	50.0～400Hz	50.0
1-01	最大电压频率设定	10.0～400Hz	50.0
1-08	输出频率下限设定	. 0～100%	40
1-09	加速时间设定	0.1～600s	3.0
1-10	减速时间设定	0.1～600s	10.0
2-00	频率指令输入来源设定	0：由操作面板控制 1：由外部端子输入 0～+10V/5V 3：由面板上 V.R 控制 4：由 RS-485 通信界面操作	0
2-01	运转指令来源设定	0：由键盘操作 1：由外部端子操作，键盘 STOP 键有效 3：由 RS-485 通信界面操作，键盘 STOP 键有效	0
4-04	多功能输入选择一（S1）（d0～d20）	0：无功能 1：S0：运转/停止	1
4-05	多功能输入选择二（S2）	7：多段速指令一	7
4-06	多功能输入选择三（S3）	8：多段速指令二	8
5-00	第一段速	0.0～400Hz	0
5-01	第二段速	0.0～400Hz	0
5-02	第三段速	0.0～400Hz	0
7-02	转矩补偿设定	0～10	5
9-00	通信地址	1～247	1
9-01	通信传送速度	0: Baud rate 4800 1: Baud rate 9600 2: Baud rate 19200	1
9-02	传输错误处理	0：警告并继续运转 1：警告且减速停车 2：警告且自由停车 3：不警告继续运转	0
9-03	传输超时 watchdog 设定	0：无效 1：1～20s	0
9-04	通信资料格式	ASCII mode 0：7,N,2 1：7,E,1 2：7,O,1 3：8,N,2 4：8,E,1 5：8,O,1	0

6）在变频控制器上用两个触点预设四个速度（表 5-11）

表 5-11　用两个触点预设四个速度

开关 1	开关 2	参　　数	速　　度
OFF	OFF		当前速度设定值(50Hz)
ON	OFF	5-00	预设速度 1(0Hz)
OFF	ON	5-01	预设速度 2(0Hz)
ON	ON	5-02	预设速度 3(0Hz)

注意：除上表所列参数外，请勿修改其他参数，否则会损坏变频器。

项目6

伺服电动机及伺服系统

任务6.1　伺服电动机

学习目标

(1) 学习掌握伺服电动机的分类、控制方式、结构、原理和用途；
(2) 学会伺服电动机的选型；
(3) 学会伺服电动机的调试；
(4) 掌握伺服电动机的使用注意事项。

工作任务

学习伺服电动机的分类、控制方式、结构、原理和用途；学会伺服电动机的选型；做到能够调试伺服电动机；熟记伺服电动机的使用注意事项。

任务实施

【一】准备

1. 伺服电动机的分类(图6-1)

伺服电动机(或称执行电动机)是自动控制系统和计算装置中广泛应用的一种执行元件。其作用为把接收的电信号转换为电动机转轴的角位移或角速度。按电流种类的不同，伺服电动机可分为直流和交流两大类。

(a) 交流伺服电动机

(b) 直流伺服电动机

图6-1　伺服电动机

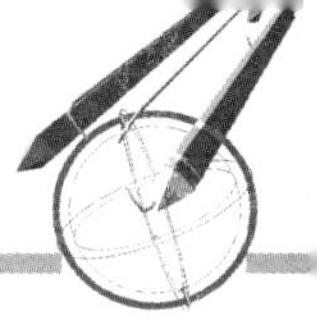

1）交流伺服电动机

（1）结构和原理。

交流伺服电动机的定子绕组(图 6-2)和单相异步电动机相似，它的定子上装有两个在空间相差 90° 电角度的绕组，即励磁绕组和控制绕组。运行时励磁绕组始终加上一定的交流励磁电压，控制绕组上则加大小或相位随信号变化的控制电压。转子的结构形式有笼型转子和空心杯型转子两种。笼型转子的结构与一般笼型异步电动机的转子相同，但转子做得细长，转子导体用高电阻率的材料做成，其目的是减小转子的转动惯量，增加起动转矩对输入信号的快速反应和克服自转现象。空心杯型转子交流伺服电动机的定子分为外定子和内定子两部分(图 6-2)。外定子的结构与笼型交流伺服电动机的定子相同，铁心槽内放有两相绕组。空心杯型转子由导电的非磁性材料(如铝)做成薄壁筒形，放在内、外定子之间。杯子底部固定于转轴上，杯臂薄而轻，厚度一般为 0.2～0.8mm，因而转动惯量小，动作快且灵敏。

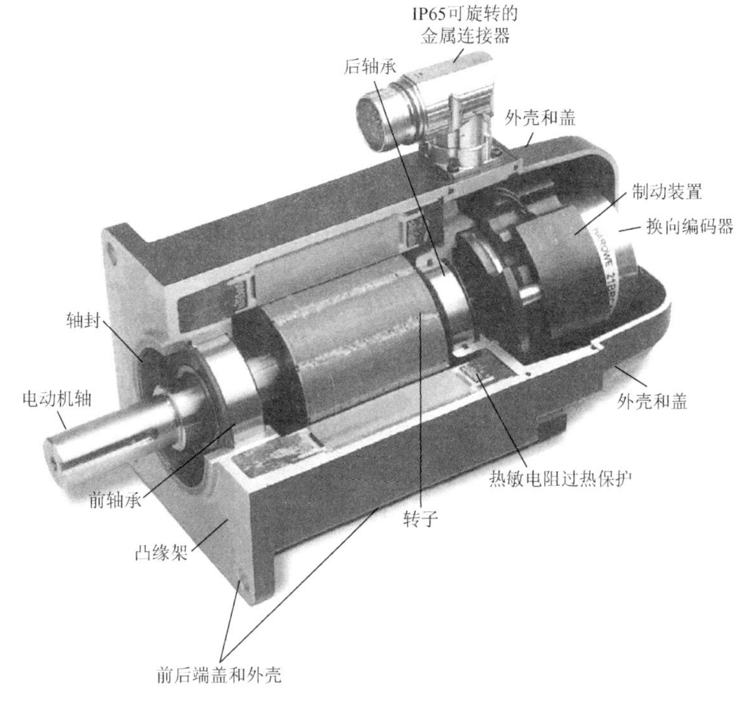

(a) 交流伺服电动机

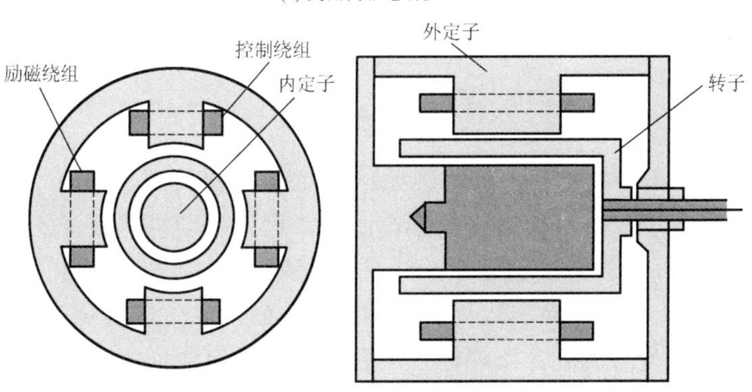

(b) 空心杯型转子交流伺服电动机

图 6-2　交流伺服电动机的结构

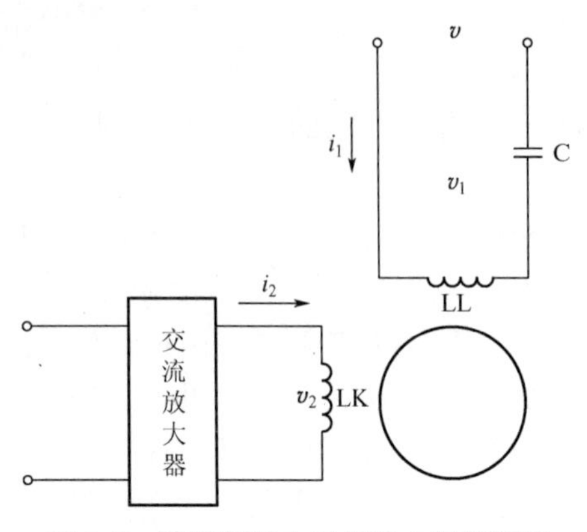

图 6-3　交流伺服电动机的电气原理图

交流伺服电动机的工作原理和单相异步电动机相似(图 6-3)，LL 是有固定电压励磁的励磁绕组，LK 是有伺服放大器供电的控制绕组，两相绕组在空间相差 90° 电角度。如果 LL 与 Lk 的相位差为 90°，而两相绕组的磁动势幅值又相等，这种状态称为对称状态。与单相异步电动机一样，这时在气隙中产生的合成磁场为一旋转磁场，其转速称为同步转速。旋转磁场与转子导体相对切割，在转子中产生感应电流。转子电流与旋转磁场相互作用产生转矩，使转子旋转。如果改变加在控制绕组上的电流的大小或相位差，就破坏了对称状态，使旋转磁场减弱，电动机的转速下降。电动机的工作状态越不对称，总电磁转矩就越小，当除去控制绕组上信号电压以后，电动机立即停止转动。这是交流伺服电动机在运行上与普通异步电动机的区别。

(2) 交流伺服电动机转速控制方式。

① 幅值控制。

控制电流与励磁电流的相位差保持 90° 不变，改变控制电压的大小。

② 相位控制。

控制电压与励磁电压的大小，保持额定值不变，改变控制电压的相位。

③ 幅值-相位控制。

同时改变控制电压的幅值和相位。交流伺服电动机转轴的转向随控制电压相位的反相而改变。

(3) 工作特性和用途。

伺服电动机的工作特性是以机械特性和调节特性为表征。在控制电压一定时，负载增加，转速下降；它的调节特性是在负载一定时，控制电压越高，转速也越高。伺服电动机有三个显著特点。

① 起动转矩大。

由于转子导体电阻很大，可使临界转差率 $S_m>1$，定子一加上控制电压，转子立即起动运转。

② 运行范围宽。

转差率为 0～1 的范围内都能稳定运转。

③ 无自转现象。

控制信号消失后，电动机旋转不停的现象称“自转”。自转现象破坏了伺服性，显然要避免。正常运转的伺服电动机只要失去控制电压后，伺服电动机就处于单相运行状态。由于转子导体电阻足够大，使得总电磁转矩始终是制动性的转矩，当电动机正转时失去 U_k(控制电压)，产生的转矩为负(0<S<1)。而反转时失去 U_k，产生的转矩为正(1<S<2〉，不会产生自转现象，可以自行制动，迅速停止运转，这也是交流伺服电动机与异步电动机的重要区别。

注意：不同类型的交流伺服电动机具有不同的特点。笼型转子交流伺服电动机具有励

磁电流较小、体积较小、机械强度高等特点；但是低速运行不够平稳，有抖动现象。空心杯型转子交流伺服电动机具有结构简单、维护方便、转动惯量小、运行平滑、噪声小、没有无线电干扰、无抖动现象等优点；但是励磁电流较大，体积也较大，转子易变形，性能上不及直流伺服电动机。

交流伺服电动机适用于 0.1～100W 小功率自动控制系统中，频率有 50Hz、400Hz 等多种。笼型转子交流伺服电动机产品为 SL 系列。空心杯型转子交流伺服电动机为 SK 系列，用于要求运行平滑的系统中。

2）直流伺服电动机

直流伺服电动机的基本结构与普通他励直流电动机一样，所不同的是直流伺服电动机的电枢电流很小，换向并不困难，因此都不用装换向磁极，并且转子做得细长，气隙较小，磁路不饱和，电枢电阻较大。按励磁方式不同，可分为电磁式和永磁式两种。电磁式直流伺服电动机的磁场由励磁绕组产生，一般用他励式；永磁式直流伺服电动机的磁场由永久磁铁产生，无须励磁绕组和励磁电流，可减小体积和损耗。为了适应各种不同系统的需要，直流伺服电动机从结构上做了许多改进，又发展了低惯量的无槽电枢、空心杯型电枢、印制绕组电枢和无刷直流伺服电动机等品种。

电磁式直流伺服电动机的工作原理和他励式直流电动机同，因此电磁式直流伺服电动机有两种控制转速方式：电枢控制和磁场控制。对永磁式直流伺服电动机来说，当然只有电枢控制调速一种方式。由于磁场控制调速方式的性能不如电枢控制调速方式，故直流伺服电动机一般都采用电枢控制调速。直流伺服电动机转轴的转向随控制电压的极性改变而改变。

直流伺服电动机的机械特性与他励直流电动机相似，即 $n = n_0 - \alpha T$。当励磁不变时，对不同电压 U_a 有一组下降的平行直线。

直流伺服电动机适用于功率稍大(1～600W)的自动控制系统中。与交流伺服电动机相比，它的调速线性好，体积小，质量轻，起动转矩大，输出功率大，但结构复杂，特别是低速稳定性差，有火花会引起无线电干扰。近年来，发展了低惯量的无槽电枢电动机、空心杯型电枢电动机、印制绕组电枢电动机和无刷直流伺服电动机，来提高快速响应能力，适应自动控制系统的发展需要，如电视摄像机、录音机、X–Y 函数记录。

2. 伺服电动机的选型

(1) 转速和编码器分辨率的确认。

(2) 电机轴上负载力矩的折算和加减速力矩的计算。

(3) 计算负载惯量，惯量的匹配，以安川伺服电动机为例，部分产品惯量匹配可达 50 倍，但实际越小越好，这样对精度和响应速度好。

(4) 再生电阻的计算和选择，对于伺服电动机，一般 2kW 以上，要外配置。

(5) 电缆选择，编码器电缆双绞屏蔽的，对于安川伺服电动机等日系产品绝对值编码器是 6 芯，增量式是 4 芯。

3. 伺服电动机的调试

1）初始化参数

在接线之前，先初始化参数。

在控制卡上：选好控制方式；将 PID 参数清零；让控制卡上电时默认使能信号关闭；将此状态保存，确保控制卡再次上电时即为此状态。

在伺服电动机上：设置控制方式；设置使能由外部控制；编码器信号输出的齿轮比；设置控制信号与电动机转速的比例关系。一般来说，建议使伺服电动机工作中的最大设计转速对应9V的控制电压。比如，山洋是设置1V电压对应的转速，出厂值为500，如果你只准备让电动机在1000转以下工作，那么，将这个参数设置为111。

2）接线

将控制卡断电，连接控制卡与伺服电动机之间的信号线。以下的线是必须要接的：控制卡的模拟量输出线、使能信号线、伺服电动机输出的编码器信号线。复查接线没有错误后，电动机和控制卡(以及PC)上电。此时电动机应该不动，而且可以用外力轻松转动，如果不是这样，检查使能信号的设置与接线。用外力转动电动机，检查控制卡是否可以正确检测到电动机位置的变化，否则检查编码器信号的接线和设置。

3）试方向

对于一个闭环控制系统，如果反馈信号的方向不正确，后果肯定是灾难性的。通过控制卡打开伺服电动机的使能信号。这时伺服电动机应该以一个较低的速度转动，这就是“零漂”。一般控制卡上都会有抑制零漂的指令或参数。使用这个指令或参数，看电动机的转速和方向是否可以通过这个指令(参数)控制。如果不能控制，检查模拟量接线及控制方式的参数设置。确认给出正数，电动机正转，编码器计数增加；给出负数，电动机反转转，编码器计数减小。如果电动机带有负载，行程有限，不要采用这种方式。测试不要给过大的电压，建议在1V以下。如果方向不一致，可以修改控制卡或电动机上的参数，使其一致。

4）抑制零漂

在闭环控制过程中，零漂的存在会对控制效果有一定的影响，最好将其抑制住。使用控制卡或伺服电动机上抑制零漂的参数，仔细调整，使电动机的转速趋近于零。由于零漂本身也有一定的随机性，所以，不必要求电动机转速绝对为零。

5）建立闭环控制

再次通过控制卡将伺服电动机使能信号放开，在控制卡上输入一个较小的比例增益，至于多大算较小，这只能凭感觉了，如果实在不放心，就输入控制卡能允许的最小值。将控制卡和伺服电动机的使能信号打开。这时，电动机应该已经能够按照运动指令大致做出动作了。

6）调整闭环参数

细调控制参数，确保电动机按照控制卡的指令运动，这是必须要做的工作。

4. 伺服电动机使用注意事项

1）伺服电动机油和水的保护

伺服电动机可以用在会受水或油滴侵袭的场所，但是它不是全防水或防油的。因此，伺服电动机不应当放置或使用在水中或油浸的环境中；如果伺服电动机连接到一个减速齿轮，使用伺服电动机时应当加油封，以防止减速齿轮的油进入伺服电动机；伺服电动机的电缆不要浸没在油或水中。

2）伺服电动机电缆应减轻应力

确保电缆不因外部弯曲力或自身重力而受到力矩或垂直负荷，尤其是在电缆出口处或连接处；在伺服电动机移动的情况下，应把电缆(就是随电动机配置的那根)牢固地固定到一个静止的部分(相对电动机)，并且应当用一个装在电缆支座里的附加电缆来延长它，这样弯曲应力可以减到最小；电缆的弯头半径做到尽可能大。

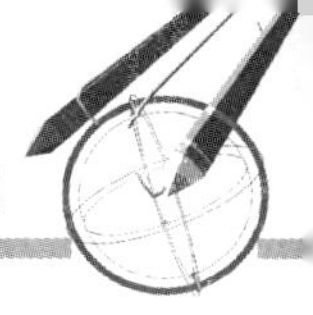

3）伺服电动机允许的轴端负载

确保在安装和运转时加到伺服电动机轴上的径向和轴向负载控制在每种型号的规定值以内；在安装一个刚性联轴器时要格外小心，特别是过度地弯曲负载可能导致轴端和轴承的损坏或磨损；最好用柔性联轴器，以便使径向负载低于允许值，此物是专为高机械强度的伺服电动机设计的；关于允许轴负载，请参阅“允许的轴负荷表”(使用说明书)。

4）伺服电动机安装注意事项

在安装/拆卸耦合部件到伺服电动机轴端时，不要用锤子直接敲打轴端。(锤子直接敲打轴端，伺服电动机轴另一端的编码器要被敲坏)；竭力使轴端对齐到最佳状态(对不好可能导致振动或轴承损坏)。

【二】学生实际操作——伺服电动机的识别及调试

教师根据实际情况，提供若干种类、品牌的伺服电动机，让学生亲自观看其外形、结构和铭牌，并通过资料了解其用途；再由教师指定一款伺服电动机，让学生独立进行调试。

温馨提示

注意不要损坏元件。

【三】自评、教师评

温馨提示

完成【一】【二】后，进入总结评价阶段。总评分自评、教师评两种，主要是总结评价本次任务过程中做得好的地方及需要改进的地方等。根据评分的情况和本次任务的结果，填写表 6-1、表 6-2。

表 6-1　学生自评表格

任务完成进度	做得好的方面	不足、需要改进的方面

表 6-2　教师评价表格

在本次任务中的表现	学生进步的方面	学生不足、需要改进的方面

【四】写总结报告

温馨提示

报告可涉及内容为本次任务，本次实训的心得体会等。总之，要学会随时记录工作过程，总结经验教训，为今后的工作打下良好的基础。

任 务 小 结

本任务主要是学习掌握伺服电动机的分类、控制方式、结构、原理和用途；学会伺服电动机的选型；学会伺服电动机的调试；掌握伺服电动机的使用注意事项。

问题探究

永磁交流伺服电动机

20世纪80年代以来，随着集成电路、电力电子技术和交流可变速驱动技术的发展，永磁交流伺服驱动技术有了突出的发展，各国著名电气厂商相继推出各自的交流伺服电动机和伺服驱动器系列产品，并不断完善和更新。交流伺服系统已成为当代高性能伺服系统的主要发展方向，使原来的直流伺服面临被淘汰的危机。20世纪90年代以后，世界各国已经商品化了的交流伺服系统是采用全数字控制的正弦波电动机伺服驱动。交流伺服驱动装置在传动领域的发展日新月异。永磁交流伺服电动机同直流伺服电动机比较，主要优点如下。

(1) 无电刷和换向器，因此工作可靠，对维护和保养要求低。

(2) 定子绕组散热比较方便。

(3) 惯量小，易于提高系统的快速性。

(4) 适应于高速大力矩工作状态。

(5) 同功率下有较小的体积和质量。

到目前为止，高性能的电伺服系统大多采用永磁同步型交流伺服电动机。

任务6.2 伺服驱动器

学习目标

(1) 学习掌握伺服驱动器的定义、原理；

(2) 掌握伺服驱动器的接线。

工作任务

学习伺服驱动器的定义、原理；做到熟练完成伺服驱动器的接线。

任务实施

【一】准备

伺服驱动器(servo drives)又称为“伺服控制器”“伺服放大器”，是用来控制伺服电动机的一种控制器，其作用类似于变频器作用于三相异步电动机，属于伺服系统的一部分，主要应用于高精度的定位系统(图 6-4)。伺服驱动器一般通过位置、速度和力矩三种方式对伺服电动机进行控制，实现高精度的传动系统定位，是目前传动技术的高端产品。

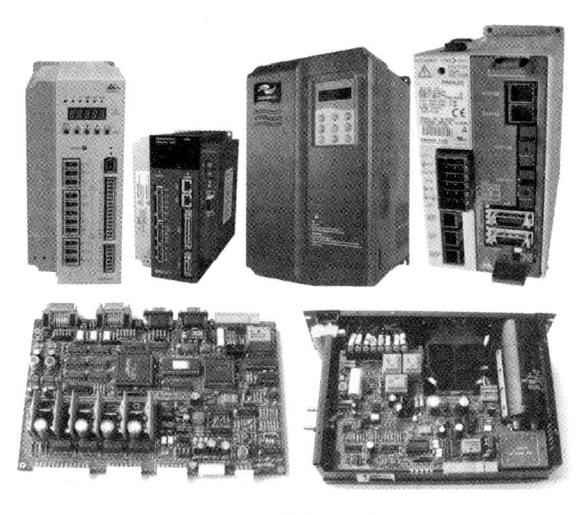

图 6-4　伺服驱动器

1. 工作原理

目前主流的伺服驱动器均采用数字信号处理器(DSP)作为控制核心，可以实现比较复杂的控制算法，实现数字化、网络化和智能化。功率器件普遍采用以智能功率模块(IPM)为核心设计的驱动电路，IPM 内部集成了驱动电路，同时具有过电压、过电流、过热、欠电压等故障检测保护电路，在主回路中还加入软起动电路，以减小起动过程对驱动器的冲击。功率驱动单元首先通过三相全桥整流电路对输入的三相电或者单相电进行整流，得到相应的直流电，再通过三相正弦 PWM 电压型逆变器变频来驱动伺服电动机。功率驱动单元的整个过程简单地说就是 AC–DC–AC 的过程。

2. 伺服驱动器的安装与接线(以 EP100 系列交流伺服驱动器为例)

1) 安装(图 6-5)

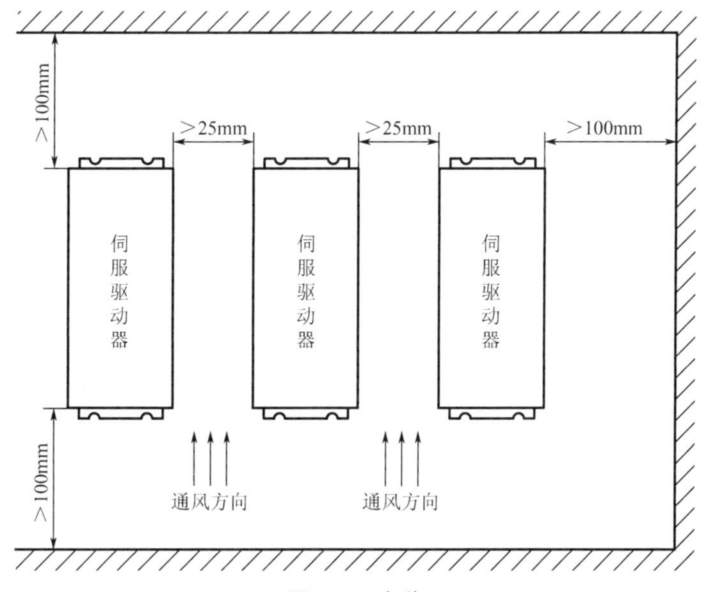

图 6-5　安装

2）接线

（1）位置控制(图 6-6)。

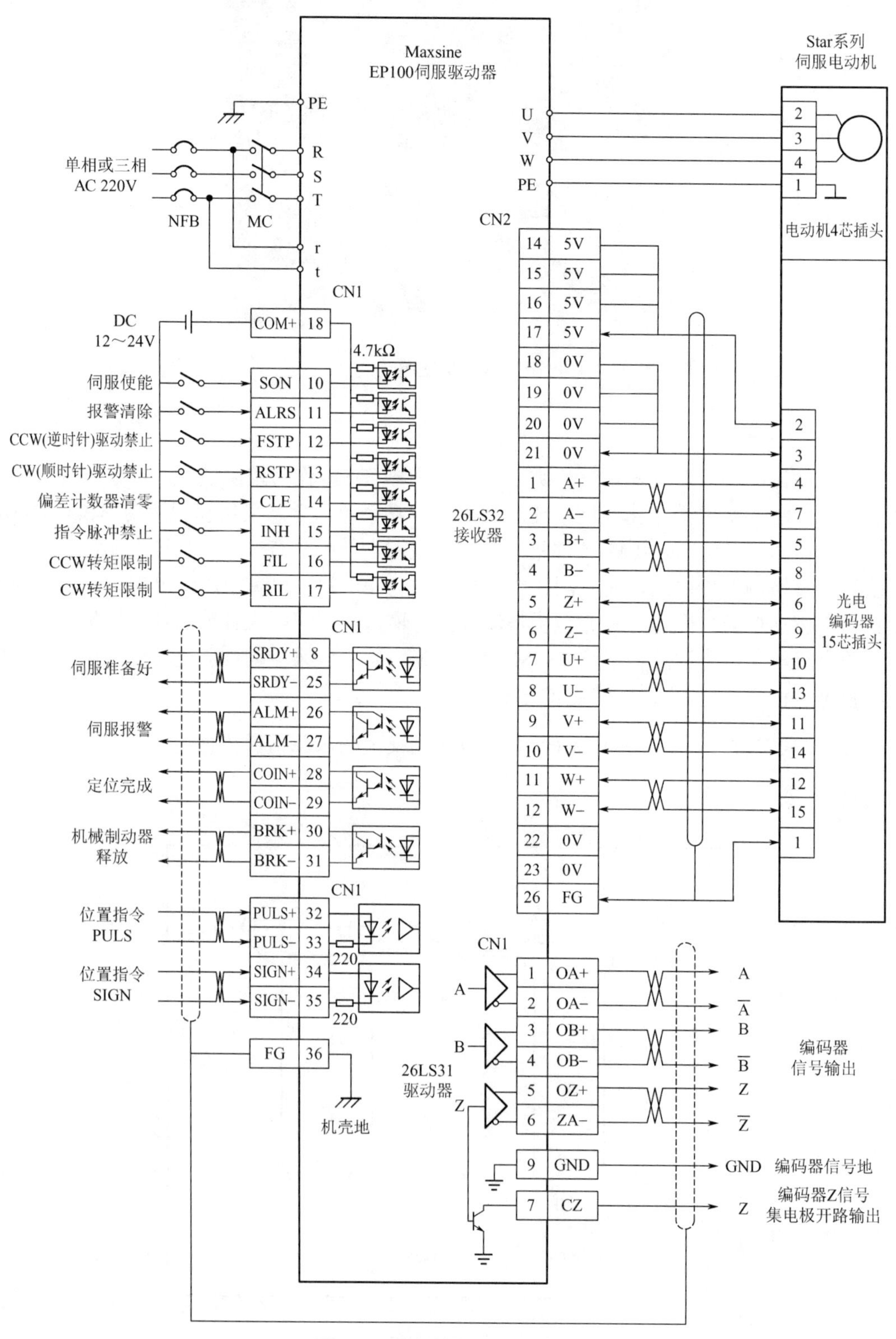

图 6-6　位置控制的标准接线

（2）速度控制(图 6-7)。

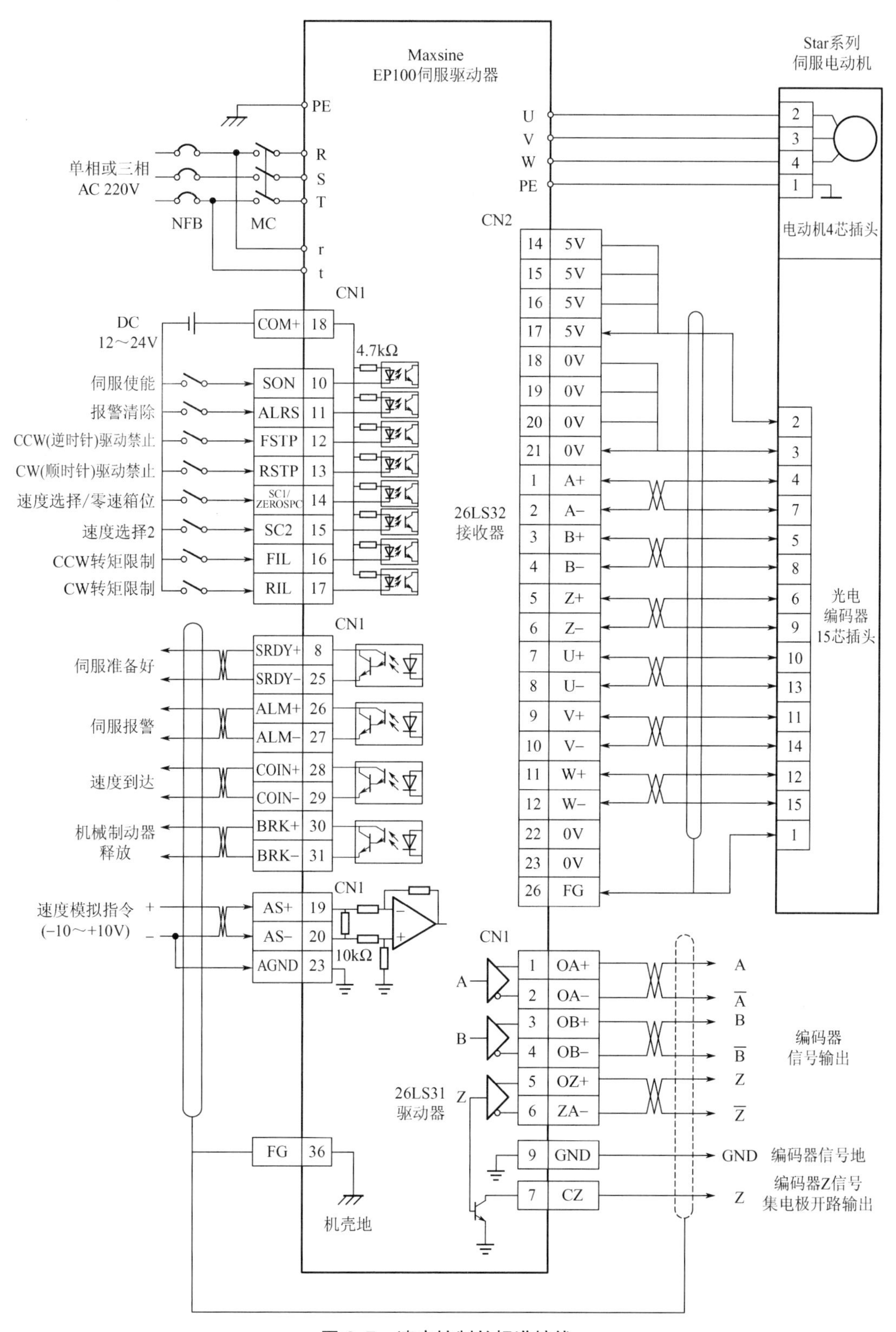

图 6-7　速度控制的标准接线

(3) 转矩控制(图 6-8)。

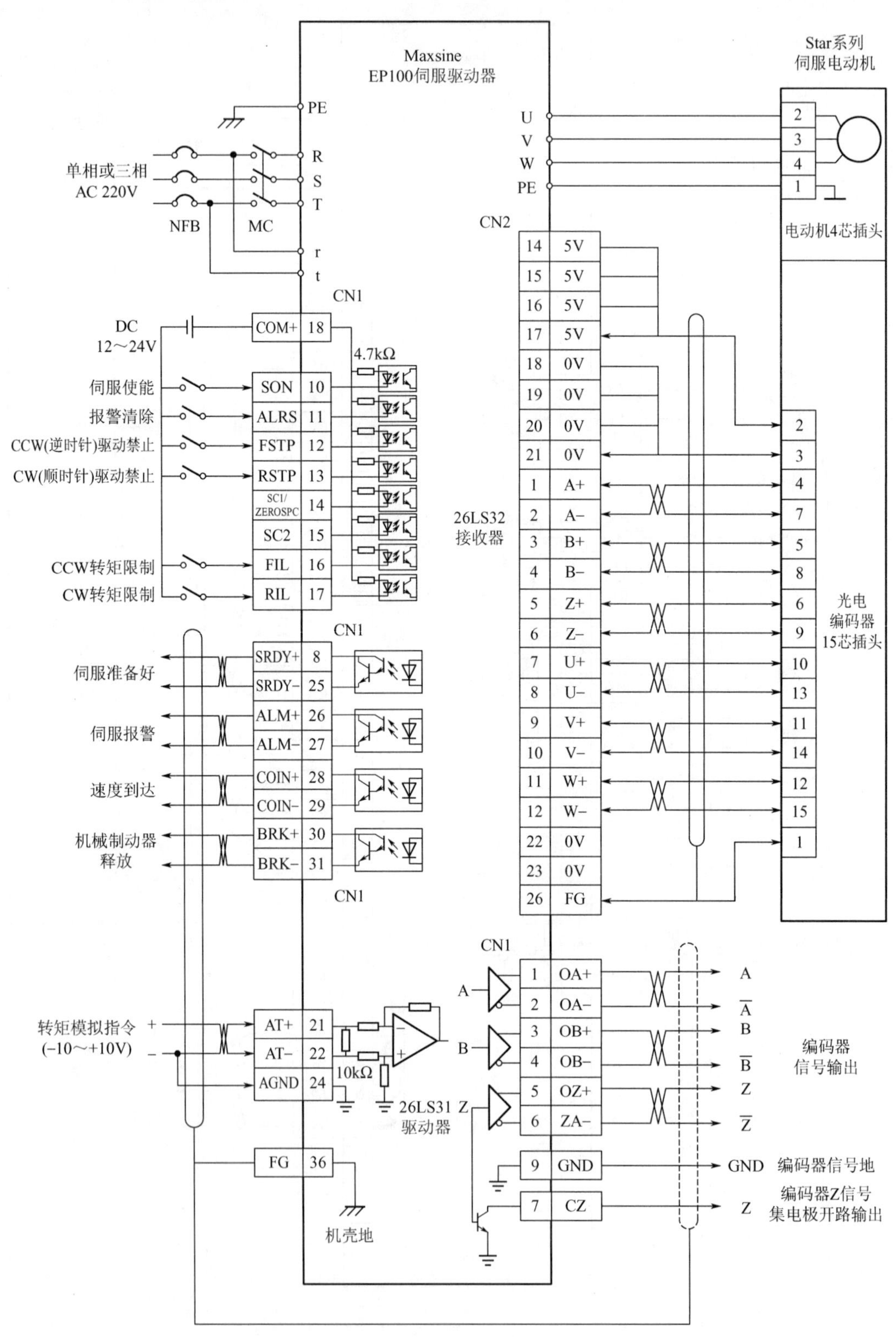

图 6-8　转矩控制的标准接线

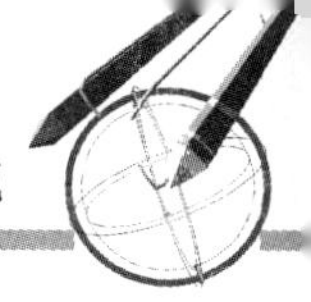

【二】学生实际操作——伺服驱动器的认识、接线

教师准备若干伺服驱动器，让学生识别和认识，并指定一款伺服驱动器让学生实际接线。

温馨提示

注意不要损坏元件。

【三】自评、教师评

温馨提示

完成【一】【二】后，进入总结评价阶段。总评分自评、教师评两种，主要是总结评价本次任务过程中做得好的地方及需要改进的地方等。根据评分的情况和本次任务的结果，填写表 6-3、表 6-4。

表 6-3　学生自评表格

任务完成进度	做得好的方面	不足、需要改进的方面

表 6-4　教师评价表格

在本次任务中的表现	学生进步的方面	学生不足、需要改进的方面

【四】写总结报告

温馨提示

报告可涉及内容为本次任务，本次实训的心得体会等。总之，要学会随时记录工作过程，总结经验教训，为今后的工作打下良好的基础。

任 务 小 结

本任务主要是学习掌握伺服驱动器的定义、原理；掌握伺服驱动器的接线。

问题探究

伺服驱动器主要设置参数的含义

1. 位置比例增益

(1) 设定位置环调节器的比例增益。

⑵ 设置值越大，增益越高，刚度越大，相同频率指令脉冲条件下，位置滞后量越小。但数值太大可能会引起振荡或超调。

⑶ 参数数值由具体的伺服系统型号和负载情况确定。

2. 位置前馈增益

⑴ 设定位置环的前馈增益。

⑵ 设定值越大时，表示在任何频率的指令脉冲下，位置滞后量越小。

⑶ 位置环的前馈增益大，控制系统的高速响应特性提高，但会使系统的位置不稳定，容易产生振荡。

⑷ 不需要很高的响应特性时，本参数通常设为 0 表示范围：0～100%。

3. 速度比例增益

⑴ 设定速度调节器的比例增益。

⑵ 设置值越大，增益越高，刚度越大。参数数值根据具体的伺服驱动系统型号和负载值情况确定。一般情况下，负载惯量越大，设定值越大。

⑶ 在系统不产生振荡的条件下，尽量设定较大的值。

4. 速度积分时间常数

⑴ 设定速度调节器的积分时间常数。

⑵ 设置值越小，积分速度越快。参数数值根据具体的伺服驱动系统型号和负载情况确定。一般情况下，负载惯量越大，设定值越大。

⑶ 在系统不产生振荡的条件下，尽量设定较小的值。

5. 速度反馈滤波因子

⑴ 设定速度反馈低通滤波器特性。

⑵ 数值越大，截止频率越低，电动机产生的噪声越小。如果负载惯量很大，可以适当减小设定值。数值太大，造成响应变慢，可能会引起振荡。

⑶ 数值越小，截止频率越高，速度反馈响应越快。如果需要较高的速度响应，可以适当减小设定值。

6. 最大输出转矩设置

⑴ 设置伺服电动机的内部转矩限制值。

⑵ 设置值是额定转矩的百分比。

⑶ 任何时候，这个限制都有效定位完成范围。

⑷ 设定位置控制方式下定位完成脉冲范围。

⑸ 本参数提供了位置控制方式下驱动器判断是否完成定位的依据，当位置偏差计数器内的剩余脉冲数小于或等于本参数设定值时，驱动器认为定位已完成，到位开关信号为 ON，否则为 OFF。

⑹ 在位置控制方式时，输出位置定位完成信号，加减速时间常数。

⑺ 设置值是表示电动机从 0～2000r/min 的加速时间或从 2000～0r/min 的减速时间。

⑻ 加减速特性是线性的到达速度范围。

(9) 设置到达速度。

(10) 在非位置控制方式下，如果电动机速度超过本设定值，则速度到达开关信号为ON，否则为 OFF。

(11) 在位置控制方式下，不用此参数。

(12) 与旋转方向无关。

任务 6. 3　伺服系统

学习目标

(1) 掌握伺服系统的概念；
(2) 了解伺服系统的结构组成；
(3) 掌握伺服系统的特点和功用；
(4) 掌握伺服系统基本类型；
(5) 掌握伺服系统基本要求；
(6) 掌握伺服系统常用的控制用电动机；
(7) 掌握常用伺服控制电动机的控制方式；
(8) 学会设计、组装、调试和维护简单的伺服系统。

工作任务

学习伺服系统的概念；了解伺服系统的结构组成；掌握伺服系统的特点和功用；掌握伺服系统基本类型；掌握伺服系统基本要求；掌握伺服系统常用的控制用电动机；掌握常用伺服控制电动机的控制方式；设计、组装、调试和维护简单的伺服系统。

任务实施

【一】准备

1. 伺服系统的概念

伺服来自英文单词 Servo，指系统跟随外部指令进行人们所期望的运动，运动要素包括位置、速度和力矩。伺服系统的发展经历了从液压、气动到电气的过程，而电气伺服系统包括伺服电动机、反馈装置和控制器。

2. 伺服系统的结构组成

机电一体化的伺服控制系统的结构、类型繁多，但从自动控制理论的角度来分析，伺服控制系统一般包括控制器、被控对象、执行环节、检测环节、比较环节五部分(图 6-9)。

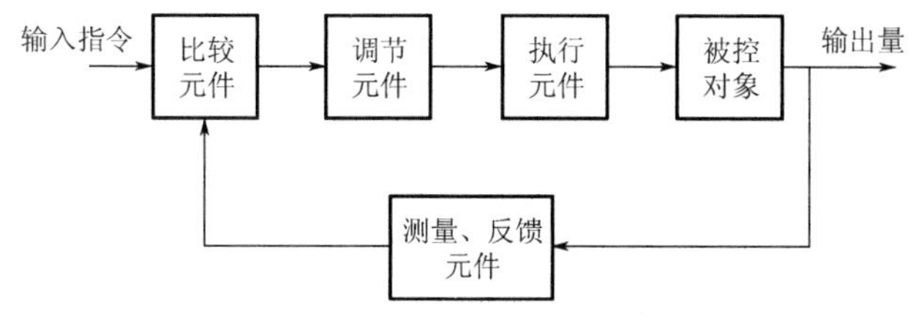

图 6-9　伺服系统组成原理框图

1）控制器

控制器通常是计算机或 PID(比例、积分和微分)控制电路，其主要任务是对比较元件输出的偏差信号进行变换处理，以控制执行元件按要求动作。

2）被控对象

在机床设备中，被控对象一般指工作台、刀具、工件等。

3）执行环节

执行环节的作用是按控制信号的要求，将输入的各种形式的能量转化成机械能，驱动被控对象工作。机电一体化系统中的执行元件一般指各种电动机或液压、气动伺服机构等。

4）检测环节

检测环节是指能够对输出进行测量并转换成比较环节所需要的量纲的装置，一般包括传感器和转换电路。

5）比较环节

比较环节是将输入的指令信号与系统的反馈信号进行比较，以获得输出与输入间的偏差信号的环节，通常由专门的电路或计算机来实现。

3. 伺服系统的特点和功用

伺服系统与一般机床的进给系统有本质上差别，它能根据指令信号精确地控制执行部件的运动速度与位置；伺服系统是数控装置和机床的联系环节，是数控系统的重要组成。

4. 伺服系统基本类型

伺服系统按控制原理分：有开环、闭环和半闭环三种形式；按被控制量性质分：有位移、速度、力和力矩等伺服系统形式；按驱动方式分：有电气、液压和气压等伺服驱动形式；按执行元件分：有步进电动机伺服、直流电动机伺服和交流电动机伺服形式。

5. 伺服系统的基本要求

1）精度高

精度是指输出量复现输入指令信号的精确程度，通常用稳态误差表示。影响伺服系统精度的因素如下。

(1) 组成元件本身误差。

组成元件本身误差主要包括：传感器的灵敏度和精度；伺服放大器的零点漂移和死区误差；机械装置反向间隙和传动误差；各元器件的非线性因素等。

(2) 系统本身误差。

系统本身误差指结构形式，输入指令信号的形式。

2）稳定性好、快速响应、调速范围宽、低速大转矩

响应速度是衡量伺服系统动态性能的重要指标。调速范围是伺服系统提供的最高速与最低速之比，具体要求如下。

(1) 调速范围要大，并且在该范围内，速度稳定。

(2) 无论高速和低速下，输出力或力矩稳定，低速驱动时，能输出额定的力或力矩。

(3) 在零速时，伺服系统处于“锁定”状态，即惯性小。

(4) 应变能力指能承受频繁的起动、制动、加速、减速的冲击；过载能力指在低速大转矩时，能承受较长时间的过载而不致损坏。

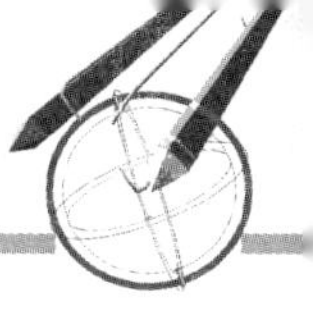

6. 伺服系统常用的控制用电动机

伺服系统控制用电动机是电气伺服控制系统的动力部件。它是将电能转换为机械能的一种能量转换装置。机电一体化产品中常用的控制用电动机是指能提供正确运动或较复杂动作的伺服电动机。

伺服系统控制用电动机有回转和直线驱动电动机，通过电压、电流、频率(包括指令脉冲)等控制，实现定速、变速驱动或反复起动、停止的增量驱动以及复杂的驱动，而驱动精度随驱动对象的不同而不同。

伺服驱动电动机一般是指步进电动机(stepping motor)、直流伺服电动机(DC servo motor)；交流伺服电动机(AC servo motor)。

7. 常用伺服控制电动机的控制方式

常用伺服控制电动机的控制方式主要有开环控制、半闭环控制、闭环控制三种。

1）开环数控系统(图 6-10)

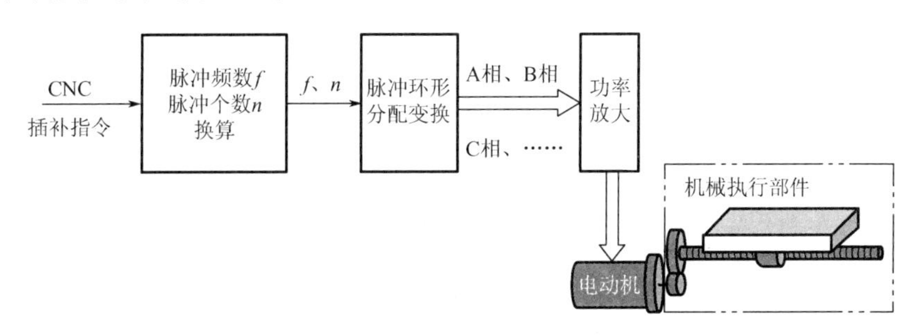

图 6-10　开环数控系统

开环数控系统无位置反馈与速度反馈环节，信号流是单向的(数控装置→进给系统)，系统稳定性好，但是精度相对闭环系统来讲不高，其精度主要取决于伺服驱动系统和机械传动机构的性能和精度。一般以功率步进电动机作为伺服驱动元件。开环数控系统具有结构简单、工作稳定、调试方便、维修简单、价格低廉等优点，在精度和速度要求不高、驱动力矩不大的场合得到广泛应用，一般用于经济型数控机床。

2）半闭环数控系统

半闭环数控系统的位置采样点如图 6-11 所示，是从驱动装置(常用伺服电动机)或丝杠引出，采样旋转角度进行检测，不是直接检测运动部件的实际位置。

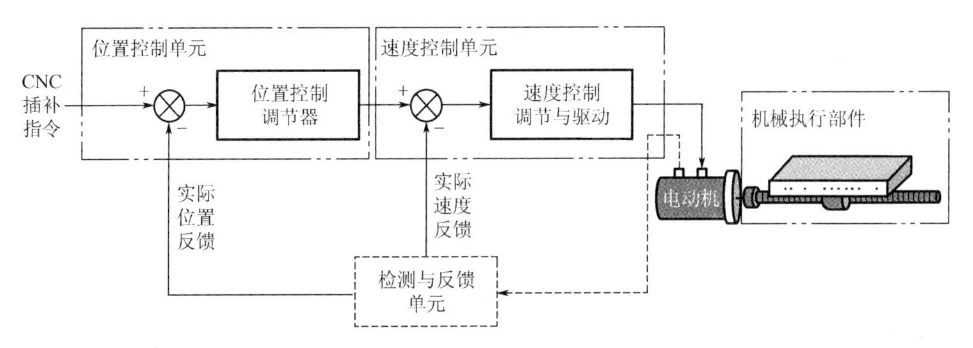

图 6-11　半闭环数控系统

半闭环环路内不包括或只包括少量机械传动环节，因此可获得稳定的控制性能，其系统的稳定性虽不如开环系统，但比闭环要好。

由于丝杠的螺距误差和齿轮间隙引起的运动误差难以消除，因此，其精度较闭环差，较开环好。但可对这类误差进行补偿，因而仍可获得满意的精度。

半闭环数控系统结构简单、调试方便、精度也较高，因而在现代 CNC 机床中得到了广泛应用。

3）全闭环数控系统

全闭环数控系统的位置采样点如图 6-12 的虚线所示，直接对运动部件的实际位置进行检测。

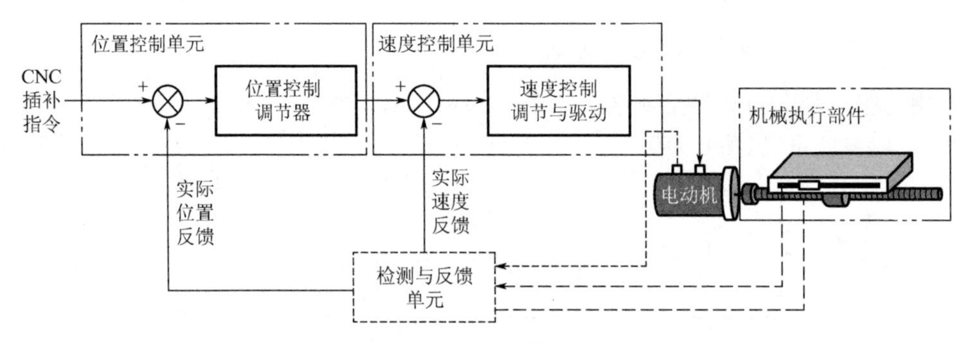

图 6-12 全闭环数控系统

全闭环数控系统具有位置(或速度) 反馈环节，从理论上讲，可以消除整个驱动和传动环节的误差、间隙和失动量，具有很高的位置控制精度。 由于位置环内的许多机械传动环节的摩擦特性、刚性和间隙都是非线性的，故很容易造成系统的不稳定，使闭环系统的设计、安装和调试都相当困难。全闭环数控系统主要用于精度要求很高的镗铣床、超精车床、超精磨床以及较大型的数控机床等。

【二】学生实际操作——伺服系统的认识及系统搭建

教师首先带领学生去实习车间，打开数控机床控制柜，现场讲解伺服系统，让学生对伺服系统有一个直观的了解和认识；然后，教师组织学生在实验台上分别组装一个开环、闭环和半闭环伺服系统。

温馨提示

注意人身安全、设备安全的前提下不要损坏元件。

【三】自评、教师评

温馨提示

完成【一】【二】后，进入总结评价阶段。总评分自评、教师评两种，主要是总结评价本次任务过程中做得好的地方及需要改进的地方等。根据评分的情况和本次任务的结果，填写表 6-5、表 6-6。

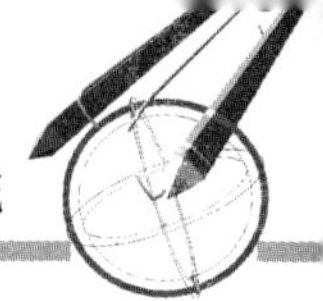

表 6-5　学生自评表格

任务完成进度	做得好的方面	不足、需要改进的方面

表 6-6　教师评价表格

在本次任务中的表现	学生进步的方面	学生不足、需要改进的方面

【四】写总结报告

温馨提示

报告可涉及内容为本次任务，本次实训的心得体会等。总之，要学会随时记录工作过程，总结经验教训，为今后的工作打下良好的基础。

任 务 小 结

本任务主要是学习掌握伺服系统的概念；了解伺服系统的结构组成；掌握伺服系统的特点和功用；掌握伺服系统基本类型；掌握伺服系统基本要求；掌握伺服系统常用的控制用电动机；掌握常用伺服控制电动机的控制方式；学会设计、组装、调试和维护简单的伺服系统。

问题探究

1. 伺服系统执行元件的种类及其特点

1）执行元件的种类(图 6-13)

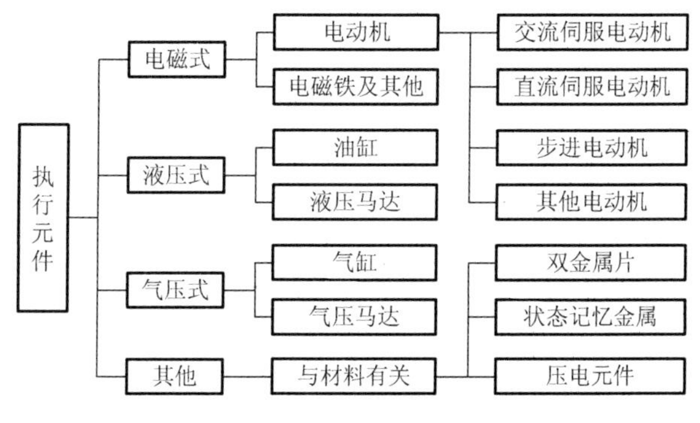

图 6-13　执行元件的种类

(1) 电气执行元件

电气执行元件包括直流(DC)伺服电动机、交流(AC)伺服电动机、步进电动机以及电磁铁等，是最常用的执行元件。对伺服电动机除了要求运转平稳以外，一般还要求动态性能好，适合于频繁使用，便于维修等。

(2) 液压式执行元件

液压式执行元件主要包括往复运动油缸、回转油缸、液压马达等，其中油缸最为常见。在同等输出功率的情况下，液压元件具有质量轻、快速性好等特点。

(3) 气压式执行元件

气压式执行元件除了用压缩空气作工作介质外，与液压式执行元件没有区别。气压驱动虽可得到较大的驱动力、行程和速度，但由于空气黏性差，具有可压缩性，故不能在定位精度要求较高的场合使用。

2) 执行元件的特点(表6-7)

表6-7 执行元件的特点

种类	特 点	优 点	缺 点
电气式	可用商业电源；信号与动力传送方向相同；有交流直流之分；注意使用电压和功率	操作简便；编程容易；能实现定位伺服控制；响应快、易与计算机(CPU)连接；体积小、动力大、无污染	瞬时输出功率大；过载差；一旦卡死，会引起烧毁事故；受外界噪声影响大
气压式	气体压力源压力5～7Mpa；要求操作人员技术熟练	气源方便、成本低；无泄漏而污染环境；速度快、操作简便	功率小、体积大、难于小型化；动作不平稳、远距离传输困难；噪声大；难于伺服
液压式	液体压力源压力20～80Mpa；要求操作人员技术熟练	输出功率大，速度快、动作平稳，可实现定位伺服控制；易与计算机(CPU)连接	设备难于小型化；液压源和液压油要求严格；易产生泄漏而污染环境

应用情况：液压式执行元件用于大功率重型设备；气压式执行元件用于工件夹紧、输送等自动化生产线；电气式执行元件应用最广泛。

2. 伺服系统对执行元件的基本要求

惯量小、动力大；体积小、质量轻；便于维修、安装；宜于微机控制。

项目 7

步进电动机及步进控制系统

任务 7.1 步进电动机

学习目标

(1) 学习掌握步进电动机分类；
(2) 掌握步进电动机的工作原理；
(3) 熟悉主要参数。

工作任务

学习步进电动机的分类、工作原理及主要参数；了解步进电机的适用场合；熟练认识步进电动机。

任务实施

【一】准备

步进电动机(图 7-1)是将电脉冲信号转变为角位移或线位移的电磁机械装置。它具有快速起停能力，在电动机的负荷不超过它能提供的动态转矩时，可以通过输入脉冲来控制它在一瞬间起动或停止。在非超载的情况下，电动机的转速、停止的位置只取决于脉冲信号的频率和脉冲数，而不受负载变化的影响，和环境温度、气压、振动无关，也不受电网电压的波动和负载变化的影响。当步进驱动器接收到一个脉冲信号，它就驱动步进电动机按设定的方向转动一个固定的角度，称为“步距角”，它的旋转是以固定的角度一步一步运行的。可以通过控制脉冲个数来控制角位移量，从而达到准确定位的目的；同时可以通过控制脉冲频率来控制电动机转动的速度和加速度，从而达到调速的目的。因此，步进电动机多应用在需要精确定位的场合。

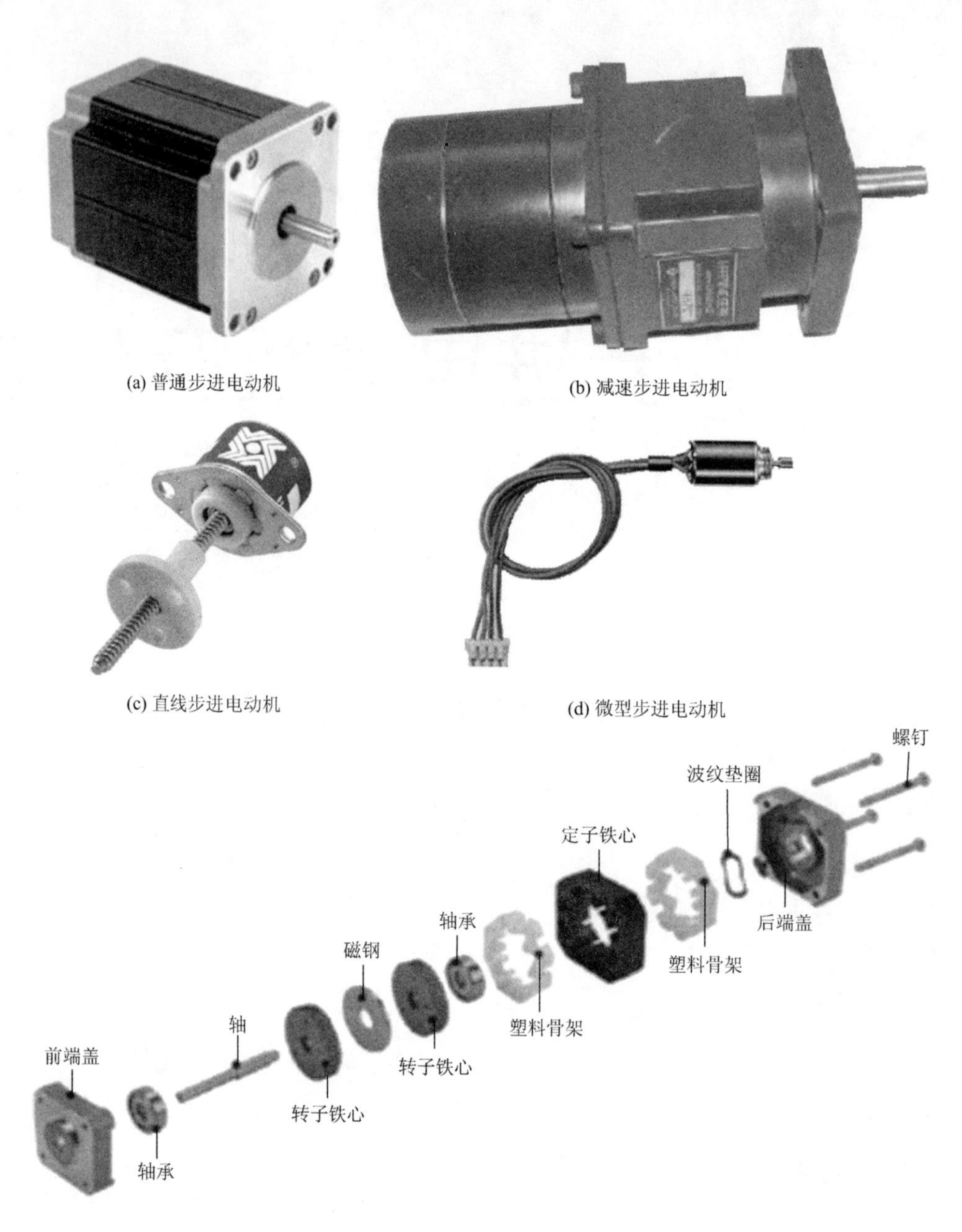

(a) 普通步进电动机　(b) 减速步进电动机

(c) 直线步进电动机　(d) 微型步进电动机

(e) 步进电动机结构

图 7-1　步进电动机

步进电动机是一种感应电机，它的工作原理是利用电子电路，将直流电变成分时供电的，多相时序控制电流，用这种电流为步进电动机供电，步进电动机才能正常工作，驱动器就是为步进电动机分时供电的，多相时序控制器。

虽然步进电动机已被广泛地应用，但步进电动机并不能像普通的直流电动机、交流电动机那样在常规下使用。它必须在由双环形脉冲信号、功率驱动电路等组成控制系统内方可使用。因此用好步进电动机并非易事，它涉及机械、电机、电子及计算机等许多专业知识。步进电动机作为执行元件，是机电一体化的关键产品之一，广泛应用在各种自动化控制系统中。随着微电子和计算机技术的发展，步进电动机的需求量与日俱增，在国民经济各个领域都有应用。

1. 步进电动机分类

1）永磁式(PM)

永磁式步进电动机一般为两相，转矩和体积较小，步进角一般为 7.5°或 15°。

2）反应式(VR)

反应式步进电动机一般为三相，可实现大转矩输出，步进角一般为 1.5°，但噪声和振动都很大。20 世纪 80 年代，反应式步进电动机在欧美等发达国家已被淘汰。

3）混合式(HB)

混合式步进电动机混合了永磁式电动机和反应式电动机的优点。它又分为两相和五相：两相步进角一般为 1.8°，而五相步进角一般为 0.72°。混合式步进电动机的应用最为广泛。

2. 步进电动机的工作原理

步进电动机有三线式、五线式和六线式，但其控制方式均相同，都要以脉冲信号电流来驱动。假设每旋转一圈需要 200 个脉冲信号来励磁，可以计算出每个励磁信号能使步进电动机前进 1.8°，其旋转角度与脉冲的个数成正比。步进电动机的正、反转由励磁脉冲产生的顺序来控制。六线式四相步进电动机是比较常见的，它的控制等效电路如图 7-2 所示。它有四条励磁信号引线 A、$\overline{A}$、B、$\overline{B}$，通过控制这四条引线上励磁脉冲产生的时刻，即可控制步进电动机的转动。每出现一个脉冲信号，步进电动机只走一步。因此，只要依序不断送出脉冲信号，步进电动机就能实现连续转动。

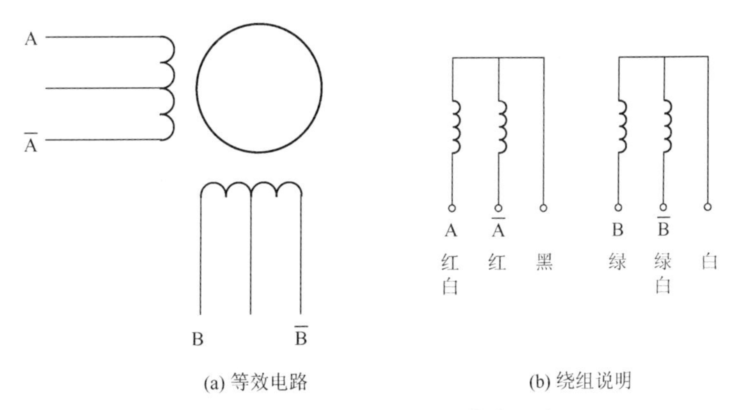

(a) 等效电路　(b) 绕组说明

图 7-2　步进电动机的控制等效电路

步进电动机的励磁方式分为全步励磁和半步励磁两种。其中全步励磁又有一相励磁和二相励磁之分；半步励磁又称一-二相励磁。假设每旋转一圈需要 200 个脉冲信号来励磁，可以计算出每个励磁信号能使步进电动机前进 1.8°，简要介绍如下。

1）一相励磁

在每一瞬间，步进电动机只有一个线圈导通。每送一个励磁信号，步进电动机能旋转 1.8°，这是三种励磁方式中最简单的一种。

一相励磁的特点是精确度好、消耗电力小，但输出转矩最小，振动较大。如果以该方式控制步进电动机正转，对应的励磁顺序如表 7-1 所示。若励磁信号反向传送，则步进电动机反转。表中的 1 和 0 表示送给电动机的高电平和低电平。

表 7-1　一相励磁顺序表

STEP	A	B	$\bar{A}$	$\bar{B}$
1	1	0	0	0
2	0	1	0	0
3	0	0	1	0
4	0	0	0	1

励磁顺序说明：1→2→3→4（4 返回 1）

2）二相励磁

在每一瞬间，步进电动机有两个线圈同时导通。每送一个励磁信号，步进电动机能旋转 1.8°。

二相励磁的特点是：输出转矩大，振动小。二相励磁是目前使用最多的励磁方式。如果以该方式控制步进电动机正转，对应的励磁顺序见表 7-2。若励磁信号反向传送，则步进电动机反转。

表 7-2　二相励磁顺序表

STEP	A	B	$\bar{A}$	$\bar{B}$
1	1	1	0	0
2	0	1	1	0
3	0	0	1	1
4	1	0	0	1

励磁顺序说明：1→2→3→4（4 返回 1）

3）一-二相励磁

一-二为一相励磁与二相励磁交替导通的方式。每送一个励磁信号，步进电动机能旋转 0.9°。

一-二的特点是：分辨率高，运转平滑，故应用也很广泛。如果以该方式控制步进电动机正转，对应的励磁顺序见表 7-3。若励磁信号反向传送，则步进电动机反转。

表 7-3　一-二相励磁顺序表

STEP	A	B	$\bar{A}$	$\bar{B}$
1	1	0	0	0
2	1	1	0	0
3	0	1	0	0
4	0	1	1	0
5	0	0	1	0
6	0	0	1	1
7	0	0	0	1
8	1	0	0	1

励磁顺序说明：1→2→3→4→5→6→7→8（8 返回 1）

3. 主要参数

1）步进电动机的静态指标

（1）相数。

相数是指电动机内部的线圈组数，目前常用的有二相、三相、四相、五相步进电动机。电动机相数不同，其步距角也不同，一般二相电动机的步距角为 0.9°/1.8°、三相的为 0.75°/1.5°、五相的为 0.36°/0.72°。在没有细分驱动器时，用户主要靠选择不同相数的步进电动机来满足自己步距角的要求。如果使用细分驱动器，则“相数”将变得没有意义，用户只需要在驱动器上改变细分数，就可以改变步距角。

（2）步距角。

步距角表示控制系统每发一个步进脉冲信号，电动机所转动的角度。电动机出厂时给出了一个步距角的值，如 86BYG250A 型电动机给出的值为 0.9°/1.8°(表示半步工作时为 0.9°、整步工作时为 1.8°)，这个步距角可以称为“电动机固有步距角”，它不一定是电动机实际工作时的真正步距角，真正的步距角和驱动器有关。

（3）拍数。

完成一个磁场周期性变化所需脉冲数或导电状态，或指电动机转过一个步距角所需脉冲数，以四相电机为例，有四相四拍运行方式，即 AB—BC—CD—DA—AB，四相八拍运行方式，即 A—AB—B—BC—C—CD—D—DA—A。

（4）定位转矩。

定位转矩是指电动机在不通电状态下，电动机转子自身的锁定力矩(由磁场齿形的谐波以及机械误差造成的)。

（5）保持转矩。

保持转矩是指步进电动机通电但没有转动时，定子锁住转子的力矩。它是步进电动机最重要的参数之一，通常步进电动机在低速时的力矩接近保持转矩。由于步进电动机的输出力矩随速度的增大而不断衰减，输出功率也随速度的增大而变化，所以保持转矩就成为了衡量步进电动机最重要的参数之一。例如，当人们说 2N•m 的步进电动机，在没有特殊说明的情况下，是指保持转矩为 2N•m 的步进电动机。

2）步进电动机的动态指标

（1）步距角精度。

步距角精度是指步进电动机每转过一个步距角的实际值与理论值的误差，用百分比表示为：误差/步距角×100%。不同运行拍数步距角精度不同，四拍运行时应在 5%之内，八拍运行时应在 15%以内。

（2）失步。

电动机运转时运转的步数不等于理论上的步数，称为失步。

（3）失调角。

失调角是指转子齿轴线偏移定子齿轴线的角度。电动机运转必存在失调角，由失调角产生的误差，采用细分驱动是不能解决的。

（4）最大空载起动频率。

最大空载起动频率是指电动机在某种驱动形式、电压及额定电流下，在不加负载的情况下，能够直接起动的最大频率。

(5) 最大空载运行频率。

最大空载运行频率是指电动机在某种驱动形式、电压及额定电流下，不带负载运行的最高转速频率。

(6) 运行矩频特性

电动机在某种测试条件下测得运行中输出力矩与频率关系的曲线称为运行矩频特性，这是电动机诸多动态曲线中最重要的，也是电动机选择的根本依据。电动机运行的力矩与频率运行的关系曲线如图 7-3 所示。

电动机一旦选定，电动机的静力矩即确定，而动态力矩却不然。电动机的动态力矩取决于电动机运行时的平均电流(而非静态电流)，平均电流越大，电动机输出力矩越大，即电动机的频率特性越硬，如图 7-4 所示。

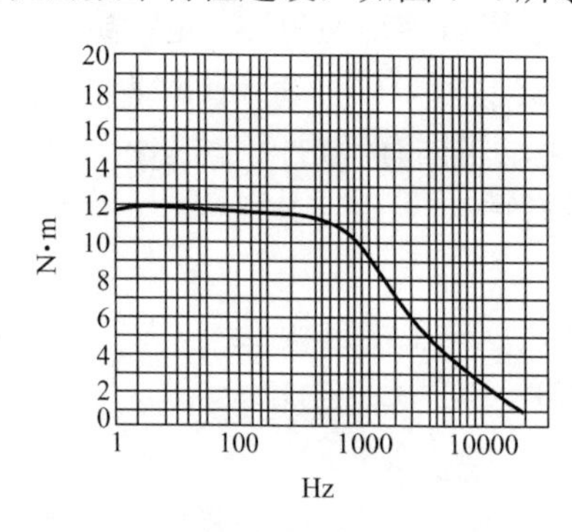

图 7-3　力矩与频率的关系曲线(Ⅰ)

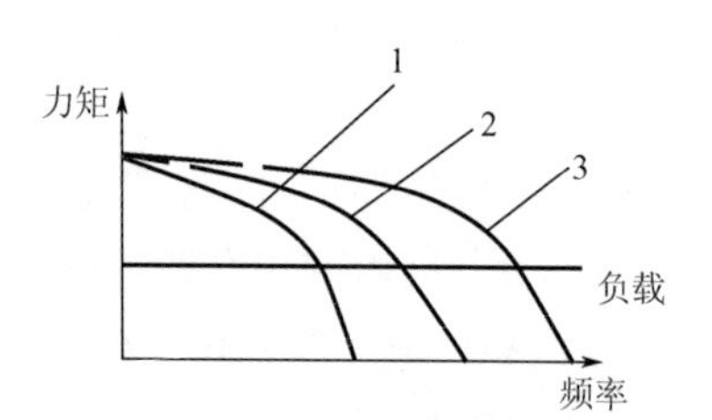

图 7-4　力矩与频率的关系曲线(Ⅱ)

图 7-4 中，曲线 3 电流最大或电压最高；曲线 1 电流最小或电压最低，曲线与负载的交点为负载的最大速度点。要使平均电流大，尽可能提高驱动电压，或采用小电感大电流的电动机。

(7) 电动机的共振点。

步进电动机均有固定的共振区域，步进电动机的共振区一般为 50～80r/min 或在 180r/min 左右，电动机驱动电压越高，电动机电流越大，负载越轻，电动机体积越小，则共振区向上偏移，反之亦然。为使电动机输出力矩大，不失步和整个系统的噪声降低，一般工作点均应偏移共振区较多。因此，在使用步进电动机时应避开此共振区。

【二】学生实际操作——步进电动机的识别

教师准备不同类型的步进电动机，让学生识别并说出其参数及含义。

温馨提示

注意不要损坏元件。

【三】自评、教师评

温馨提示

完成【一】【二】后，进入总结评价阶段。总评分自评、教师评两种，主要是总结评价本次任务过程中做得好的地方及需要改进的地方等。根据评分的情况和本次任务的结果，填写表 7-4、表 7-5。

表 7-4　学生自评表格

任务完成进度	做得好的方面	不足、需要改进的方面

表 7-5　教师评价表格

在本次任务中的表现	学生进步的方面	学生不足、需要改进的方面

【四】写总结报告

温馨提示

报告可涉及内容为本次任务，本次实训的心得体会等。总之，要学会随时记录工作过程，总结经验教训，为今后的工作打下良好的基础。

任 务 小 结

本任务主要是学习掌握步进电动机分类；掌握步进电动机的工作原理；熟悉主要参数。

问题探究

步进电动机使用常见问题

1. 二相与四相混合式的区别？

二相步进电机内部只有两组线圈，外部有四根引出接线，标记为 A、$\bar{A}$、B、$\bar{B}$；四相步进电动机内部线圈有两种形式：两组带中间抽头的有六根引出接线，独立四组线圈的有八根引出接线。

2. 步进电动机与驱动器怎样选型？

因为步进电动机的输出功率与运转速度成反比例，所以选型时必须了解以下参数。

(1) 负载：单位为 kg·cm 或者 N·m(例：1cm 半径 1kg 力拉动时为 1kg·cm)。

(2) 速度：速度越高电动机输出力矩越小。参照电动机输出曲线选择相应速度时，输出得达到负载能力的电动机。表 7-6 给出一些参考。

表 7-6　电动机选择参考

	高速性能	低速振动	适配驱动器
电动机电压高电流小	差	小	价格低
电动机电压低电流大	号	大	价格高

3. 步进电动机使用时出现振动大、失步或有声不转动等现象，为什么？

步进电动机与普通交流电动机有很大的差别，振动大或失步现象是常见的现象。分析原因及相应解决方法有以下几点。

(1) 控制脉冲：频率低速时是否处在共振点上(每个型号电动机不同)，高速时是否采用梯形或其他曲线加速，控制脉冲频率有无跳动(部分 PLC 机型)。

相应解决方法：调整控制脉冲频率或采用步进伺服专用控制器。

(2) 驱动器：电动机低速时，振动或失步，高速时正常→驱动电压过高；电动机低速时正常，高速时失步→驱动电压过低；电动机长时间低速运转无发热现象(电动机正常工作时温度可达 80～90℃)→驱动电流过小；电动机工作时过热→驱动电流过大。

相应解决方法：调节驱动器电流、驱动电压或更换驱动器。

4. 步进电动机控制为什么要采用梯形或其他加速方法？

步进电动机起步速度根据电动机不同一般在 150～250r/min，如果希望高于此速度运转就必须先用起步以下速度起步，逐渐加速直至最高速度，运行一定距离后逐渐减速，至起步速度以下时方可停止，否则有高速上不去或失步的现象。常见加速方法有分级加速、梯形加速、S 字加速等。

5. 步进电动机的外表温度允许达到多少？

步进电动机温度过高首先会使电动机的磁性材料退磁，从而导致力矩下降乃至于失步，因此电动机外表允许的最高温度应取决于不同电动机磁性材料的退磁点；一般来讲，磁性材料的退磁点都在 130℃以上，有的甚至高达 200℃以上，所以步进电动机外表温度在 80～90℃完全正常。

6. 为什么步进电动机的力矩会随转速的升高而下降？

当步进电动机转动时，电动机各相绕组的电感将形成一个反向电动势；频率越高，反向电动势越大。在它的作用下，电动机随频率(或速度)的增大而相电流减小，从而导致力矩下降。

7. 为什么步进电动机低速时可以正常运转，但若高于一定速度就无法起动，并伴有啸叫声？

步进电动机有一个技术参数：空载起动频率，即步进电动机在空载情况下能够正常起动的脉冲频率，如果脉冲频率高于该值，电动机不能正常起动，可能发生失步或堵转。在有负载的情况下，起动频率应更低。如果要使电动机达到高速转动，脉冲频率应该有加速过程，即起动频率较低，然后按一定加速度升到所希望的高频(电动机转速从低速升到高速)。

8. 如何克服两相混合式步进电动机在低速运转时的振动和噪声？

步进电动机低速转动时振动和噪声大是其固有的缺点，一般可采用以下方案来克服：

(1) 如步进电动机正好工作在共振区，可通过改变减速比等机械传动避开共振区。

(2) 采用带有细分功能的驱动器，这是最常用的、最简便的方法。

(3) 换成步距角更小的步进电动机，如三相或五相步进电动机。

(4) 换成交流伺服电动机，几乎可以完全克服振动和噪声，但成本较高。

(5) 在电动机轴上加磁性阻尼器，市场上已有这种产品，但机械结构改变较大。

9. 常见步进电动机接线方法(图 7-5)

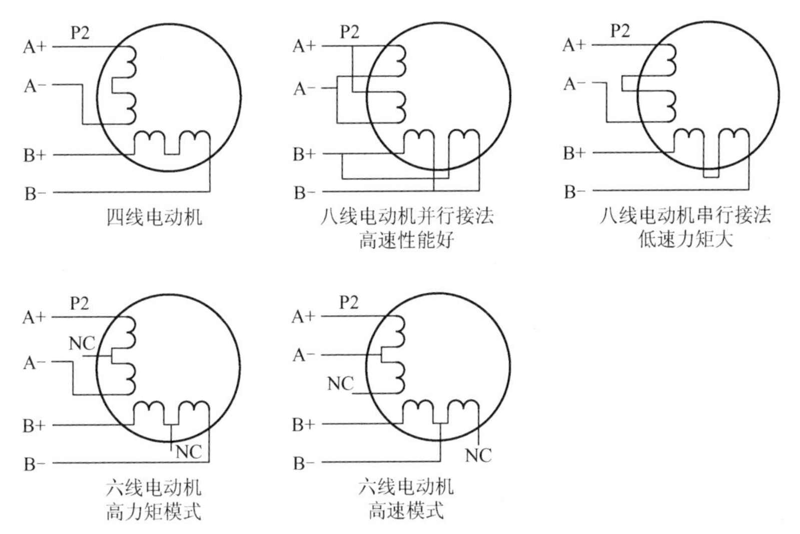

图 7-5　常见步进电动机接线方法

任务 7.2　步进驱动器

学习目标

(1) 学习掌握步进驱动器的定义；

(2) 学习掌握步进驱动器的电路构成和工作原理；

(3) 熟练掌握步进驱动器与步进电动机和控制线路的连接。

工作任务

学习步进驱动器的定义、步进驱动器的电路构成和工作原理；熟练完成步进驱动器与步进电动机和控制线路的连接。

任务实施

【一】准备

1. 步进驱动器(图 7-6)

步进驱动器是一种能使步进电动机运转的功率放大器，能把控制器发来的脉冲信号转化为步进电动机的角位移，电动机的转速与脉冲频率成正比，所以控制脉冲频率可以精确调速，控制脉冲数就可以精确定位。

2. 步进驱动器的电路构成和工作原理

步进驱动器的电路构成如图 7-7 所示。整流电路将输入 AC 电源，整流滤波为直流电，给稳压电源的供电，并作为逆变功率电路的输入电源。部分小功率步进驱动器，直接取用外供直流电源，省去了整流电路这一环节。控制电路以单片机(CPU)为核心，接收输入端子输入的控制信号和过流检测电路输入的保护信号，输出逆变电路所需的信号脉冲，并经脉冲驱动电路进行功率放大，驱动逆变功率电路的 CMOS(或 IGBT)功率开关管，使负载电动机产生相应步进动作。逆变功率电路，有些机型是由单管分立零件组成，有些则与整流电路等集成于一个功率模块内部。

图 7-6　步进驱动器外形图

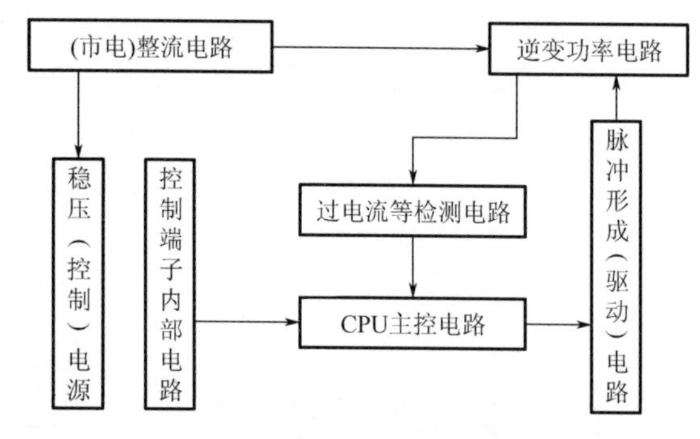

图 7-7　步进驱动器的电路构成

3. 步进驱动器与步进电动机和控制线路的连接

图 7-8 为二相步进电动机与驱动器的接线图，控制设备可以是 PLC 的输出回路，也可以是其他电器设备。步进电动机驱动器最重要的控制信号有两个：脉冲信号和方向信号。脉冲信号决定步进电动机的运转速度，方向信号决定步进电动机的旋转方向。不仅仅是 PLC，任何设备只要能给出这两个控制信号，便能控制步进电动机的步进、转速和旋转方向。从脉冲信号输入脚输入的是频率可变的、脉冲个数可控的脉冲信号，这种信号可由纯硬件电路或软件程序生成；方向信号则为常规开关量信号。下面对步时电动机驱动器的几个控制信号及其他接线做一简要说明。

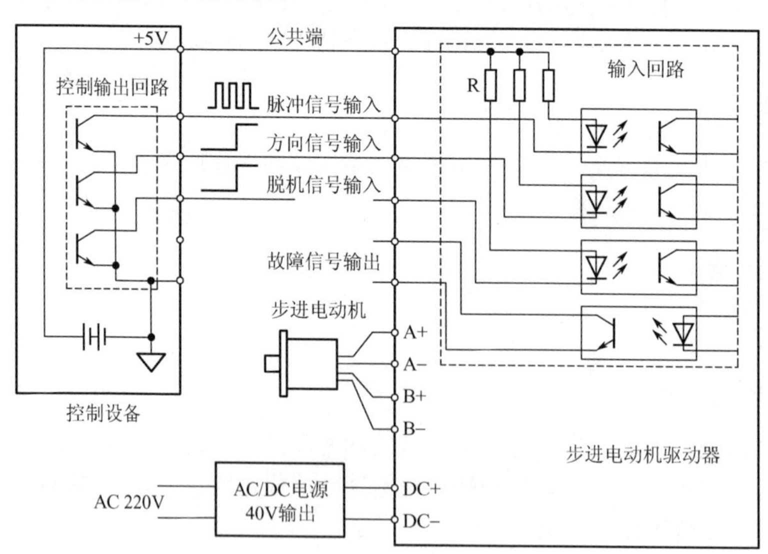

图 7-8　二相步进电动机及驱动器接线图

1) 脉冲信号输入端(CP)

由控制设备发送脉冲个数与频率可变化的控制脉冲，控制步进电动机的转速、步进距离；信号要求为矩形脉冲，脉冲宽度不低于 6～10μs，信号间隔大于 6～10μs，低电平幅值 0～1V，高电平幅值达 4～6V。工作方式一般为脉冲边沿触发，每输入一个脉冲信号，电

动机转过一个步距角(步进一次)。

2）方向信号输入端(CW/CCW)

输入开关量电压信号。端子开路状态下，为静态高电平，CP 端子有脉冲信号输入时，步进电动机正转；控制信号生效使方向输入端为低电平时，在脉冲信号输入期间，反转。

注意：该端子控制回路，接通与断开与否，步进电动机都有可能运转，只是运转方向不同罢了。机型不同，对应正、反转的电平值可能有所不同。例如，有的 CW/CWW 端子为高电平时，反转。这两个控制端子一般为必接端子，即使只需要一个转向。接入方向控制的目的，在单转向时，相当于启/停信号。

3）脱机信号输入端(FREE)

脱机信号输入端指通电运行前步进电动机的静止力矩(锁定转子力矩)。步进驱动器在脉冲信号无输出时，一般仍输出一静态直流电压，产生静止力矩以锁住转子不动。而当有脱机信号时解除自锁功能，转子处于自由状态并且不响应脉冲信号输入。

在不断电情况下，要手动调整转子位置时，为步进驱动器输入脱机信号，可使转子解除锁定状态，进行手动操作或调节，调整完毕后，再解除脱机信号。

注意：有些步进驱动器，该端子定义为 HOLD(励磁控制信号输入)，端子接通状态下，由转子锁定力矩产生，步进电动机允许运行。端子开路状态下，反而为脱机状态。

4）故障信号输出端(ERR)

故障信号输出端为开路集电极输出或接点输出方式，在过电流、欠电压、过电压、电动机连线接错等故障发生时，步进驱动器停止输出，同时发出故障报警信号。故障信号输出端操作面板还有各种运行、故障指示灯，配合显示步进驱动器的工作状态。

5）输出接线端(A+/A–/B+/B–)

输出接线端与步进电动机的绕组引线对应相连接。改变电动机转向时，除改变 CW/CCW 端子信号外，也可以用改变输出端子的方法来改变电动机转向，将 A+、A–端子互调，便使步进电动机的转向改变。

6）供电电源端(AC 80V 或 DC 40V)

直流供电时，可采用仪用开关电源，注意电流供给能力应大于步进电动机的 2 倍；交流供电时，可采用 220V/80V 或 380V/80V 降压变压器，电流供给能力应大于步进电动机的 1.5 倍以上。如果负载较轻，转速也要求较低，而步进电动机与驱动器的供电电压范围又宽，可以适当降低电源供电电压，以延长电动机和驱动器的寿命。

【二】学生实际操作——步进驱动器的识别及接线

教师准备若干步进驱动器，让学生识别并接线。

温馨提示

注意不要损坏元件。

【三】自评、教师评

温馨提示

完成【一】【二】后，进入总结评价阶段。总评分自评、教师评两种，主要是总结评价本次任务过程中做得好的地方及需要改进的地方等。根据评分的情况和本次任务的结果，填写表 7-7、表 7-8。

表 7-7　学生自评表格

任务完成进度	做得好的方面	不足、需要改进的方面

表 7-8　教师评价表格

在本次任务中的表现	学生进步的方面	学生不足、需要改进的方面

【四】写总结报告

温馨提示

报告可涉及内容为本次任务，本次实训的心得体会等。总之，要学会随时记录工作过程，总结经验教训，为今后的工作打下良好的基础。

任务小结

本任务主要是学习掌握步进驱动器的定义；学习掌握步进驱动器的电路构成和工作原理；熟练掌握步进驱动器与步进电动机和控制线路的连接。

问题探究

1. 步进驱动器常用接线方法

1）共阳极接法（图 7-9）

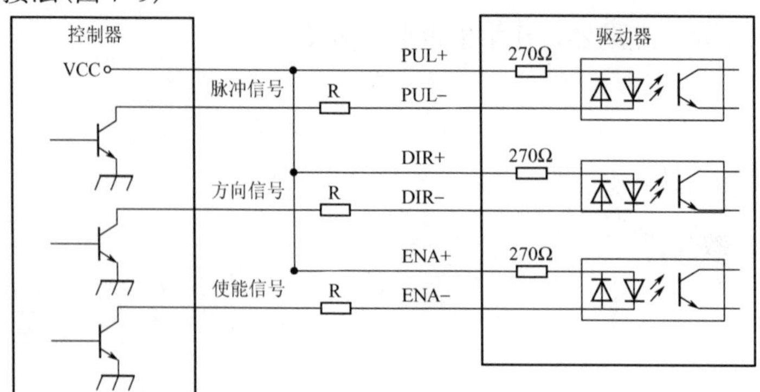

图 7-9　共阳极接法

2）共阴极接法(图 7-10)

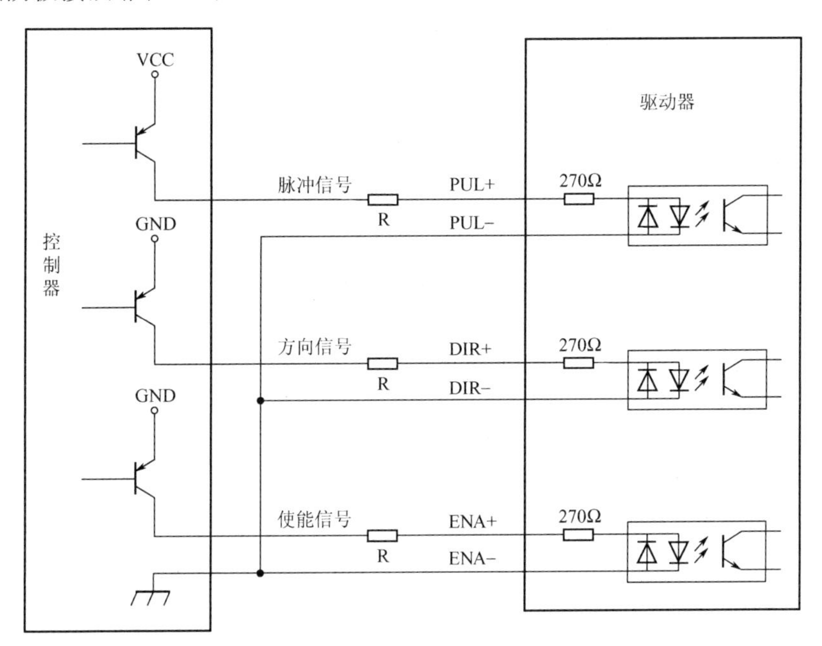

图 7-10　共阴极接法

3）差分方式接法(图 7-11)

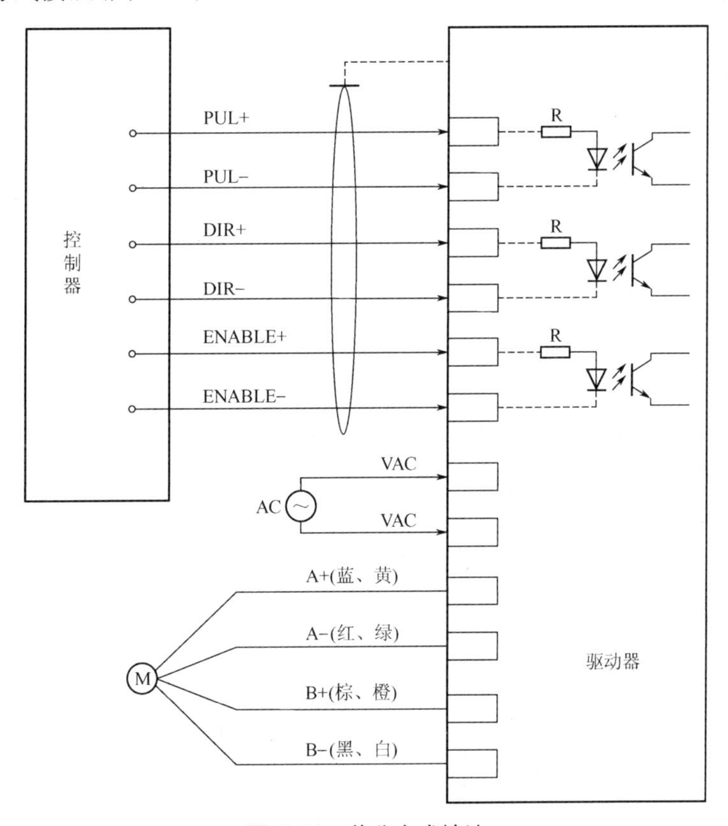

图 7-11　差分方式接法

2. 步进驱动器常用电流设置

(1) 四线电动机和六线电动机高速度模式：输出电流设成等于或略小于电动机的额定电流值。

(2) 六线电动机高力矩模式：输出电流设成电动机额定电流的 0.7。

(3) 八线电动机并联接法：输出电流应设成电动机单极性接法电流的 1.4 倍。

(4) 八线电动机串联接法：输出电流应设成电动机单极性接法电流的 0.7。

任务 7.3 步进控制系统

学习目标

(1) 了解步进控制系统的组成；

(2) 掌握步进电动机的单片机控制系统；

(3) 掌握步进电动机的 PLC 控制系统。

工作任务

学习步进控制系统的组成；掌握步进电动机的单片机控制系统；掌握步进电动机的 PLC 控制系统；搭建、调试及维修步进控制系统。

任务实施

【一】准备

1. 步进控制系统的组成(图 7-12)

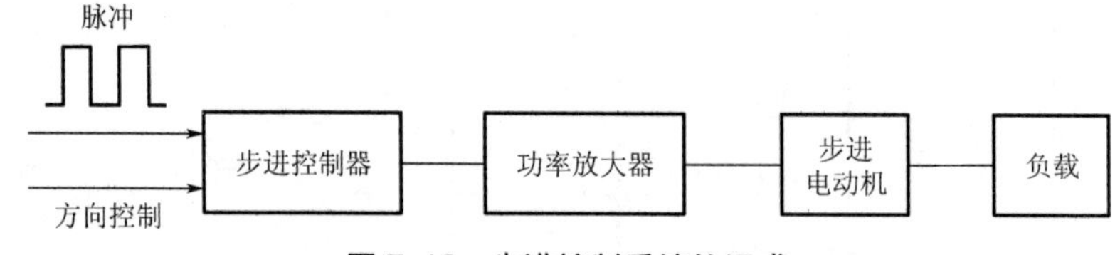

图 7-12 步进控制系统的组成

1) 步进控制器

(1) 步进控制器包括：缓冲寄存器、环形分配器、控制逻辑及正、反转向控制门等。

(2) 步进控制器作用：把输入脉冲转换成环型脉冲，以控制步进电动机的转向。

2) 功率放大器

把环型脉冲放大，以驱动步进电动机转动。

2. 步进电动机的单片机控制系统

1) 步进电动机与单片机的连接方式(图 7-13)

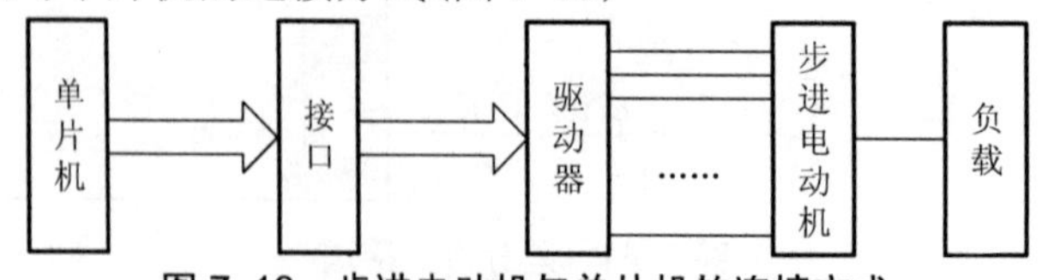

图 7-13 步进电动机与单片机的连接方式

2）脉冲分配

(1) 由硬件完成脉冲分配的功能(图 7-14)。

在这种形式里，脉冲分配器(如 CH250)驱动电路由硬件完成。单片机只提供步进脉冲和正、反转控制信号，步进脉冲的产生与停止、步进脉冲的频率和个数都可用软件控制。

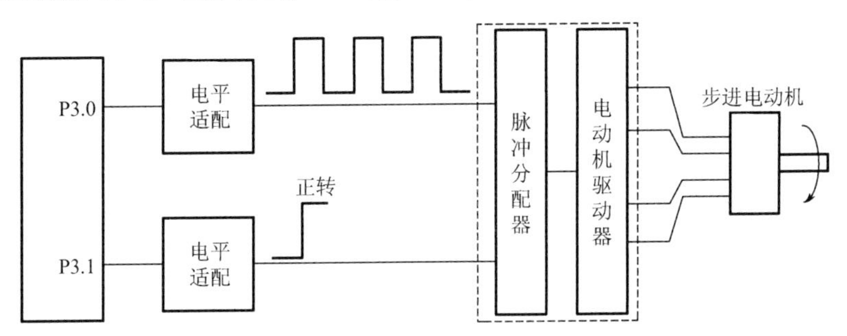

图 7-14　由硬件完成脉冲分配的功能

脉冲分配器中由门电路和双稳态触发器组成的逻辑电路，它根据指令把脉冲信号按一定的逻辑关系加在脉冲放大器上，使步进电动机按确定的运行方式工作。下面以 CH250 环型脉冲分配器为例介绍。

CH250 环型脉冲分配器是三相步进电动机的理想脉冲分配器，通过其控制端的不同接法可以组成三相双三拍和三相六拍的不同工作方式，如图 7-15 所示。

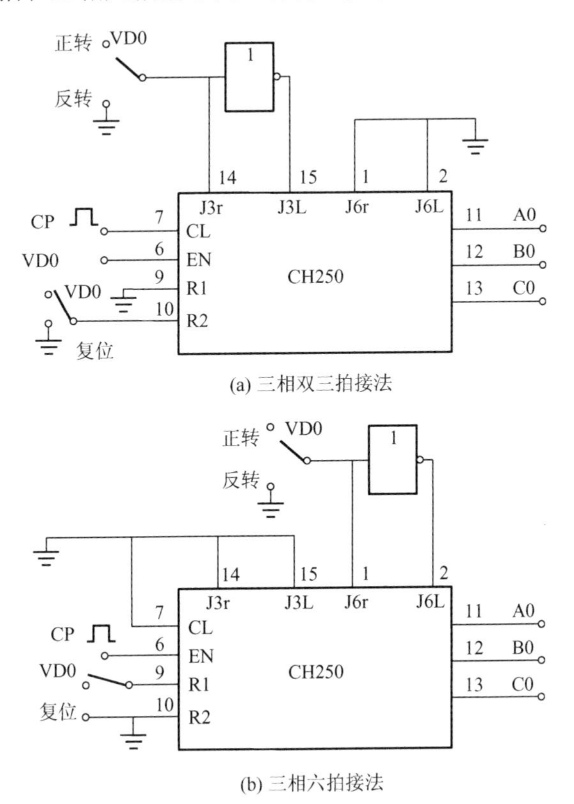

图 7-15　CH250 环型脉冲分配器

CH250 环型脉冲分配器的功能关系如表 7-9 所示。

表 7-9　CH250 环型脉冲分配器的功能关系

工作方式		CL	EN	J3r	J3L	J6r	J6L
六拍	正转	0	↓	0	0	1	0
	反转	0	↓	0	0	0	1
双三拍	正转	0	↓	1	0	0	0
	反转	0	↓	0	1	0	0
六拍	正转	↑	1	0	0	1	0
	反转	↑	1	0	0	0	1
双三拍	正转	↑	1	1	0	0	0
	反转	↑	1	0	1	0	0

综上可知，单片机输出步进脉冲后，再由脉冲分配电路按事先确定的顺序控制各相的通断。一般来说，硬件一旦确定下来，不易更改，这种方案，硬件设备成本高，它的应用受到限制。

(2) 由软件完成脉冲分配工作。

软件产生步进脉冲是指用软件控制 P3.0 为 1 或为 0 的次序和长度。如果先令 P3.0=1，延时一段时间，再令 P3.0=0，再延时一段时间后，又令 P3.0=1，如此循环，就可构成脉冲序列。延时时间的长短决定了脉冲序列的周期，而脉冲序列的周期又与步进电动机的步矩有关。

用微型机代替了步进控制器把并行二进制码转换成串行脉冲序列，并实现方向控制。只要负载是在步进电动机允许的范围之内，每个脉冲将使电动机转动一个固定的步距角度。根据步距角的大小及实际走的步数，只要知道初始位置，便可知道步进电动机的最终位置。

由软件完成脉冲分配工作，不仅使线路简化，成本下降，而且可根据应用系统的需要，灵活地改变步进电动机的控制方案。

脉冲序列的生成如图 7-16 所示。

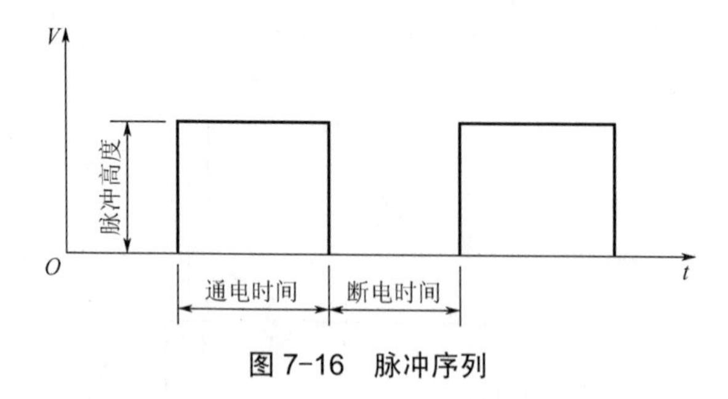

图 7-16　脉冲序列

脉冲幅值由数字元件电平决定。TTL 0～5V；CMOS 0～10V。

接通和断开时间可用延时的办法挂制。要求：确保步进到位。

3) 方向控制

步进电动机旋转方向与内部绕组的通电顺序相关。三相步进电动机有三种工作方式：单三拍，通电顺序为 A→B→C（循环）；双三拍，通电顺序为 AB→BC→CA（循环）；三相六拍，通

电顺序为 A → AB → B → BC → C → CA →（返回 A）。改变通电顺序可以改变步进电动机的转向。

4）步进电动机通电模型的建立

(1) 用微型机输出接口的每一位控制一相绕组，如用 8255 控制三相步进电动机时，可用 PC.0、PC.1、PC.2 分别接至步进电动机的 A、B、C 三相绕组。

(2) 根据所选定的步进电动机及控制方式，写出相应控制方式的数学模型。

上面讲的三种控制方式的数学模型见表 7-10、表 7-11。

表 7-10　三相单三拍数学模型

步序	控　制　位								工作状态	控制模型
	PC.7	PC.6	PC.5	PC.4	PC.3	PC.2 C 相	PC.1 B 相	PC.0 A 相		
1	0	0	0	0	0	0	0	1	A	01H
2	0	0	0	0	0	0	1	0	B	02H
3	0	0	0	0	0	1	0	0	C	04H

表 7-11　三相双单三拍数学模型

步序	控　制　位								工作状态	控制模型
	P1.7	P1.6	P1.5	P1.4	P1.3	P1.2 C 相	P1.1 B 相	P1.0 A 相		
1	0	0	0	0	0	0	1	1	AB	03H
2	0	0	0	0	0	1	1	0	BC	06H
3	0	0	0	0	0	1	0	1	CA	05H

同理，可以得出双三拍和三相六拍的控制模型：双三拍 03H，06H，05H；三相六拍 O1H，03H，02H，06H，04H，05H。

以上为步进电动机正转时的控制顺序及数学模型。如果按逆序进行控制，步进电动机将向相反方向转动。

5）步进电动机与微型机的接口电路(图 7-17)

由于步进电动机的驱动电流较大，所以微型机与步进电动机的连接需要专门的接口及驱动电路。接口电路可以是锁存器，也可以是可编程接口芯片，如 8255、8155 等。驱动器可用大功率复合管，也可以是专门的驱动器，例如光电隔离器，一是抗干扰，二是电隔离。

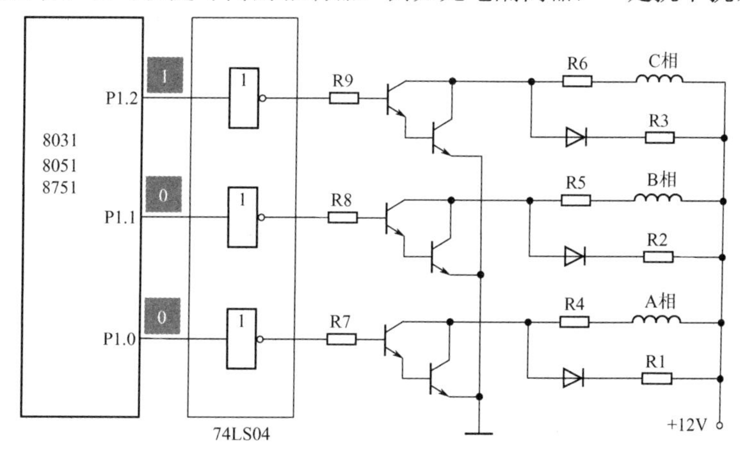

(a) 步进电动机与微型机的接口电路 I

图 7-17　步进电动机与微型机的接口电路

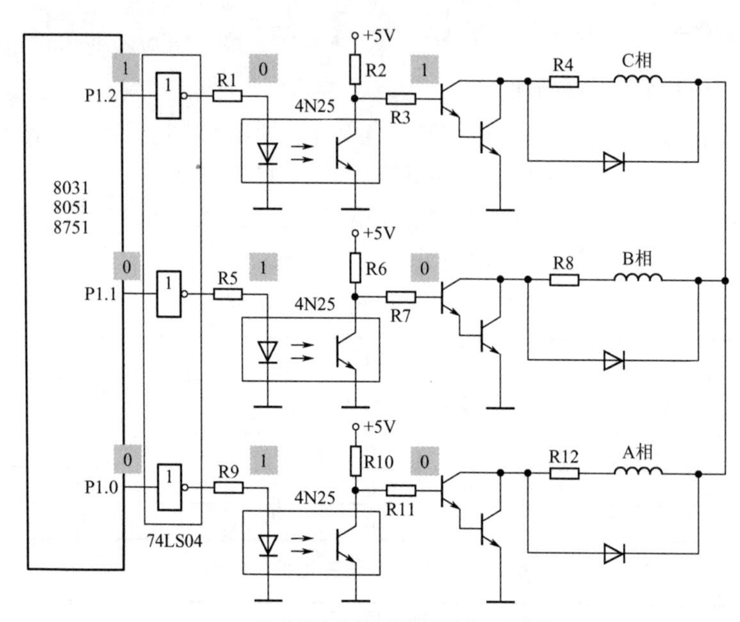

(b) 步进电动机与微型机的接口电路Ⅱ

图 7-17　步进电动机与微型机的接口电路(续)

6）步进电动机程序设计

(1) 步进电机程序设计的主要任务是：判断旋转方向；按顺序传送控制脉冲；判断所要求的控制步数是否传送完毕。

(2) 程序框图(图 7-18)。

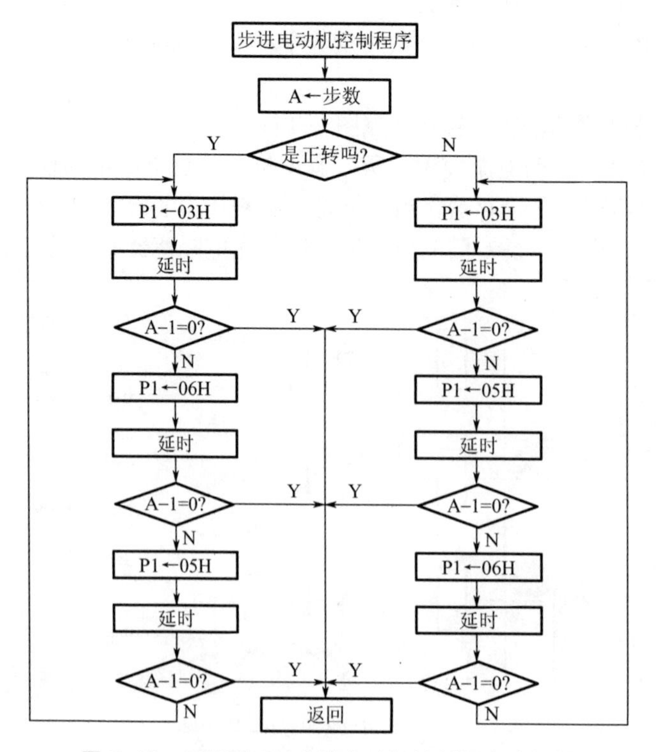

图 7-18　三相双三拍步进电动机控制程序流程图

注意：对于节拍比较多的控制程序，通常采用循环程序进行设计。循环程序操作法是把环型节拍的控制模型按顺序存放在内存单元中，逐一从单元中取出控制模型并输出。节拍越多，优越性越显著，如图 7-19 所示。

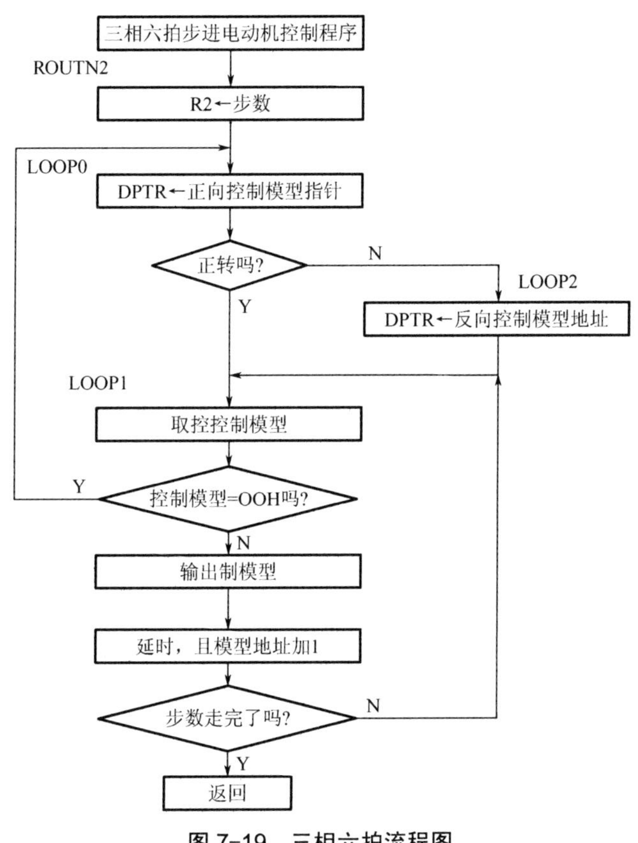

图 7-19　三相六拍流程图

3. 步进电动机的 PLC 控制系统

在实际应用中，一般的定位控制大多采用可编程序控制器 PLC 加定位模块进行定位控制；但当需要进行定位控制的定位轴比较少、控制要求不是特别高时，可以不需要单独配置定位模块，而是直接利用 PLC 本身的高速脉冲输出口控制步进电动机，如图 7-20 所示。

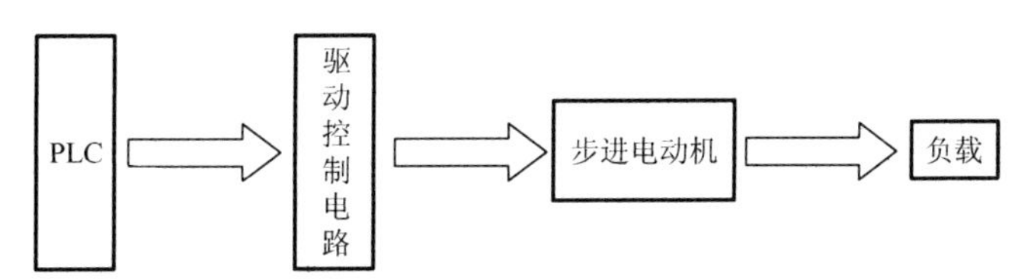

图 7-20　PLC 控制步进电动机的系统框图

1）硬件部分

(1) 高速脉冲输出口。

根据要求及所需的输入输出点数，选用 PLC 做主控制单元。此处选用日本三菱公司的 FX1N-40MT 可编程控制器。该系列 PLC 体积小、功能强、性价比高，且提供了简易的定位控制及脉冲摘出功能，其输出点 YO 和 Y1 具有脉冲输出功能，输出最高可达 100kHz 的脉冲。

(2) 步进电动机及驱动器

根据实际需要，选用步进电动机和步进驱动器。此处选用金坛四海电机电器厂生产的86BYG402 永磁感应子式步进电动机，其步距角 1.8° 及金坛四海电机电器厂生产的SH2046M 驱动器，SH2046M 型步进电动机驱动器是采用高速单片机技术开发出的细分驱动器。该驱动器采用高频脉宽调制技术，具有噪声低、效率高、电压范围宽、设置灵活、运行平称等优点。驱动器的接线示意图，如图 7-21 所示。

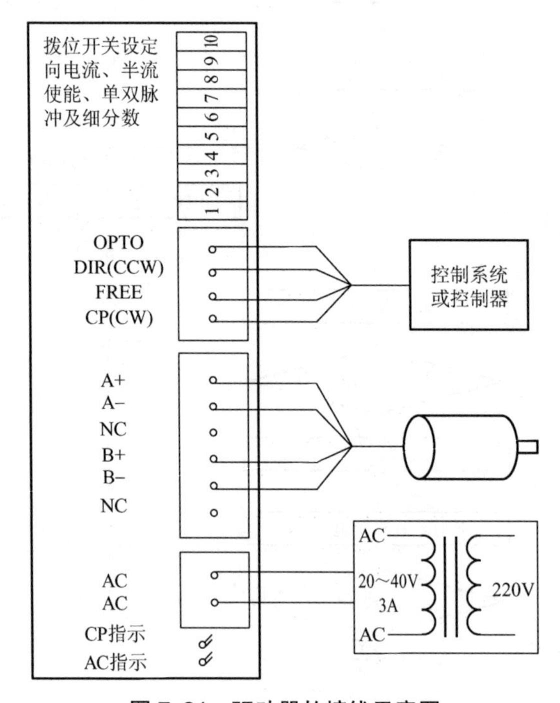

图 7-21 驱动器的接线示意图

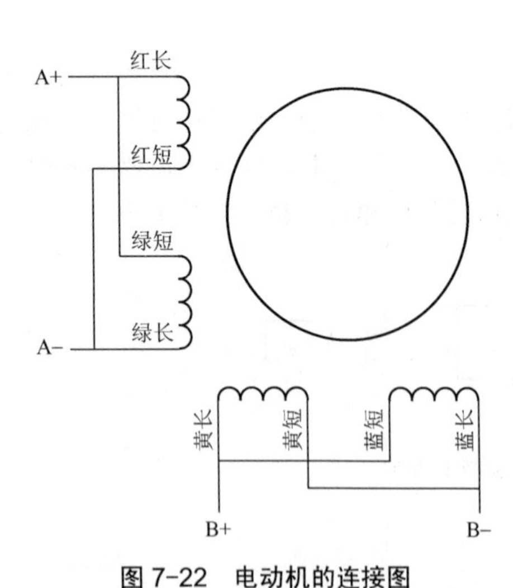

图 7-22 电动机的连接图

输入电源接口：采用一组交流供电，AC 接 20～40V，3A。电动机接口：对于四相八线电动机，通常将电动机绕线两两并联后与驱动器相连。图 7-22 所示是电动机的连接图。输入信号接口：SH2046M 型步进电动机驱动器内部的接口电路都采用光耦信号隔离。图 7-23 所示是驱动器输入信号接口电路。OPTO 为输入信号的公共端，OPTO 端须接外部系统的 Vcc。若 Vcc=+5V 则可直接连接；若 Vcc>5V，则须外接限流电阻 R，保证给内部光耦提供 8～15mA 的驱动电流；当 Vcc=12V 时，限流电阻 R 选择 680Ω；当 Vcc=24V 时，限流电限 R 选择 1.8kΩ。DIR 是方向电平信号输入端，高低电平控制电动机正/反转，信号电平要求稳定时间大于 1μs。REE：脱机信号（低电平有效），当此输入控制端为低时，电动机励磁电流被关断，电动机处于脱机自由状态。CP：步进脉冲信号输入，下降沿有效，信号电平稳定时间不小于 0.5μs。

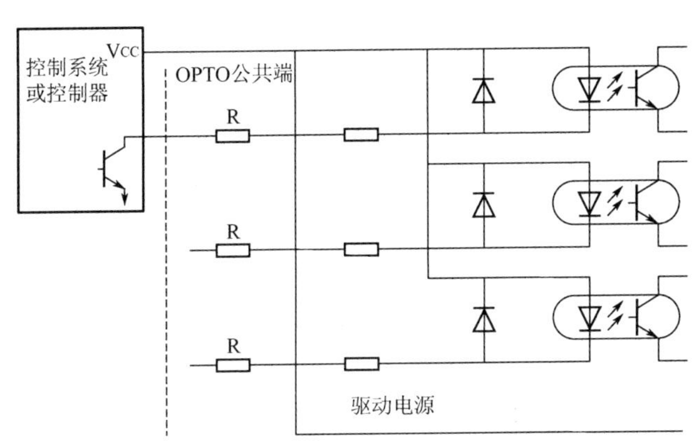

图 7-23　驱动器输入信号接口电路

相电流及细分数设定：SH2046M 型细分驱动器采用拨位开关设定相电流及细分数，其中 1，2，3，4 位用于对相电流的设定，具体设定如表 7-12 所示。7，8，9，10 位用于对细分数的设定，具体设定如表 7-13 所示。驱动器细分设定后电动机的步距角等于电动机的整步步距角除以细分数。例如，细分数设定为 20，驱动步距角是 1.8° 的步进电动机，其细分步距角为 1.8°/20=0.09°。

表 7-12　相电流设定(位 1234)

1 2 3 4	相电流	1 2 3 4	相电流
0 0 0 0	0.25A	1 0 0 0	2.25A
0 0 0 1	0.50A	1 0 0 1	2.50A
0 0 1 0	0.75A	1 0 1 0	2.75A
0 0 1 1	1.00A	1 0 1 1	3.00A
0 1 0 0	1.25A	1 1 0 0	3.25A
0 1 0 1	1.50A	1 1 0 1	3.50A
0 1 1 0	1.75A	1 1 1 0	3.75A
0 1 1 1	2.00A	1 1 1 1	4.00A

表 7-13　细分设定(位 78910)

7 8 9 10	细分数	7 8 9 10	细分数
0 0 0 0	1	1 0 0 0	18
0 0 0 1	2	1 0 0 1	20
0 0 1 0	4	1 0 1 0	32
0 0 1 1	5	1 0 1 1	40
0 1 0 0	6	1 1 0 0	50
0 1 0 1	8	1 1 0 1	64
0 1 1 0	10	1 1 1 0	128
0 1 1 1	16	1 1 1 1	256

拨位开关 ON=0，OFF=1，细分数设定好后驱动器须断电复位方有效。此处步进电动机用的是 86BYG402，其相电流选 4A，把拨位开关 1234 设定值为 1111。细分数根据实际应用的精度要求来选取。

(3) PLC 与步进电动机驱动器的硬件连接。

PLC 与步进电动机驱动器的连接如图 7-24 所示，将可编程序控制器的脉冲输出端 Y0 的公共端 COM0 和输出点 Y10 的公共端 COM4 皆与可编程序控制器的 24V 地即 COM 相连，步进电动机驱动器的输入信号公共端与可编程序控制器 PLC 的+24V 电源相连，PLC 的脉冲输出端 Y0 外接 1.8kΩ的限流电阻连接至步进脉冲输入信号 CP，PLC 的输出点 Y10 用于控制步进电动机的旋转方向，外接 1.8kΩ的限流电阻连接至方向电平输入端 DIR。步进电动机驱动器的脱机信号 FREE 可用于关断电动机励磁电流，使电动机处于脱机自由状态，在实际使用时也可以不连接，即对此不进行控制。

2）软件部分

在三菱可编程序控制器的功能指令中，FNC57 和 FNC59 分别对应的是脉冲输出 PLSY 和可调脉冲输出 PLSR 指令，其指令示意如图 7-25 所示。

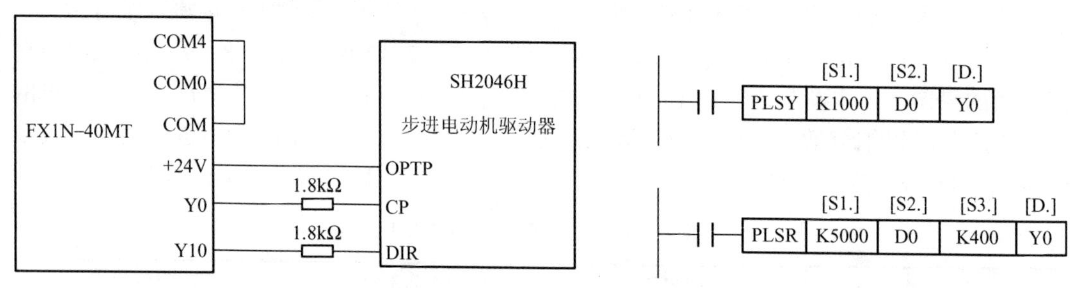

图 7-24　PLC 与步进电动机驱动器的连接

图 7-25　指令示意图

PLSY 指令用于产生指定数目和频率的脉冲。[S1.]用来指定脉冲频率，16 位指令的频率范围是 1～32767Hz，32 位指令的频率范围是 1～100000Hz， [S2.]用来指定产生的脉冲个数，16 位指令的脉冲数范围是 1～32767，32 位指令的脉冲数范围是 1～2147483647。若指定脉冲数为 0，则持续产生脉冲，即控制步进电动机一直转动。[D.]用来指定脉冲输出元件，只能用晶体管输出型可编程序控制器的 Y0 或 Y1。图 7-25 中所示的指令是当可编程序控制器 PLC 的输入点 X10 有信号时，从 Y0 输出频率 1000Hz 的脉冲，脉冲的数量由通用数据寄存器 D0 给出。

当步进电动机要求的转速较高时，需要采用带加减速功能的脉冲输入指令 PLSR。对于带加减速功能的脉冲输出指令 PLSR，[S1.]用来指定最高频率，可设定的范围是 10～100000Hz， [S2.]用来指定产生的脉冲个数，16 位指令的脉冲数范围是 110～32767，32 位指令的脉冲数范围是 110～2147483647。设定值不到 110 时，脉冲不能正常输出。[S3.]用来设定加减速时间(50～5000ms)。[D.]用来指定脉冲输出元件，只能用晶体管输出型可编程序控制器的 Y0 或 Y1。

【二】学生实际操作——参观了解步进控制系统并实际连接一个系统

教师组织学生实际参观了解一个步进控制系统，条件如果允许最好让学生实际搭建一个步进系统，以加深印象。

温馨提示

注意不要损坏元件。

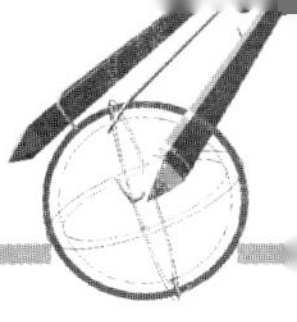

【三】自评、教师评

温馨提示

完成【一】【二】后，进入总结评价阶段。总结评价分自评、教师评两种，主要是总结评价本次任务过程中做得好的地方及需要改进的地方等。根据评分的情况和本次任务的结果，填写表 7-14、表 7-15。

表 7-14　学生自评表格

任务完成进度	做得好的方面	不足、需要改进的方面

表 7-15　教师评价表格

在本次任务中的表现	学生进步的方面	学生不足、需要改进的方面

【四】写总结报告

温馨提示

报告可涉及内容为本次任务，本次实训的心得体会等。总之，要学会随时记录工作过程，总结经验教训，为今后的工作打下良好的基础。

任 务 小 结

本任务主要是了解步进控制系统的组成；掌握步进电动机的单片机控制系统；掌握步进电动机的 PLC 控制系统。

问题探究

1. 细分原理

步进电动机驱动线路，如果按照环型分配器决定的分配方式控制电动机各相绕组的导通或截止，从而使电动机产生步进所需的旋转磁势拖动转子步进旋转，则步距角只有两种，即整步工作或半步工作，步距角已由电动机结构所确定。如果要求步进电动机有更小的步距角，更高的分辨率，或者为了电动机振动、噪声等原因，可以在每次输入脉冲切换时，只改变相应绕组中额定的一部分，则电动机的合成磁势也只旋转步距角的一部分，转子的每步运行也只有步距角的一部分。这时绕组电流不是一个方波，而是阶梯波，额定电流是台阶式的投入或切除，电流分成多少个台阶，则转子就以同样的次数转过一个步距角，这种将一个步距角细分成若干步的驱动方法，称为细分驱动。在国外，对于步进系统，主要采用二相混合式步进电动机及相应的细分驱动器。但在国内，广大用户对“细分”还不是特别了解，甚至有人认为，细分是为了提高精度，其实不然，细分主要是改善电动机的运行性能。由于细分驱动器要精确控制电动机的相电流，所以对驱动器要有相当高的技术要求和工艺要求，成本也会较高。

如图 7-26 所示，给出了三相步进电机八细分时的各相电流状态。由于各相电流是以 1P4 的步距上升或下降的，原来一步所转过的角度θ，将由八步完成，实现了步距角的八细分。由此可见，步进电动机细分驱动的关键在于细分步进电动机各相励磁绕组中的电流。

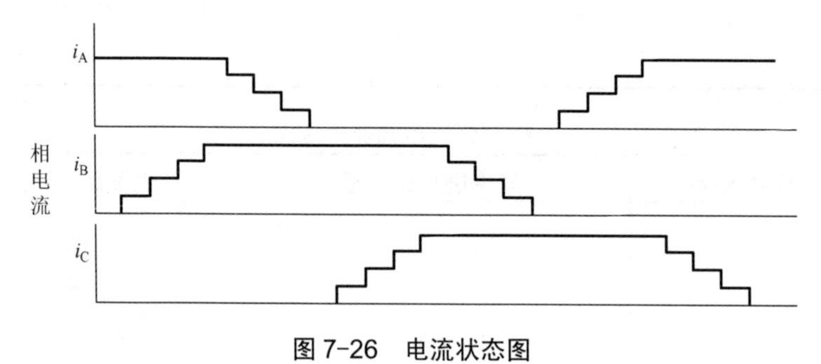

图 7-26　电流状态图

2. 步进电动机细分驱动电路

为了对步进电动机的相电流进行控制，从而达到细分步进电动机步距角的目的，人们曾设计了很多种步进电动机的细分驱动电路。随着微型计算机的发展，特别是单片计算机的出现，为步进电机的细分驱动带来了便利。目前，步进电动机细分驱动电路大多数都采用单片微机控制，它们的构成框图如图 7-27 所示。单片机根据要求的步距角计算出各相绕组中通过的电流值并输出到数模转换器(DPA)中，由 DPA 把数字量转换为相应的模拟电压经过环型分配器加到各相的功率放大电路上，控制功率放大电路给各相绕组通以相应的电流来实现步进电动机的细分。单片机控制的步进电动机细分驱动电路根据末级功率放大管的工作状态可分为放大型和开关型两种。

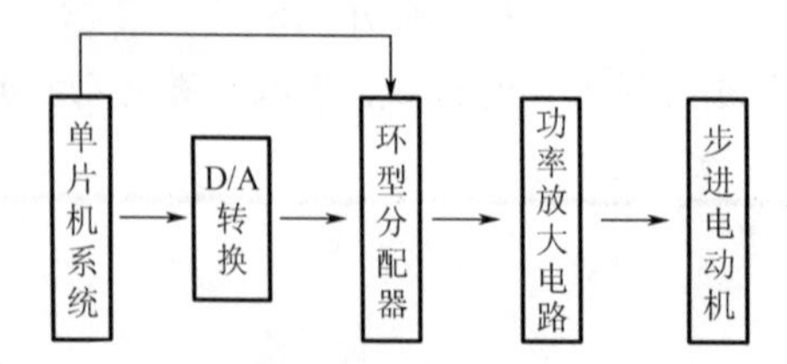

图 7-27　步进电动机细分驱动电路框图

放大型步进电动机细分驱动电路中末级功率放大管的输出电流直接受单片机输出的控

制电压控制，电路较简单，电流的控制精度也较高，但是由于末级功率放大管工作在放大状态，使功率放大管上的功耗较大发热严重容易引起晶体管的温漂，影响驱动电路的性能。甚至还可能由于晶体管的热击穿使电路不能正常工作。因此该驱动电路一般应用于驱动电流较小、控制精度较高、散热情况较好的场合。开关型步进电动机细分驱动电路中的末级功率放大管工作在开关状态，从而使得晶体管上的功耗大大降低，克服了放大型细分电路中晶体管发热严重的问题。但电路较复杂输出的电流有一定的波纹。因此该驱动电路一般用于输出力矩较大的步进电动机的驱动。

随着大输出力矩步进电动机的发展，开关型细分驱动电路近年来得到长足的发展。目前最常用的开关型步进电动机细分驱动电路有斩波式和脉宽调制(PWM)式两种。斩波式细分驱动电路的基本工作原理是对电动机绕组中的电流进行检测，和 DPA 输出的控制电压进行比较，若检测出的电流值大于控制电压电路将使功率放大管截止，反之，使功率放大管导通。这样，DPA 输出不同的控制电压，绕组中将流过不同的电流值。脉宽调制式细分驱动电路是把 DPA 输出的控制电压加在脉宽调制电路的输入端，脉宽调制电路将输入的控制电压转换成相应脉冲宽度的矩形波，通过对功率放大管通断时间的控制，改变输出到电动机绕组上的平均电流。由于电动机绕组是一个感性负载，对电流有一定的滤波作用，而且脉宽调制电路的调制频率较高，一般大于 20kHz，因此虽然是断续通电，但电动机绕组中的电流还是较平稳的。和斩波式细分驱动电路相比，脉宽调制式细分驱动电路的控制精度高，工作频率稳定，但线路较复杂。因此脉宽调制式细分驱动电路多用于综合驱动性能要求较高的场合。

项目 8

课程设计

学习目标

(1) 学习掌握课程设计的概念、过程和目的；
(2) 掌握电动机及其控制系统的设计方法；
(3) 熟练完成电动机控制系统的配盘；
(3) 完成课程设计，并做好答辩。

工作任务

学习课程设计的概念、过程和目的；掌握电动机及其控制系统的设计方法；完成电动机控制系统的配盘；完成课程设计，并做好答辩。

任务实施

【一】准备

1. 课程设计的目的

通过本次课程设计实践，掌握电动机及其控制系统的设计方法；打牢电动机、电器元件的选择和电气控制线路的设计、安装、调试及维修能力；巩固和提高资料的搜集、分类、整理和电气绘图能力。在此过程中培养从事实际工作的整体观念，通过较为完整的工程实践的基本训练，为综合素质全面提高及增强工作适应能力打下坚实的基础。

2. 课程设计的要求

根据设计任务书给出的工艺要求合理选用电动机、电气元件及导线；正确设计控制线路的三张图；布置并安装电器元件与控制线路；进行电气控制线路的通电调试，排除故障；达到工艺要求，完成设计任务；同时要求尽可能有创新设计，选用较为先进的电气元件；严格按照国家电气制图标准绘制相关图纸。

3. 课程设计的目标

1) 基础知识目标

(1) 理解电气线路的工作原理。

（2）掌握常用电气元件的选择方法。

（3）掌握根据工艺要求设计电气控制线路的方法。

（4）掌握电气控制线路的安装与调试的方法。

（5）掌握电气控制设备的图纸资料整理的方法。

2）能力目标

（1）掌握查阅图书资料、产品手册和工具书的能力。

（2）掌握综合运用专业及基础知识，解决实际工程技术问题的能力。

（3）培养自学能力、独立工作能力和团结协作能力。

4. 课程设计任务

（1）接受设计任务书，选定课程设计课题。

（2）制订工作进度计划，明确各阶段应完成的工作及时间节点。

（3）根据设计任务书分析工艺要求，制订最佳设计方案。

（4）设计电气控制线路，选择电器元件。

（5）绘制相关图纸(如电气控制原理图、布置图、接线图等)；制订材料明细表(如电气元件明细表、安装材料明细表等)。

（6）根据设计方案准备电气元件，并根据市场行情及时调整元器件型号和材料种类。在满足设计要求前提下，兼顾设计方案的可行性、经济型和实用性。

（7）布置和安装电气元件，连接控制线路；发现问题及时整改，做好更改记录。

（8）安全检查无误后在教师监护下通电调试控制线路，排除故障。

（9）整理设计文件、图纸、资料，写出课程设计报告。报告内容应包含课程设计的目的和要求、设计任务书、设计过程说明、设备使用说明和设计小结，列出参考资料目录。另外打印装订一本设备使用说明书，作为课程设计报告的一个附件。

（10）总结设计过程中出现的问题，分析思考题，参加答辩，回答指导老师提出的问题。

5. 电动机控制设计内容

（1）根据设计任务书制订控制方案。

（2）设计电气控制原理图，说明工作原理。

（3）选择电气元件，列出元器件明细表。

（4）绘制布置图、接线图等。

（5）安装调试设备。

（6）编写设计说明书。

6. 一般原则

（1）最大限度满足生产机械和生产工艺对电气控制的要求。生产机械和生产工艺对电气控制系统的要求是电气设计的依据，这些要求常常以工作循环图、执行元件动作节拍表、检测元件状态表等形式提供。对于有调速要求的场合，还应给出调速技术指标。其他如起动、转向、制动、照明、保护等要求，应根据生产需要充分考虑。

（2）在满足控制要求的前提下，设计方案应力求简单、经济、合理，不要盲目追求高指标，造成不必要的高投资。

(3) 妥善处理机械与电气关系。很多生产机械是采用机电结合控制方式来实现控制要求的，要从工艺要求、制造成本、结构复杂性、使用和维护等方面协调处理好二者关系。

(4) 正确合理地选用电气元件，以实用为原则。选用新型号电器可以提高可靠性，减小体积，尽可能不要选用旧型号电器。

(5) 确保电气设备安全性、可靠性高，兼顾设备使用和维护方便。

7. 电气原理设计

电气设计分为原理设计和工艺设计两部分。电气设计首先进行原理设计，画出电气控制原理图，满足设备的控制要求，然后从安装工艺角度加以说明，即工艺设计，满足设备的制造和使用要求。

1) 电气原理设计分类

(1) 分析设计法。

分析设计法是根据生产工艺要求，选择适当的基本环节(典型控制电路)或经过考验的成熟电路，按各部分的互锁条件组合起来，加以补充和修改，综合成满足控制要求的完整电路。由于这种设计方法是以熟练掌握各种电气控制典型电路和具备一定的阅读分析各种电气控制电路的经验为基础，所以又称为经验设计法。

(2) 逻辑设计法。

逻辑设计法是利用逻辑代数这个数学工具来进行电路设计。根据设备的工艺要求，将执行元件需要的工作信号以及主令电器的接通与断开看成逻辑变量，并根据控制要求将它们之间的关系用逻辑函数来表达，然后再运用逻辑函数基本公式和运算规律进行简化，使之成为需要的最简“与、或”关系式。根据最简关系式画出相应的电路结构图，最后再做进一步的检查和完善，获得需要的控制电路。

2) 原理设计中应注意的问题

(1) 控制电压。

控制电压应按控制要求选择，符合标准等级。在控制线路简单，不需经常操作，安全性要求不高时，可以直接采用电网电压，即交流380V或220V。当考虑安全要求时，应采用控制变压器将控制电路与主电路进行电气上的隔离。照明电路采用36V安全电压。带指示灯的按钮采用6.3V电压。晶体管无触点开关一般需要直流24V电压。对于微机控制系统应注意弱电电源与强电电源之间的隔离，不能共用零线，以免引起电源干扰。

(2) 尽可能减少电气元件品种、规格与数量，便于维修和更换，降低成本。

(3) 正常情况下，尽可能减少通电电器数量，以利于节约能源，延长电气元件寿命，减少故障。

(4) 合理使用电器触点。接触器、时间继电器往往触点不够用，可以增加中间继电器来解决。

(5) 合理安排电器触点。避免因电器动作时间有差别，造成“触点竞争”。避免因操作不当，造成“误动作”。避免因某个元器件损坏，造成“短路”。避免出现“寄生回路”。

(6) 设置必要的短路、过载保护，防止故障进一步扩大。

(7) 设置必需的急停或总停按钮，以防万一出现故障时，能方便迅速切断整个控制回路，进而切断主电源。

(8) 设置必要的手动控制线路，方便设备调试和维修。

(9) 设置必要的指示灯、电压表、电流表，随时反映系统运行状态，及时发现故障。

8. 电气设计中的工艺设计

工艺设计是为了达到制造安装和使用要求。除了必须绘制的安装图、元器件明细表外，还有一些必要的文字说明。

1) 元器件选择

要进行必要的计算，选择元件的型号、规格等参数。为了提高可靠性和减小体积，应尽可能选用新型器件。为了降低成本，应尽可能选用最通用的器件。当材料供应环节不能保证时，应提供备选器件。

2) 元器件安装位置

拖动、执行、检测器件等应安装在生产机械的相应工作部位。控制电器、保护电器等安装在电器箱(柜)内。控制按钮、操作开关、经常调节的电位器、指示灯、指示仪表等安装在控制台面板上。

3) 元器件布置

(1) 功能相似的元件组合在一起，外形尺寸或质量相近的元件组合在一起，经常调节的元件组合在一起，经常更换的易损元件组合在一起。

(2) 强电与弱电要分开。有必要时，将弱电部分屏蔽起来。

(3) 体积大、质量大的元件安装在下面，发热量较大的元件安装在上面。

(4) 尽可能减少连线数量和长度，将接线关系密切的元件按顺序组合在一起。

(5) 电器板、控制板的进出线一般采用接线端子。接线端子接线时，主电路与控制电路要分开，电源进线位于最边上。接线端子按电路电流大小选用不同规格，按规格大小排列在一起，非必要时不要分开布置。当电器箱小、进出线少时，可以采用标准接插件，便于拆装和搬运。

4) 线路连接

(1) 导线截面必须根据负载核算。一般主电路导线截面不小于 1.5mm^2，控制电路导线截面 1.0mm^2，按钮等 0.75mm^2。

(2) 导线种类根据需要选择。不同电器箱之间或电控柜与负载之间用软电线。信号线用屏蔽线。电控柜内部均采用软电线板前走线，多余长度电线收入走线槽内。

(3) 导线接线前要在两端套上标号相同的绝缘号码套管。套管标号应与原理图一致，若没有字母标号时，在不致误解或与其他号码重复条件下，可适当处理，如：用 0 代替或省略，然后在图纸上加以说明。现在普遍使用的异型绝缘号码套管事先打上 0~9 号，预加工了人字形缺口。使用时要注意方向，箭头方向指向剥去绝缘层的裸露端，从裸露端开始读数(图 8-1)。

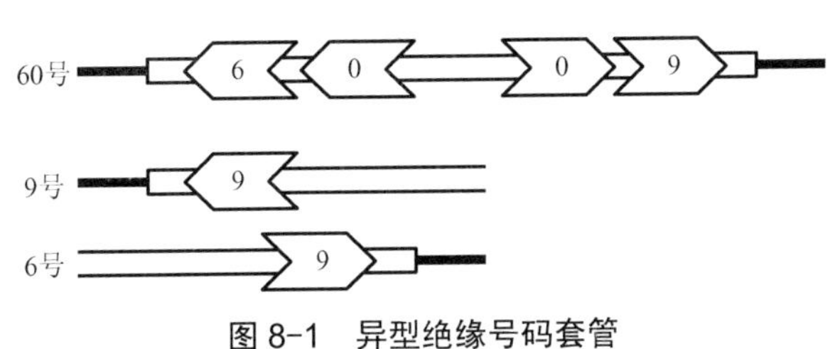

图 8-1　异型绝缘号码套管

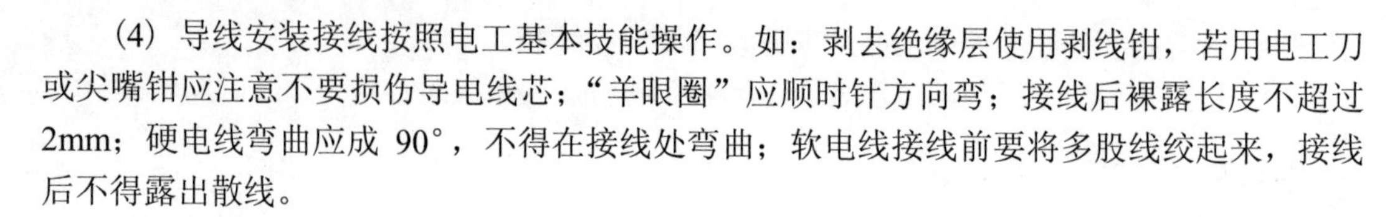

(4) 导线安装接线按照电工基本技能操作。如：剥去绝缘层使用剥线钳，若用电工刀或尖嘴钳应注意不要损伤导电线芯；“羊眼圈”应顺时针方向弯；接线后裸露长度不超过2mm；硬电线弯曲应成 90°，不得在接线处弯曲；软电线接线前要将多股线绞起来，接线后不得露出散线。

9. 设备调试

1）拟订调试步骤

这项工作在施工图纸确定后开始，电控柜安装工作完成前结束。根据工作原理写出调试步骤，包括通电前检查和通电后调试两部分。通电前检查部分建议设计一个通电之前检查项目表，检查一项，打勾确认一项。通电后调试部分要说明开关或按钮的名称、操作顺序，以及相应点亮的指示灯名称。最后预计几种可能的故障现象和对应的解决措施，提高调试时故障排除效率。

要求：步骤合理，项目齐全，书写工整。

2）通电前检查

按调试步骤进行通电前检查，重点检查是否短路。线路工作情况可以按下相应的按钮或接触器触点，在接线端子上测量各点通断情况。

要求：短路检查项目不可缺少，其他检查项目要求合理。

3）通电调试

按调试步骤进行通电调试，进行起动、停止操作，观察指示灯、电压表、电流表指示情况。

要求：符合设计任务书规定的各项要求。若有不符之处，能说明原因，并及时整改。做好调试记录，尤其是记录故障现象和排除方法。

10. 故障处理

(1) 对出现的故障对照设计图及安装图查找检测故障。(基本要求)

(2) 针对工作故障的情况，从原理上分析可能的故障原因，列出可能故障点，逐步测试查找并排除故障。(提高要求)

11. 参考课题

课题分两类，基本课题(基础)和提高课题(较难)，根据学生掌握情况选题。对学有余力学生可适当增加要求。

1）基础题目

(1) CA6140 型普通车床。

(2) X62W 型万能铣床。

(3) 枪式手电钻。

(4) 普通台式专床。

2）提高题目

(1) 数控车床刀台。

(2) 数控铣床刀库。

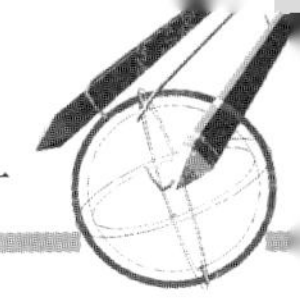

【二】学生实际操作——学生独立完成课程设计并进行答辩

教师根据每个学生实际情况分配任务，尽量做到让每个学生都能完成，但又需付出一定的努力。

温馨提示

(1) 做好计划，合理利用时间。

(2) 充分利用所学知识、书籍和网络资源。

【三】自评、教师评

温馨提示

完成【一】【二】后，进入总结评价阶段。总结评价分自评、教师评两种，主要是总结评价本次任务过程中做得好的地方及需要改进的地方等。根据评分的情况和本次任务的结果，填写表 8-1、表 8-2。

表 8-1　学生自评表格

任务完成进度	做得好的方面	不足、需要改进的方面

表 8-2　教师评价表格

在本次任务中的表现	学生进步的方面	学生不足、需要改进的方面

【四】写总结报告

温馨提示

报告可涉及内容为本次任务，本次实训的心得体会等。总之，要学会随时记录工作过程，总结经验教训，为今后的工作打下良好的基础。

任务小结

本任务主要是学习掌握课程设计的概念、过程和目的；掌握电动机及其控制系统的设计方法；熟练完成电动机控制系统的配盘；完成课程设计，并做好答辩。

问题探究

1. 槽板配线工艺要求

(1) 确定槽板的规格型号。导线占有槽板内空间容积不超过70%。
(2) 规划槽板的走向，合理截割槽板。
(3) 槽板换向应拐直角弯，用横、竖各45°对插。
(4) 槽板与元器件之间间隔适当，以便压线和换件。
(5) 安装槽板要紧固可靠。
(6) 槽板内的导线走线应留少量裕度，避免槽内交叉。
(7) 穿出槽板走线横平竖直，避免交叉。

2. 控制电路的检查与故障分析方法

1) 检查内容
(1) 核对接线。
(2) 检查端子接线是否牢固。
(3) 断开控制电路，检查主电路。
(4) 断开主电路，检查控制电路的动作情况。
2) 故障检查方法
(1) 电压测量法(图8-2)。
(2) 电阻测量法(图8-3)。

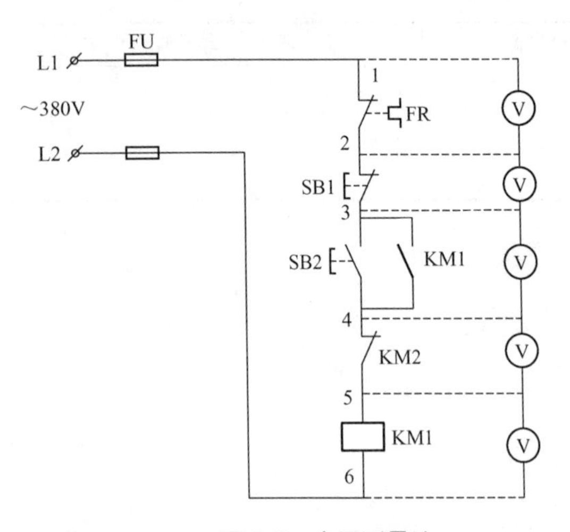

图8-2 电压测量法

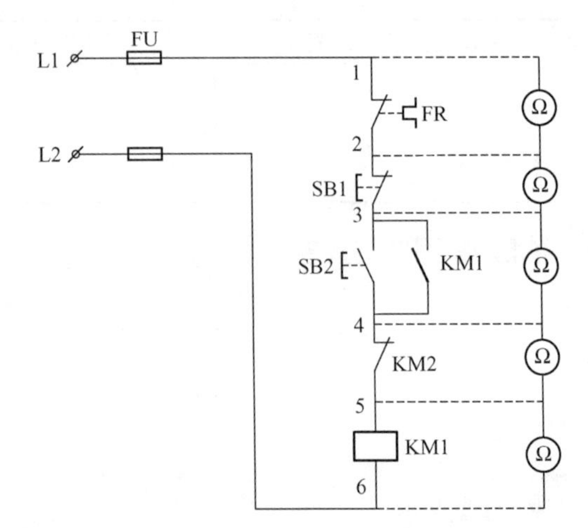

图8-3 电阻测量法

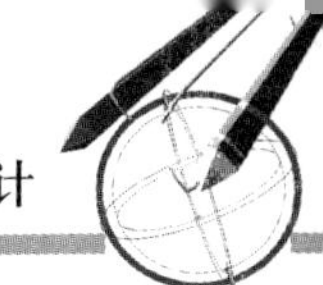

（3）短接法(图 8-4)。

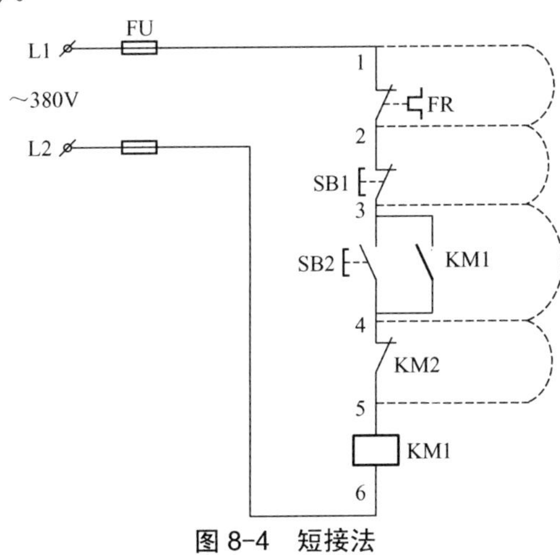

图 8-4　短接法

参 考 文 献

[1] 马志敏. 设备电气控制技术[M]. 西安：西北工业大学出版社，2014.
[2] 马志敏. PLC 控制技术[M]. 西安：西安交通大学出版社，2015.
[3] 马志敏. 电气控制与 PLC[M]. 昆明：云南科技出版社，2013.
[4] 马志敏. 电工电子技术与技能[M]. 西安：西安交大出版社，2015.
[5] 《教育部关于开展现代学徒制试点工作的意见》(教职成〔2014〕9 号)
[6] 《教育部关于深入推进职业教育集团化办学的意见》(教职成〔2015〕4 号)
[7] 《教育部关于深化职业教育教学改革全面提高人才培养质量的若干意见》(教职成〔2015〕6 号)
[8] 《国务院关于加快发展现代职业教育的决定》(国发〔2014〕19 号)

北京大学出版社高职高专机电系列规划教材

序号	书号	书名	编著者	定价	印次	出版日期	配套情况
“十二五”职业教育国家规划教材							
1	978-7-301-24455-5	电力系统自动装置(第 2 版)	王　伟	26.00	1	2014.8	ppt/pdf
2	978-7-301-24506-4	电子技术项目教程(第 2 版)	徐超明	42.00	1	2014.7	ppt/pdf
3	978-7-301-24475-3	零件加工信息分析(第 2 版)	谢　蕾	52.00	2	2015.1	ppt/pdf
4	978-7-301-24227-8	汽车电气系统检修(第 2 版)	宋作军	30.00	1	2014.8	ppt/pdf
5	978-7-301-24507-1	电工技术与技能	王　平	42.00	1	2014.8	ppt/pdf
6	978-7-301-17398-5	数控加工技术项目教程	李东君	48.00	1	2010.8	ppt/pdf
7	978-7-301-25341-0	汽车构造(上册)——发动机构造(第 2 版)	罗灯明	35.00	1	2015.5	ppt/pdf
8	978-7-301-25529-2	汽车构造(下册)——底盘构造(第 2 版)	鲍远通	36.00	1	2015.5	ppt/pdf
9	978-7-301-25650-3	光伏发电技术简明教程	静国梁	29.00	1	2015.6	ppt/pdf
10	978-7-301-24589-7	光伏发电系统的运行与维护	付新春	33.00	1	2015.7	ppt/pdf
11	978-7-301-18322-9	电子 EDA 技术(Multisim)	刘训非	30.00	2	2012.7	ppt/pdf
机械类基础课							
1	978-7-301-13653-9	工程力学	武昭晖	25.00	3	2011.2	ppt/pdf
2	978-7-301-13574-7	机械制造基础	徐从清	32.00	3	2012.7	ppt/pdf
3	978-7-301-13656-0	机械设计基础	时忠明	25.00	3	2012.7	ppt/pdf
4	978-7-301-28308-0	机械设计基础	王雪艳	57.00	1	2017.7	ppt/pdf
5	978-7-301-13662-1	机械制造技术	宁广庆	42.00	2	2010.11	ppt/pdf
6	978-7-301-27082-0	机械制造技术	徐　勇	48.00	1	2016.5	ppt/pdf
7	978-7-301-19848-3	机械制造综合设计及实训	裘俊彦	37.00	1	2013.4	ppt/pdf
8	978-7-301-19297-9	机械制造工艺及夹具设计	徐　勇	28.00	1	2011.8	ppt/pdf
9	978-7-301-25479-0	机械制图——基于工作过程(第 2 版)	徐连孝	62.00	1	2015.5	ppt/pdf
10	978-7-301-18143-0	机械制图习题集	徐连孝	20.00	2	2013.4	ppt/pdf
11	978-7-301-15692-6	机械制图	吴百中	26.00	2	2012.7	ppt/pdf
12	978-7-301-27234-3	机械制图	陈世芳	42.00	1	2016.8	ppt/pdf/素材
13	978-7-301-27233-6	机械制图习题集	陈世芳	38.00	1	2016.8	pdf
14	978-7-301-22916-3	机械图样的识读与绘制	刘永强	36.00	1	2013.8	ppt/pdf
15	978-7-301-27778-2	机械设计基础课程设计指导书	王雪艳	26.00	1	2017.1	ppt/pdf
16	978-7-301-23354-2	AutoCAD 应用项目化实训教程	王利华	42.00	1	2014.1	ppt/pdf
17	978-7-301-17122-6	AutoCAD 机械绘图项目教程	张海鹏	36.00	3	2013.8	ppt/pdf
18	978-7-301-17573-6	AutoCAD 机械绘图基础教程	王长忠	32.00	2	2013.8	ppt/pdf
19	978-7-301-28261-8	AutoCAD 机械绘图基础教程与实训(第 3 版)	欧阳全会	42.00	1	2017.6	ppt/pdf
20	978-7-301-22185-3	AutoCAD 2014 机械应用项目教程	陈善岭	32.00	1	2016.1	ppt/pdf
21	978-7-301-26591-8	AutoCAD 2014 机械绘图项目教程	朱　昱	40.00	1	2016.2	ppt/pdf
22	978-7-301-24536-1	三维机械设计项目教程(UG 版)	龚肖新	45.00	1	2014.9	ppt/pdf
23	978-7-301-27919-9	液压传动与气动技术(第 3 版)	曹建东	48.00	1	2017.2	ppt/pdf
24	978-7-301-13582-2	液压与气压传动技术	袁　广	24.00	5	2013.8	ppt/pdf
25	978-7-301-24381-7	液压与气动技术项目教程	武　威	30.00	1	2014.8	ppt/pdf
26	978-7-301-19436-2	公差与测量技术	余　键	25.00	1	2011.9	ppt/pdf
27	978-7-5038-4861-2	公差配合与测量技术	南秀蓉	23.00	4	2011.12	ppt/pdf
28	978-7-301-19374-7	公差配合与技术测量	庄佃霞	26.00	2	2013.8	ppt/pdf
29	978-7-301-25614-5	公差配合与测量技术项目教程	王丽丽	26.00	1	2015.4	ppt/pdf
30	978-7-301-25953-5	金工实训(第 2 版)	柴增田	38.00	1	2015.6	ppt/pdf
31	978-7-301-28647-0	钳工实训教程	吴笑伟	23.00	1	2017.9	ppt/pdf
32	978-7-301-13651-5	金属工艺学	柴增田	27.00	2	2011.6	ppt/pdf
33	978-7-301-23868-4	机械加工工艺编制与实施(上册)	于爱武	42.00	1	2014.3	ppt/pdf/素材
34	978-7-301-24546-0	机械加工工艺编制与实施(下册)	于爱武	42.00	1	2014.7	ppt/pdf/素材

序号	书号	书名	编著者	定价	印次	出版日期	配套情况
35	978-7-301-21988-1	普通机床的检修与维护	宋亚林	33.00	1	2013.1	ppt/pdf
36	978-7-5038-4869-8	设备状态监测与故障诊断技术	林英志	22.00	3	2011.8	ppt/pdf
37	978-7-301-22116-7	机械工程专业英语图解教程(第 2 版)	朱派龙	48.00	2	2015.5	ppt/pdf
38	978-7-301-23198-2	生产现场管理	金建华	38.00	1	2013.9	ppt/pdf
39	978-7-301-24788-4	机械 CAD 绘图基础及实训	杜　洁	30.00	1	2014.9	ppt/pdf
		数控技术类					
1	978-7-301-17148-6	普通机床零件加工	杨雪青	26.00	2	2013.8	ppt/pdf/素材
2	978-7-301-17679-5	机械零件数控加工	李　文	38.00	1	2010.8	ppt/pdf
3	978-7-301-13659-1	CAD/CAM 实体造型教程与实训(Pro/ENGINEER 版)	诸小丽	38.00	4	2014.7	ppt/pdf
4	978-7-301-24647-6	CAD/CAM 数控编程项目教程(UG 版)(第 2 版)	慕　灿	48.00	1	2014.8	ppt/pdf
5	978-7-301-21873-0	CAD/CAM 数控编程项目教程(CAXA 版)	刘玉春	42.00	2	2013.3	ppt/pdf
6	978-7-5038-4866-7	数控技术应用基础	宋建武	22.00	2	2010.7	ppt/pdf
7	978-7-301-13262-3	实用数控编程与操作	钱东东	32.00	4	2013.8	ppt/pdf
8	978-7-301-14470-1	数控编程与操作	刘瑞已	29.00	2	2011.2	ppt/pdf
9	978-7-301-20312-5	数控编程与加工项目教程	周晓宏	42.00	1	2012.3	ppt/pdf
10	978-7-301-23898-1	数控加工编程与操作实训教程(数控车分册)	王忠斌	36.00	1	2014.6	ppt/pdf
11	978-7-301-20945-5	数控铣削技术	陈晓罗	42.00	1	2012.7	ppt/pdf
12	978-7-301-21053-6	数控车削技术	王军红	28.00	1	2012.8	ppt/pdf
13	978-7-301-25927-6	数控车削编程与操作项目教程	肖国涛	26.00	1	2015.7	ppt/pdf
14	978-7-301-17398-5	数控加工技术项目教程	李东君	48.00	1	2010.8	ppt/pdf
15	978-7-301-21119-9	数控机床及其维护	黄应勇	38.00	1	2012.8	ppt/pdf
16	978-7-301-20002-5	数控机床故障诊断与维修	陈学军	38.00	1	2012.1	ppt/pdf
		模具设计与制造类					
1	978-7-301-23892-9	注射模设计方法与技巧实例精讲	邹继强	54.00	1	2014.2	ppt/pdf
2	978-7-301-24432-6	注射模典型结构设计实例图集	邹继强	54.00	1	2014.6	ppt/pdf
3	978-7-301-18471-4	冲压工艺与模具设计	张　芳	39.00	1	2011.3	ppt/pdf
4	978-7-301-19933-6	冷冲压工艺与模具设计	刘洪贤	32.00	1	2012.1	ppt/pdf
5	978-7-301-20414-6	Pro/ENGINEER Wildfire 产品设计项目教程	罗　武	31.00	1	2012.5	ppt/pdf
6	978-7-301-16448-8	Pro/ENGINEER Wildfire 设计实训教程	吴志清	38.00	1	2012.8	ppt/pdf
7	978-7-301-22678-0	模具专业英语图解教程	李东君	22.00	1	2013.7	ppt/pdf
		电气自动化类					
1	978-7-301-18519-3	电工技术应用	孙建领	26.00	1	2011.3	ppt/pdf
2	978-7-301-25670-1	电工电子技术项目教程（第 2 版）	杨德明	49.00	1	2016.2	ppt/pdf
3	978-7-301-22546-2	电工技能实训教程	韩亚军	22.00	1	2013.6	ppt/pdf
4	978-7-301-22923-1	电工技术项目教程	徐超明	38.00	1	2013.8	ppt/pdf
5	978-7-301-12390-4	电力电子技术	梁南丁	29.00	3	2013.5	ppt/pdf
6	978-7-301-17730-3	电力电子技术	崔　红	23.00	1	2010.9	ppt/pdf
7	978-7-301-19525-3	电工电子技术	倪　涛	38.00	1	2011.9	ppt/pdf
8	978-7-301-24765-5	电子电路分析与调试	毛玉青	35.00	1	2015.3	ppt/pdf
9	978-7-301-16830-1	维修电工技能与实训	陈学平	37.00	1	2010.7	ppt/pdf
10	978-7-301-12180-1	单片机开发应用技术	李国兴	21.00	2	2010.9	ppt/pdf
11	978-7-301-20000-1	单片机应用技术教程	罗国荣	40.00	1	2012.2	ppt/pdf
12	978-7-301-21055-0	单片机应用项目化教程	顾亚文	32.00	1	2012.8	ppt/pdf
13	978-7-301-17489-0	单片机原理及应用	陈高锋	32.00	1	2012.9	ppt/pdf
14	978-7-301-24281-0	单片机技术及应用	黄贻培	30.00	1	2014.7	ppt/pdf
15	978-7-301-22390-1	单片机开发与实践教程	宋玲玲	24.00	1	2013.6	ppt/pdf
16	978-7-301-17958-1	单片机开发入门及应用实例	熊华波	30.00	1	2011.1	ppt/pdf

序号	书号	书名	编著者	定价	印次	出版日期	配套情况
17	978-7-301-16898-1	单片机设计应用与仿真	陆旭明	26.00	2	2012.4	ppt/pdf
18	978-7-301-19302-0	基于汇编语言的单片机仿真教程与实训	张秀国	32.00	1	2011.8	ppt/pdf
19	978-7-301-12181-8	自动控制原理与应用	梁南丁	23.00	3	2012.1	ppt/pdf
20	978-7-301-19638-0	电气控制与 PLC 应用技术	郭　燕	24.00	1	2012.1	ppt/pdf
21	978-7-301-18622-0	PLC 与变频器控制系统设计与调试	姜永华	34.00	1	2011.6	ppt/pdf
22	978-7-301-19272-6	电气控制与 PLC 程序设计(松下系列)	姜秀玲	36.00	1	2011.8	ppt/pdf
23	978-7-301-12383-6	电气控制与 PLC(西门子系列)	李　伟	26.00	2	2012.3	ppt/pdf
24	978-7-301-18188-1	可编程控制器应用技术项目教程(西门子)	崔维群	38.00	2	2013.6	ppt/pdf
25	978-7-301-23432-7	机电传动控制项目教程	杨德明	40.00	1	2014.1	ppt/pdf
26	978-7-301-12382-9	电气控制及 PLC 应用(三菱系列)	华满香	24.00	2	2012.5	ppt/pdf
27	978-7-301-22315-4	低压电气控制安装与调试实训教程	张　郭	24.00	1	2013.4	ppt/pdf
28	978-7-301-24433-3	低压电器控制技术	肖朋生	34.00	1	2014.7	ppt/pdf
29	978-7-301-22672-8	机电设备控制基础	王本轶	32.00	1	2013.7	ppt/pdf
30	978-7-301-18770-8	电机应用技术	郭宝宁	33.00	1	2011.5	ppt/pdf
31	978-7-301-23822-6	电机与电气控制	郭夕琴	34.00	1	2014.8	ppt/pdf
32	978-7-301-17324-4	电机控制与应用	魏润仙	34.00	1	2010.8	ppt/pdf
33	978-7-301-21269-1	电机控制与实践	徐　锋	34.00	1	2012.9	ppt/pdf
34	978-7-301-12389-8	电机与拖动	梁南丁	32.00	2	2011.12	ppt/pdf
35	978-7-301-18630-5	电机与电力拖动	孙英伟	33.00	1	2011.3	ppt/pdf
36	978-7-301-16770-0	电机拖动与应用实训教程	任娟平	36.00	1	2012.11	ppt/pdf
37	978-7-301-28710-1	电机与控制	马志敏	31.00	1	2017.9	ppt/pdf
38	978-7-301-22632-2	机床电气控制与维修	崔兴艳	28.00	1	2013.7	ppt/pdf
39	978-7-301-22917-0	机床电气控制与 PLC 技术	林盛昌	36.00	1	2013.8	ppt/pdf
40	978-7-301-28063-8	机房空调系统的运行与维护	马也骋	37.00	1	2017.4	ppt/pdf
41	978-7-301-26499-7	传感器检测技术及应用(第 2 版)	王晓敏	45.00	1	2015.11	ppt/pdf
42	978-7-301-20654-6	自动生产线调试与维护	吴有明	28.00	1	2013.1	ppt/pdf
43	978-7-301-21239-4	自动生产线安装与调试实训教程	周　洋	30.00	1	2012.9	ppt/pdf
44	978-7-301-18852-1	机电专业英语	戴正阳	28.00	2	2013.8	ppt/pdf
45	978-7-301-24764-8	FPGA 应用技术教程(VHDL 版)	王真富	38.00	1	2015.2	ppt/pdf
46	978-7-301-26201-6	电气安装与调试技术	卢　艳	38.00	1	2015.8	ppt/pdf
47	978-7-301-26215-3	可编程控制器编程及应用(欧姆龙机型)	姜凤武	27.00	1	2015.8	ppt/pdf
48	978-7-301-26481-2	PLC 与变频器控制系统设计与高度(第 2 版)	姜永华	44.00	1	2016.9	ppt/pdf
		汽车类					
1	978-7-301-17694-8	汽车电工电子技术	郑广军	33.00	1	2011.1	ppt/pdf
2	978-7-301-26724-0	汽车机械基础(第 2 版)	张本升	45.00	1	2016.1	ppt/pdf/素材
3	978-7-301-26500-0	汽车机械基础教程(第 3 版)	吴笑伟	35.00	1	2015.12	ppt/pdf/素材
4	978-7-301-17821-8	汽车机械基础项目化教学标准教程	傅华娟	40.00	2	2014.8	ppt/pdf
5	978-7-301-19646-5	汽车构造	刘智婷	42.00	1	2012.1	ppt/pdf
6	978-7-301-25341-0	汽车构造(上册)——发动机构造(第 2 版)	罗灯明	35.00	1	2015.5	ppt/pdf
7	978-7-301-25529-2	汽车构造(下册)——底盘构造(第 2 版)	鲍远通	36.00	1	2015.5	ppt/pdf
8	978-7-301-13661-4	汽车电控技术	祁翠琴	39.00	6	2015.2	ppt/pdf
9	978-7-301-19147-7	电控发动机原理与维修实务	杨洪庆	27.00	1	2011.7	ppt/pdf
10	978-7-301-13658-4	汽车发动机电控系统原理与维修	张吉国	25.00	2	2012.4	ppt/pdf
11	978-7-301-27796-6	汽车发动机电控技术(第 2 版)	张　俊	53.00	1	2017.1	ppt/pdf/
12	978-7-301-21989-8	汽车发动机构造与维修(第 2 版)	蔡兴旺	40.00	1	2013.1	ppt/pdf/素材
14	978-7-301-18948-1	汽车底盘电控原理与维修实务	刘映凯	26.00	1	2012.1	ppt/pdf
15	978-7-301-24227-8	汽车电气系统检修(第 2 版)	宋作军	30.00	1	2014.8	ppt/pd
16	978-7-301-23512-6	汽车车身电控系统检修	温立全	30.00	1	2014.1	ppt/p
17	978-7-301-18850-7	汽车电器设备原理与维修实务	明光星	38.00	2	2013.9	ppt/

序号	书号	书名	编著者	定价	印次	出版日期	配套情况
18	978-7-301-20011-7	汽车电器实训	高照亮	38.00	1	2012.1	ppt/pdf
19	978-7-301-22363-5	汽车车载网络技术与检修	闫炳强	30.00	1	2013.6	ppt/pdf
20	978-7-301-14139-7	汽车空调原理及维修	林　钢	26.00	3	2013.8	ppt/pdf
21	978-7-301-16919-3	汽车检测与诊断技术	娄　云	35.00	2	2011.7	ppt/pdf
22	978-7-301-22988-0	汽车拆装实训	詹远武	44.00	1	2013.8	ppt/pdf
23	978-7-301-18477-6	汽车维修管理实务	毛　峰	23.00	1	2011.3	ppt/pdf
24	978-7-301-19027-2	汽车故障诊断技术	明光星	25.00	1	2011.6	ppt/pdf
25	978-7-301-17894-2	汽车养护技术	隋礼辉	24.00	1	2011.3	ppt/pdf
26	978-7-301-22746-6	汽车装饰与美容	金守玲	34.00	1	2013.7	ppt/pdf
27	978-7-301-25833-0	汽车营销实务(第 2 版)	夏志华	32.00	1	2015.6	ppt/pdf
28	978-7-301-15578-3	汽车文化	刘　锐	28.00	4	2013.2	ppt/pdf
29	978-7-301-20753-6	二手车鉴定与评估	李玉柱	28.00	1	2012.6	ppt/pdf
30	978-7-301-26595-6	汽车专业英语图解教程(第 2 版)	侯锁军	29.00	1	2016.4	ppt/pdf/素材
31	978-7-301-27089-9	汽车营销服务礼仪(第 2 版)	夏志华	36.00	1	2016.6	ppt/pdf
电子信息、应用电子类							
1	978-7-301-19639-7	电路分析基础(第 2 版)	张丽萍	25.00	1	2012.9	ppt/pdf
2	978-7-301-27605-1	电路电工基础	张　琳	29.00	1	2016.11	ppt/fdf
3	978-7-301-19310-5	PCB 板的设计与制作	夏淑丽	33.00	1	2011.8	ppt/pdf
4	978-7-301-21147-2	Protel 99 SE 印制电路板设计案例教程	王　静	35.00	1	2012.8	ppt/pdf
5	978-7-301-18520-9	电子线路分析与应用	梁玉国	34.00	1	2011.7	ppt/pdf
6	978-7-301-12387-4	电子线路 CAD	殷庆纵	28.00	4	2012.7	ppt/pdf
7	978-7-301-12390-4	电力电子技术	梁南丁	29.00	2	2010.7	ppt/pdf
8	978-7-301-17730-3	电力电子技术	崔　红	23.00	1	2010.9	ppt/pdf
9	978-7-301-19525-3	电工电子技术	倪　涛	38.00	1	2011.9	ppt/pdf
10	978-7-301-18519-3	电工技术应用	孙建领	26.00	1	2011.3	ppt/pdf
11	978-7-301-22546-2	电工技能实训教程	韩亚军	22.00	1	2013.6	ppt/pdf
12	978-7-301-22923-1	电工技术项目教程	徐超明	38.00	1	2013.8	ppt/pdf
14	978-7-301-25670-1	电工电子技术项目教程（第 2 版）	杨德明	49.00	1	2016.2	ppt/pdf
15	978-7-301-26076-0	电子技术应用项目式教程(第 2 版)	王志伟	40.00	1	2015.9	ppt/pdf/素材
16	978-7-301-22959-0	电子焊接技术实训教程	梅琼珍	24.00	1	2013.8	ppt/pdf
17	978-7-301-17696-2	模拟电子技术	蒋　然	35.00	1	2010.8	ppt/pdf
18	978-7-301-13572-3	模拟电子技术及应用	刁修睦	28.00	3	2012.8	ppt/pdf
19	978-7-301-18144-7	数字电子技术项目教程	冯泽虎	28.00	1	2011.1	ppt/pdf
0	978-7-301-19153-8	数字电子技术与应用	宋雪臣	33.00	1	2011.9	ppt/pdf
[illegible]	978-7-301-20009-4	数字逻辑与微机原理	宋振辉	49.00	1	2012.1	ppt/pdf
[illegible]	978-7-301-12386-7	高频电子线路	李福勤	20.00	3	2013.8	ppt/pdf
[illegible]	978-7-301-20706-2	高频电子技术	朱小祥	32.00	1	2012.6	ppt/pdf
[illegible]	78-7-301-18322-9	电子 EDA 技术(Multisim)	刘训非	30.00	2	2012.7	ppt/pdf
[illegible]	8-7-301-14453-4	EDA 技术与 VHDL	宋振辉	28.00	2	2013.8	ppt/pdf
[illegible]	7-301-22362-8	电子产品组装与调试实训教程	何　杰	28.00	1	2013.6	ppt/pdf
[illegible]	-301-19326-6	综合电子设计与实践	钱卫钧	25.00	2	2013.8	ppt/pdf
[illegible]	01-17877-5	电子信息专业英语	高金玉	26.00	2	2011.11	ppt/pdf
[illegible]	1-23895-0	电子电路工程训练与设计、仿真	孙晓艳	39.00	1	2014.3	ppt/pdf
[illegible]	24624-5	可编程逻辑器件应用技术	魏　欣	26.00	1	2014.8	ppt/pdf
[illegible]	6156-9	电子产品生产工艺与管理	徐中贵	38.00	1	2015.8	ppt/pdf

学资源如电子课件、电子样章、习题答案等，请登录北京大学出版社第六事业部官网 www.pup6.cn 搜索下载。
专业教材，请扫下面的二维码，关注北京大学出版社第六事业部官方微信（微信号：pup6book），随时
材目录、内容简介等信息，并可在线申请纸质样书用于教学。
教材，欢迎您随时与我们联系，我们将及时做好全方位的服务。联系方式：010-62750667，
6@163.com，lihu80@163.com，欢迎来电来信。客户服务 QQ 号：1292552107，欢迎随时咨询。